U0635734

# 汶川地震灾害综合分析与评估

国家减灾委员会　　抗震救灾专家组　著
科 学 技 术 部

科学出版社

北 京

# 内 容 简 介

国家减灾委员会-科学技术部抗震救灾专家组针对汶川地震灾后恢复重建的科技需求，依据国务院"汶川地震灾后恢复重建条例"和国务院抗震救灾总指挥部发布的"国家汶川地震灾后重建规划工作方案"的要求，与国家减灾委员会有关成员单位，即民政部、国家发展与改革委员会、财政部、国土资源部、中国地震局，以及受灾严重的四川、甘肃、陕西三省有关部门，共同开展了汶川地震灾害范围、灾害损失和资源环境承载能力的评估工作。本书介绍了这三项评估的结果，并对汶川地震灾害做了多方面和综合的分析，较为全面地阐述了汶川地震造成的人员伤亡，房屋与基础设施破坏，资源毁损和环境破坏等灾情及其形成的主要原因。

本书可为指挥灾区恢复重建的政府工作人员、专业救灾技术人员以及广大受灾民众重建家园时参考，也可作为高等院校、科研院所的师生和科研人员开展灾害与风险评估研究的参考书。

**图书在版编目（CIP）数据**

---

汶川地震灾害综合分析与评估/国家减灾委员会-科学技术部抗震救灾专家组著 . —北京：科学出版社，2008

ISBN 978 - 7 - 03 - 023855 - 9

Ⅰ . 汶… Ⅱ . 国… Ⅲ . ①地震灾害-综合分析-四川省 ②地震灾害-评估-四川省 Ⅳ . P315.9

中国版本图书馆 CIP 数据核字（2009）第 000032 号

---

责任编辑：朱海燕 文 杨 李久进/责任校对：桂伟利

责任印制：钱玉芬/封面设计：王 浩

**科学出版社** 出版

北京东黄城根北街 16 号
邮政编码：100717
http://www.sciencep.com

**双青印刷厂** 印刷

科学出版社发行 各地新华书店经销

*

2008 年 12 月第 一 版 开本：B5（720×1000）
2008 年 12 月第一次印刷 印张：17 3/4
印数：1—11 000 字数：403 000

定价：**70.00 元**

（如有印装质量问题，我社负责调换〈长虹〉）

# 国家减灾委员会-科学技术部抗震救灾专家组

**组　　长：**史培军

**副组长：**葛全胜　　郭日生　　张秀兰

**秘书长：**刘连友

## 灾害综合分析与评估组

**组　　长：**葛全胜

**副组长：**刘连友　　陈　军　　张培震　　杨晓东　　范一大

**协调人：**麻名更

**联络人：**王绍强

**成　　员：**（按姓氏汉语拼音排序）

| | | | | |
|---|---|---|---|---|
| 陈厚群 | 陈　田 | 陈祖煜 | 程展林 | 崔　鹏 |
| 崔亦昊 | 戴尔阜 | 邓祥征 | 丁留谦 | 董锁成 |
| 董文杰 | 方创琳 | 方伟华 | 宫辉力 | 郭　柯 |
| 黄金池 | 黄荣辉 | 李　京 | 李　仪 | 刘吉夫 |
| 刘礼勇 | 刘荣高 | 刘三超 | 刘小汉 | 路京选 |
| 马玉玲 | 聂　娟 | 潘耀忠 | 裴　韬 | 彭震中 |
| 冉圣宏 | 冉勇康 | 邵　芸 | 施建勇 | 宋方敏 |
| 宋关福 | 孙炜锋 | 谭成轩 | 田国良 | 王江平 |
| 王金生 | 王晋年 | 王静爱 | 王　薇 | 王晓国 |
| 王兴玲 | 王英杰 | 王　瑛 | 王中根 | 魏成阶 |
| 吴绍洪 | 吴文祥 | 伍凡能 | 武建军 | 席建超 |
| 谢维挺 | 谢宗强 | 熊　熊 | 徐国栋 | 徐文婷 |

杨林生　　杨思全　　杨为民　　袁　艺　　张宝军
张春山　　张国民　　张　力　　张　庆　　张镱锂
张云霞　　郑红星　　钟耳顺　　周本刚　　周成虎
周　庆　　朱　武

## 规划政策组

**组　长：** 张秀兰
**副组长：** 金　碚　　张　强　　刘学敏
**协调人：** 张　欢
**联络人：** 巴战龙
**成　员：**（按姓氏汉语拼音排序）

曹建海　　陈健民　　陈　耀　　陈印军　　樊新鸿
葛岳静　　贺　俊　　胡海峰　　胡晓江　　金建君
冷罗生　　李维民　　李晓华　　梁佩韵　　刘戒骄
刘培峰　　刘　勇　　陆奇斌　　吕　铁　　吕　政
罗永剑　　屈智勇　　申　河　　王　超　　王东明
王　芳　　王宏新　　王曦影　　王玉海　　肖广岭
徐海燕　　徐　萍　　许　燕　　杨丹辉　　原　磊
詹承豫　　张利华　　张　琦　　张其仔　　张正河
赵文武　　钟开斌　　周　玲　　周　雁　　朱建刚
朱　婧　　朱　彤

## 组织协调组

**组　长：** 马燕合
**副组长：** 闫　金　　郭日生　　杨　哲　　郭志伟　　么　力
**成　员：**（按姓氏汉语拼音排序）

陈华荣　　陈其针　　麻名更　　潘晓东　　沈建忠
田保国　　王顺兵　　王　震　　周乃元

# 前　言

"5·12"汶川大地震发生后，按照党中央的部署，中央和国家有关部门、灾区地方各级政府立即行动起来，全力开展抗震救灾工作。2008年5月13日，科学技术部（以下简称科技部）党组召集有关部门和相关专家全面分析了抗震救灾的形势，并决定组建抗震救灾专家组。

5月16日，科技部刘燕华副部长主持召开了由两百多名专家组成的"抗震救灾专家组"成立大会。部长万钢和党组书记、副部长李学勇就"抗震救灾专家组"的工作目标、任务和工作方式做了总体部署，动员广大科技工作者，全力以赴用知识和技术支持抗震救灾工作，并密切关注抗震救灾的总体进程，有针对性地提出对策和建议，迅速上报国务院抗震救灾总指挥部和相关部门。

5月18日起，在"抗震救灾专家组"的基础上，科技部与国家减灾委协商，联合组成"国家减灾委员会-科学技术部抗震救灾专家组"，原专家组全体成员作为新专家组的成员参与此项工作。5月21日，国务院抗震救灾总指挥部成立"国家汶川地震专家委员会"，"国家减灾委员会-科学技术部抗震救灾专家组"除继续本组的工作外，还全力参与"国家汶川地震专家委员会"的工作，特别是其下设的灾害评估组的全部工作。

"国家减灾委员会-科学技术部抗震救灾专家组"（以下简称"专家组"）由史培军任组长，刘连友任秘书。第一阶段"专家组"分为地震烈度评价组，组长张培震，副组长周成虎；地震地质灾害影响评价组，组长杨晓东，副组长张春山；巨灾灾情评估组，组长范一大，副组长吴绍洪；综合对策研究组，组长葛全胜，副组长刘连友；社会响应组，组长张秀兰，副组长金碚；地理信息组，组长陈军，副组长钟耳顺、彭震中。第二阶段"专家组"

分为灾害综合分析与评估组，组长葛全胜，副组长刘连友、陈军、张培震、杨晓东、范一大，下设地震烈度评价组、地震地质灾害影响评价组、巨灾灾情评估组、地理信息组和综合对策研究组；技术支撑组，组长郭日生，副组长陈薇、吴永宁、曲久辉、岳清瑞、高孟潭、文杰、张泽，下设建筑安全诊断与重建组、食品安全组、卫生防疫组、生态环境修复与重建组、地震次生灾害与防治组、农业技术组和应急分析测试技术组；规划政策组，组长张秀兰，副组长金碚、张强、刘学敏，下设社会政策研究组、经济政策研究组和资源政策与法律研究组。

"专家组"采取"分组工作与集中会商相结合，对策建议与技术筛选相结合，分析研判与实地考察相结合"的工作方式。首先，各小组根据每天的最新信息，形成基础数据、专题图件以及专家建议等；其次，每日从 15 时起，在万钢部长和李学勇、刘燕华副部长及马燕合司长等科技部其他有关领导的指导下召开各专家小组会商会，形成灾情综合研判结果及专家建议；第三，每日 19 时前，经审核后的专家组会商结果建议通过科技部有关部门，上报国务院抗震救灾总指挥部和国家减灾委、科技部、民政部以及国务院抗震救灾总指挥部设在四川成都的前线指挥部等相关部门。为了进行灾情综合研究判断，分析安置和恢复重建面临的重大问题，"专家组"从汶川地震发生后，陆续到地震灾区进行了广泛的考察和调研工作，并于 2008 年 6 月25～30 日、2008 年 7 月 16～22 日集体组织综合灾害评估组、技术支撑组对四川、甘肃、陕西地震灾区进行实地调查和访谈，并就灾害评估和恢复重建涉及的一系列技术问题与地方有关部门进行了充分的研讨，达成许多共识。规划政策中心组在前期对四川地震灾区进行广泛的调查基础上，于 2008 年 6月初期分别对四川、甘肃、陕西地震灾区社会管理进行了大样本的抽样统计，为制定灾区恢复重建规划政策提供了翔实的第一手资料。

"专家组"组建两个多月来，第一阶段完成了"汶川地震响应与综合分析报告"、"国家减灾委员会-科学技术部抗震救灾专家组建议汇编"、《抗震救灾实用知识和技术与产品手册》。第二阶段完成了《地震灾后恢复重建实用技术手册》、"汶川地震灾害分析评估报告"、"汶川地震灾害综合评估报告"、"国家减灾委员会-科学技术部抗震救灾专家组建议汇编"和"汶川地震极严重灾区恢复重建承载力及转移安置人口数量的分析报告"。与此同时，"专家组"还给出了汶川地震烈度图（初步版和修正版），提交了有行政边界及地形地貌的综合地图；遥感影像图、地形地貌晕渲图、灾区各县市行政区划图；1：50万、1：20万、各受灾县1：5万至1：10万比例尺工作底图；抗震救灾综合服务地理信息平台以及与抗震救灾有关的宣传挂图和材料。所有这些研究报告和成果为抗震救灾提供了及时有力的科技支撑。

为了响应党中央和国务院以及国家减灾委员会和科技部关于全力参与抗震救灾科技支撑工作的号召，有关部门的科技管理单位广泛投入到"专家组"的组织工作。科技部社会发展司、农村司、教育部科技司、民政部救灾救济司、中国科学院资源环境技术局、中国地震局科技司、国土资源部科技司、水利部国际合作与科技司、卫生部科教司和中国人民解放军总后勤部卫生部科训局等部门的科技主管单位做了大量的科技组织工作，其中科技部社会发展司负责整个"专家组"的工作。科技部中国21世纪议程管理中心承担了专家组的会务安排工作，确保了"专家组"的运转，民政部-教育部减灾与应急管理研究院作为"专家组"的秘书长单位，做了大量的协调工作。

许多部门的科研人员积极参加了"专家组"的工作，包括教育部门的北京师范大学、四川大学、清华大学、北京大学、中国人民大学、中国政法大学、香港中文大学、中山大学、同济大学、武汉大学、兰州大学、南京大学、中国地质大学、中国农业大学、国家行政学院、四川农业大学、北京工业大学、哈尔滨医科大学、沈阳建筑科技大学、首都师范大学和温州医学院等，以及美国路易斯安娜州立大学。中国科学院所属的单位有地理科学与资源研究所、生态环境研究中心、成都山地灾害与环境研究所、遥感应用技术研究所、植物研究所、动物研究所、大气物理研究所、地质与地球物理研究所、政策研究所、青藏高原研究所、测量与地球物理研究所、南京土壤研究所、成都生物研究所和华南植物园等。中国社会科学院所属的单位有工业经济研究所、财政与贸易经济研究所和政治学研究所。有关部委的研究机构还有民政部国家减灾中心、中国地震局地质研究所、地球物理研究所、地震预测研究所、国土资源部中国地质科学院、中国地质环境监测院、科技部中国21世纪议程管理中心、国家遥感中心、中国科学技术发展战略研究院、水利部遥感中心、中国水利水电科学研究院、长江科学院、南京水利科学研究院、中国气象局国家气候中心、国家气象中心、国家气象卫星中心、气象科学研究院、住房与城乡建设部中国建筑科学院、中国建筑标准设计研究院、国家安全监督管理总局安全生产科学研究院、交通部科学研究院、卫生部中国疾病预防控制中心、卫生监督中心，环境保护部中国环境科学研究院、中国环境监测总站、中国环境保护产业协会、农业部中国农业科学院、国家测绘局基础地理信息中心、中国测绘科学研究院、国家林业局中国林业科学研究院、中国人民解放军总后勤部军事医学科学院、解放军第302医院、北京市环境科学研究院、北京市自来水集团公司、北京市市政工程研究院、四川省水利科学研究院、基础地理信息中心、陕西省基础地理信息中心、甘肃省基础地理信息中心、河南省农业科学院、中冶集团建筑研究总院、中国电子工程设计院、中交桥梁工程技术公司、中国京冶工程技术有限公司、国家工业建筑诊断与改造工程技术中心、北京超图地理信息技术有限公司，以及长城保险经纪有限公司等。

《汶川地震灾害综合分析与评估》和《汶川地震社会管理政策研究》两本专著就是在上述工作的基础上，特别是在上述有关部门和单位的科技人员与科技管理人员的共同努力和协作下完成的。"专家组"秘书处承担了这两本专著的编辑组织工作，科学出版社承担了本书的出版编辑工作，在此我们对上述所有单位的领导和专家致以衷心的感谢，并衷心希望地震灾区尽快恢复正常，将其建设成为更加安全、富裕、和谐和美好的家园。

国家减灾委员会-科学技术部抗震救灾专家组

2008 年 7 月 28 日

# 目　　录

前言

## 第三篇　灾区恢复重建承载力分析与评估

# 第一篇　灾区孕灾环境与致灾因子分析

生众多震级≥5.0的地震。

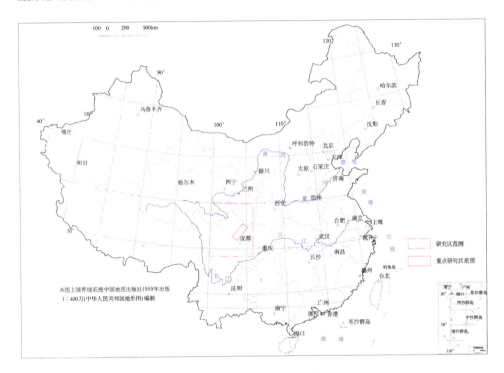

图 1-1　研究区位置示意图

## 1.2.1　地质构造活动

元古代中期地壳发生"晋宁运动"，使岷江河畔固结陆壳基底"黄水河群"发生强烈褶皱和断裂，伴随大量岩浆侵入，岩层遭受变质破碎、移位和卷曲，建造成境内"杂岩"等构造雏型。古生代寒武纪、奥陶纪、志留纪、泥盆纪、石炭纪和二叠纪等时代，地壳发生"兴凯"、"古浪"、"祁连"、"天山"和"伊宁"等几次强烈的运动，使龙门山华夏系构造的九顶山华夏构造基本定型。同时，导致一系列"S"形压扭性结构面产生，形成薛城—卧龙"S"形褶皱构造带。伴随的岩浆活动形成褶皱、断裂带上的各种岩浆岩体。

断裂构造主要以 NE 向、NW 向和近 SN 向构造为主，本次震中区及余震部位的龙门山断裂走向一致，为 NE 向（图 1-2）。

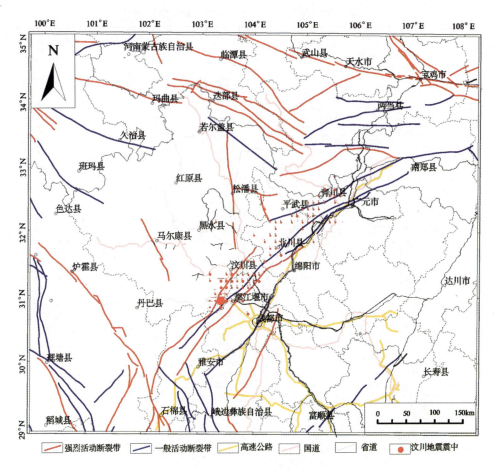

图 1-2　震中区断裂构造示意图

　　受青藏高原强烈隆起和向南东侧向挤出、滑移的影响，这些深、大断裂都是全新世或晚更新世活动的断裂。其中，NNW—NW—NWW 向断裂主要表现为逆左旋走滑的特征，NNE—NE—NEE 向断裂主要表现为右旋逆断特征或右旋正断特征，见表 1-1（国家地震局，1991；中国地质科学院，1976）。

　　沿深、大断裂地震活动强烈，它们皆发生过震级大于等于 7.0，甚至大于等于 8.0 的地震。2008 年 5 月 12 日汶川 8.0 级地震发生在龙门山断裂带上。龙门山断裂带总长 530km，宽 40～50km，走向 NE，倾向 NW，倾角

**表 1-1 区域范围地震构造、主要活动断裂和地震活动性一览表**

| 地震构造带 | 主要活动断裂 | 最新活动时代 | 性质 | 地震活动 | | | |
|---|---|---|---|---|---|---|---|
| | | | | 5.0～5.9级 | 6.0～6.9级 | 7.0～7.9级 | ≥8.0级 |
| 秦岭地震构造带 | 秦岭北缘断裂带 | 全新世 | 左旋正断 | 35 | 15 | 5 | 1 |
| | 渭河断裂带 | 晚更新世 | 正断 | | | | |
| | 口镇—关山断裂带 | 全新世 | 正断 | | | | |
| | 陇县—马召断裂带 | 全新世 | 正断 | | | | |
| | 通渭断裂带 | 全新世 | 左旋正断 | | | | |
| | 礼县—罗家堡断裂带 | 全新世 | 正断 | | | | |
| 东昆仑地震构造带 | 东昆仑断裂带 | 全新世 | 左旋逆断 | 6 | 5 | | 1 |
| | 迭部—白龙江断裂带 | 全新世 | 左旋逆断 | | | | |
| | 临潭—宕昌断裂带 | 全新世 | 左旋逆断 | | | | |
| | 光盖山—迭山断裂带 | 晚更新世 | 左旋逆断 | | | | |
| | 中铁断裂带 | 晚更新世 | 左旋逆断 | | | | |
| | 玛多—甘德断裂带 | 晚更新世 | 左旋逆断 | | | | |
| 鲜水河—小江地震构造带 | 鲜水河断裂带 | 全新世 | 左旋逆断 | 34 | 19 | 11 | |
| | 安宁河断裂带 | 全新世 | 左旋逆断 | | | | |
| | 则木河断裂带 | 全新世 | 左旋逆断 | | | | |
| | 小江断裂带 | 全新世 | 左旋逆断 | | | | |
| | 大凉山断裂带 | 全新世 | 左旋逆断 | | | | |
| 龙门山地震构造带 | 茂汶—汶川断裂带 | 全新世 | 右旋逆断 | 22 | 6 | 1 | |
| | 北川—映秀断裂带 | 全新世 | 右旋逆断 | | | | |
| | 灌县—江油断裂带 | 全新世 | 右旋逆断 | | | | |
| | 山前隐伏断裂带 | 晚更新世 | 逆断 | | | | |
| 滇西地震构造带 | 中甸断裂 | 全新世 | 左旋正断 | 45 | 9 | 2 | |
| | 小中甸断裂 | 全新世 | 左旋正断 | | | | |
| | 大具—丽江断裂 | 全新世 | 左旋正断 | | | | |
| | 永胜断裂带 | 全新世 | 左旋正断 | | | | |
| | 锦屏山—丽江断裂 | 全新世 | 右旋正断 | | | | |
| | 鹤庆—洱源断裂 | 全新世 | 正断 | | | | |
| | 宁蒗断裂 | 晚更新世 | 正断 | | | | |
| 南北地震构造带 | 岷江断裂 | 全新世 | 逆左旋 | 144 | 33 | 12 | 1 |
| | 虎牙断裂 | 全新世 | 逆左旋 | | | | |
| | 马边断裂带 | 晚更新世 | 逆左旋 | | | | |
| | 龙泉山断裂 | 晚更新世 | 右旋正断 | | | | |
| 其他断裂 | 齐曜山—金拂山断裂 | 晚更新世 | 右旋正断 | | | | |
| | 黔江断裂 | 晚更新世 | 右旋正断 | | | | |
| | 威宁—六盘水断裂 | 晚更新世 | 左旋正断 | | | | |

30°～70°，由三条裸露断裂和一条山前隐伏断裂组成。三条裸露断裂分别是
茂汶—汶川断裂带、北川—映秀断裂带和灌县—江油断裂带。最新活动性质
为挤压逆断兼右旋走滑[①]（徐菊生等，2000；许才军等，1997；刘经南等，
2000）。以江油为界分东北和西南两段，东北段是早、中更新世活动断裂带，
而西南段为全新世活动断裂带，这次 8.0 级地震就发生在西南段。

　　由东昆仑断裂带、岷江和虎牙断裂带、龙门山断裂带和鲜水河断裂带所
围限的马尔康块体是一个向西开口的块体。在青藏高原隆起和南东挤出的影
响下，马尔康块体向南东方向运动，龙门山断裂带西南段走向与块体的运动
方向接近垂直，因而阻挡了马尔康块体东南运动产生挤压力。当挤压力累积
到足够冲破障碍体时，强地震发生（虢顺民，2000；侯康明，1999；刘高，
2001；马宗晋，1999；许志琴，1999；谭成轩，1995）。

## 1.2.2　新构造运动和地震

　　区内新构造运动表现为区域性地壳急剧上升并伴随断裂活动，在上升中
有短暂间歇，上升幅度随时间推移而递减（马宗晋，1999；许志琴，1999；
张业成，1993）。龙门山断裂带属华夏系构造带，有三条主要大断裂，呈
NE—SW 方向，影响宽度 13～32km，地质构造复杂，地震活动较为频繁，
地震基本烈度为Ⅶ度（图 1-3）。

　　据历史记载，汶川区域发生过重要的地震。清顺治十四年三月初八日
（1657 年 4 月 21 日），威州地区发生一次大地震，康熙《四川总志》描述灾
情："地震有声，昼夜不间，至初八日山崩地裂，江水皆沸，房屋城垣多倾，
压死男妇无数"。据推断震中位置在 31°25′N，东经 103°26′E，震级为 6 级，
烈度Ⅷ度。清乾隆十三年正月二十五日（1748 年 2 月 23 日），汶川、保县
（今理县）、灌县间发生大地震，震级为 5.5 级。震中在 31°21′N，103°23′E，
即草坡乡长河坝范围。桥梁道路损坏，摇塌瓦脊，压死背夫 2 名，伤人 6
名。1933 年 8 月 25 日 15 时 50 分 26 秒，茂县较场区叠溪发生强烈地震震级

①　杨学之，张远明，胡长顺等 . 2005. 四川省阿坝藏族羌族自治州汶川县地质灾害调查与区划报告

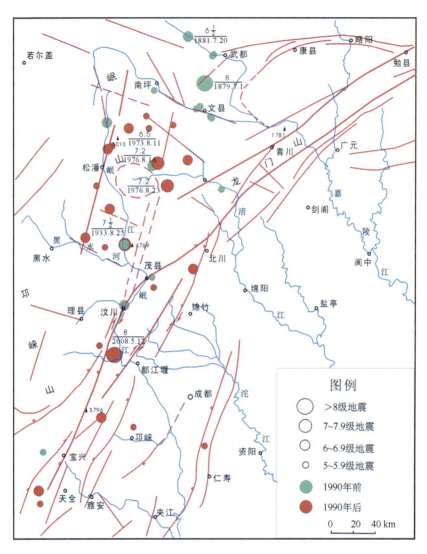

图 1-3　重灾区历史地震震中分布图

7.5 级。震中位置在 32°N，103°07′E。汶川威州、绵虒等范围均属波及区，少数房屋倒塌，屋架脱榫，屋脊震落，石柱折断，石墙崩裂，倒塌十分之三，土山崩垮数十丈，出现大量滑坡、地裂，损失较重。1952 年 8 月 31 日 4 时 51 分 34 秒，汶川卧龙镇银厂沟发生 5.2 级地震，震中位置在 31°N，103°E。1976 年 2 月 15 日 4 时 25 分 37 秒，卧龙镇卧龙关发生 4.9 级地震，震中位置在 31°01′N，103°09′E。1983 年 3 月 19 日 14 时 6 分 36 秒，白花乡八角庙发生 4 级地震，震中位置在 30°58′N，103°28′E。

区内地震发生频繁，其震中大多分布在九顶山华夏系构造带上，即茂汶大断裂、映秀大断裂和二王庙大断裂，今仍在活动。

根据年代、震中范围和震级统计：1952 年以前，有记载的历史地震 30 次；1952～1984 年 2.5 级以上的地震 46 次，2.5 级以下的 132 次；在 300km 以内波及到汶川 4 级以上的地震 60 次；汶川地震台测得 1 级以下的地震次数更为频繁。

# 1.3　地层岩性

汶川地震震区属下扬子地台地层分区，各时代地层自元古界至新生界均有不同程度出露，受龙门山断裂带切割影响，部分地层有缺失。各地层岩性如下。

中元古界黄水河群下部以变质火山岩为主，夹少量火山碎屑岩；中部岩组由石英纤闪片岩、角闪片岩、绿泥石英片岩和黑云母阳起片岩等组成；上部岩组主要由黑色石墨石英片岩、灰色石英岩组成。震旦系由下震旦统火山岩组中酸性火山岩和上震旦统陡山沱组碎屑岩及灯影组白云岩、硅质岩组成。寒武系地层岩性为黑色硅质岩、含炭粉砂岩、石英砂岩和磷块岩等。奥陶系岩性为大理岩和片岩。志留系岩性为中浅变质的灰色、绿色千枚岩。泥盆系岩性为千枚岩、绢云母石英千枚岩、铁硅质灰岩、结晶灰岩和块状灰岩等。石炭系岩性为一套碳酸盐岩，主要有灰岩、结晶灰岩和硅质灰岩等，灰岩质纯，局部见少量千枚岩。二叠系地层下部岩性为各类灰岩、泥质灰岩和团块白云岩，含燧石结核，灰岩色白质纯，局部出露二叠纪喷出的玄武岩；上部岩性为灰岩、凝灰岩、粉砂质页岩、泥质粉砂岩和结晶灰岩等。三叠系地层岩性为紫灰色厚层泥质粉砂岩、灰色炭质页岩和砂质页岩等。侏罗系岩性以砾岩、砂岩为主，夹粉砂岩、泥岩等。白垩系为山前断陷盆地中沉积的红层沉积。古近系、新近系主要分布于成都平原和陕西甘肃南部。第四系在震区东部主要为山前冲洪积扇沉积，北部为新近沉积黄土。

此外，本区也发育大量的岩浆岩，包括侵入形成的花岗岩和喷出形成的火山岩。主要分布于研究区西南部、中部和东北部地区（图1-4）。

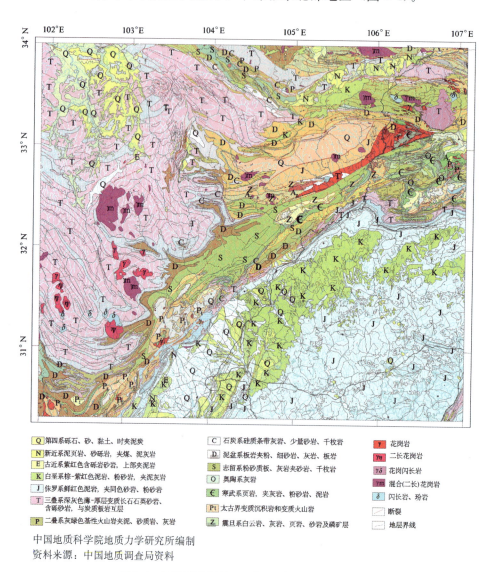

| | | |
|---|---|---|
| ▨ Q 第四系砾石、砂、黏土、时夹泥炭 | ▨ C 石炭系硅质条带灰岩、少量砂岩、千枚岩 | ▨ γ 花岗岩 |
| ▨ N 新近系泥页岩、砂砾岩，夹煤、泥灰岩 | ▨ D 泥盆系板岩夹粉、细砂岩、灰岩、板岩 | ▨ γη 二长花岗岩 |
| ▨ E 古近系紫红色含砾岩砂岩，上部夹泥岩 | ▨ S 志留系粉砂质板、灰岩夹砂岩、千枚岩 | ▨ γδ 花岗闪长岩 |
| ▨ K 白垩系棕-紫红色泥岩、粉砂岩，夹泥灰岩 | ▨ O 奥陶系灰岩 | ▨ γm 混合(二长)花岗岩 |
| ▨ J 侏罗系鲜红色泥岩，夹同色砂岩、粉砂岩 | ▨ ∈ 寒武系页岩，夹灰岩、粉砂岩、泥岩 | ▨ δ 闪长岩、玢岩 |
| ▨ T 三叠系深灰色薄-厚层变质长石石英砂岩、含砾砂岩，与炭质板岩互层 | ▨ Pt 太古界变质沉积岩和变质火山岩 | ▧ 断裂 |
| ▨ P 二叠系灰绿色基性火山岩夹泥、砂质岩、灰岩 | ▨ Z 震旦系白云岩、灰岩、页岩、砂岩及磷矿层 | ▧ 地层界线 |

中国地质科学院地质力学研究所编制
资料来源：中国地质调查局资料

图1-4　四川省汶川县8.0级地震重灾区地质图

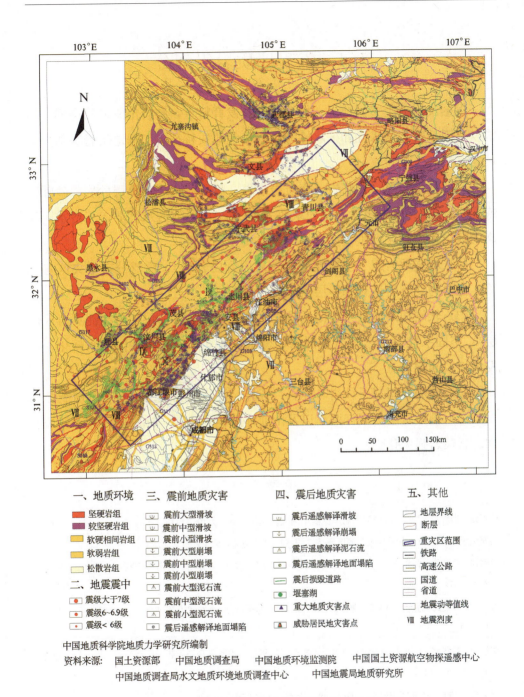

一、地质环境　三、震前地质灾害　　四、震后地质灾害　　五、其他

- 坚硬岩组
- 较坚硬岩组
- 软硬相间岩组
- 软弱岩组
- 松散岩组

三、震前地质灾害
- 震前大型滑坡
- 震前中型滑坡
- 震前小型滑坡
- 震前大型崩塌
- 震前中型崩塌
- 震前小型崩塌
- 震前大型泥石流
- 震前中型泥石流
- 震前小型泥石流
- 震后遥感解译地面塌陷

二、地震震中
- 震级大于7级
- 震级6~6.9级
- 震级< 6级

四、震后地质灾害
- 震后遥感解译滑坡
- 震后遥感解译崩塌
- 震后遥感解译泥石流
- 震后遥感解译地面塌陷
- 震后损毁道路
- 堰塞湖
- 重大地质灾害点
- 威胁居民地灾害点

五、其他
- 地层界线
- 断层
- 重灾区范围
- 铁路
- 高速公路
- 国道
- 省道
- 地震动等值线
- Ⅷ 地震烈度

中国地质科学院地质力学研究所编制

资料来源：国土资源部　中国地质调查局　中国地质环境监测院　中国国土资源航空物探遥感中心
中国地质调查局水文地质环境地质调查中心　中国地震局地质研究所

图 1-5  重灾区地质灾害分布与工程地质岩组分区图

# 1.4　工程地质岩组划分

根据汶川地震灾区地层、构造、岩石发育特点，结合出露岩石类型、结构及坚固系数、透水性和抗水性等主要工程地质特征，工程地质岩组划分为（图 1-5）：

（1）坚硬岩组（岩浆岩、变质岩浆岩、厚层石灰岩、厚层砂岩、砂砾岩或变质砂岩）：该岩组岩石坚固系数为 10～20，裂隙透水性弱，不溶水，处高山区，冰冻风化严重，多见崩塌等地质灾害现象；

（2）较坚硬岩组（中薄层砂岩、灰岩、白云岩）：广泛分布于灾区各县镇，主要为变质岩系列和厚层碳酸盐岩类；

（3）软硬相间岩组（中薄层砂岩夹薄层泥岩、中薄层灰岩夹泥页岩或煤层）：坚固系数为 2～5，含裂隙水，透水性较弱，不溶水，但遇水软化，易发滑坡及崩塌；

（4）软弱岩组（千枚岩、片岩、板岩、泥岩、弱胶结的断裂带构造岩）；

（5）松散岩组（岷江两岸以及山前冲洪积扇土层、冰水沉积物、残坡积物、岩浆岩强风化带）。

## 参 考 文 献

杜兴信，邵辉成 . 1999. 由震源机制解反演中国大陆现代构造应力场 . 地震学报，21（4）：354～360

国家地震局 . 1991. 中国及毗邻海区新构造图（1：400 万）. 北京：地震出版社

虢顺民，江在森，张崇立 . 2000. 青藏高原东北缘晚第四纪块体划分与运动态势研究 . 地震地质，22（3）：219～231

侯康明，石亚缪，张忻 . 1999. 青藏高原北部 NNW 向构造活动方式及形成年代 . 地震地质，21（2）：127～135

李松林，岳华峰，宁占龙 . 1986. 由多个地震的震源机制解推断喜马拉雅弧形山系的构造应力场 . 地球物理学报，29（4）：419～423

李兴唐 . 1991. 活动断裂研究与工程评价 . 北京：地质出版社

刘高，韩文峰，聂德新 . 2001. 青藏高原东北部新构造运动效应 . 中国地质灾害与防治学报，12（1）：30～34

刘经南，许才军，宋成骅等 . 2000. 精密全球卫星定位系统多期复测研究青藏高原现今地壳运动与应变 .
　科学通报，45（24）：2658～2663

吕庆田，姜枚，马开义等 . 1997. 由震源机制和地震波各向异性探讨青藏高原岩石圈变形 . 地质论评，43
　（4）：337～346

马宗晋，张家声，汪一鹏 . 1998. 青藏高原三维变形动力学的时段划分和新构造分区 . 地质学报，72（3）：
　211～227

马宗晋，赵俊猛 . 1999. 天山与阴山—燕山造山带的深部结构和地震 . 地学前缘，6（3）：95～102

谭成轩，左文智，盛昌明 . 1995. 黄河李家峡水电站工程坝区及外围现今构造应力场研究 . 地球学报，4：
　355～364

武红岭，王薇，王连捷等 . 1996. 青藏高原的隆升缩短及其粘弹性形变分析 . 地质力学学报，2（1）：
　17～24

徐菊生，赖锡安，卓力格图等 . 2000. 中国大陆西部地区现今的块体运动 . 地壳形变与地震，20（2）：
　15～23

许才军，晁定波，刘经南等 . 1997. 用大地测量资料反演青藏高原构造应力场的初步尝试 . 测绘学报，26
　（2）：95～100

许志琴，杨经绥，姜枚等 . 1999. 大陆俯冲作用及青藏高原周缘造山带的崛起 . 地学前缘，6（3）：
　139～151

张业成 . 1993. 青藏高原隆起及其对中国地质自然环境影响的探讨 . 地质灾害与环境保护，4（1）：1～10

张志 . 2000. 黄河河源生态环境及活动构造的水系响应研究 . 地质灾害与环境保护，11（1）：1～5

中国地质科学院 . 1976. 中华人民共和国地质图（1：400 万）. 北京：中国地图出版社

周小平，张永兴，郭映忠等 . 2001. 共轭平移断层中各序次应力场和断裂等构造形迹相互关系的力学分析 .
　工程地质学报，9（4）：373～376

# 第2章 灾区地震烈度划分*

## 2.1 潜在震源区划分

根据"5·12"汶川8.0级地震及其余震的分布情况，以及对震区及其邻区发震构造的认识，对震区相关潜在震源区的边界及震级上限进行了修改。本次工作中，潜在震源区划分遵循两条基本原则：地震重复性原则及构造类比原则。

根据近年来在西南地区活动构造研究的最新成果、GPS测量数据及区域地震活动性等，在汶川地震破坏区及其外围对潜在震源区重新进行了划分，与中国地震动参数区划图（2000年）潜在震源区综合方案比较，发现多处变化，最大的变化在于沿龙门山断裂带中段及南段原有两个7.0级潜在震源区，现震级上限均改为8.0级；二者间界线有所变动，汶川—北川潜源包括了"5·12"汶川地震主震及余震群的大部。

## 2.2 震区应急地震区划图

### 2.2.1 编图范围

应急地震划图编图范围限制为28°~34°N，102°~108°E。

---

* 执笔人：中国地震局地质所的周庆、张培震、周本刚、冉洪流、冉勇康、宋方敏；中国地震局地球物理研究所的高孟潭、俞言祥、卜淑彦等。

## 2.2.2 地震带地震活动性参数

表 2-1 列出了各相关地震带的活动性参数，除龙门山地震带的参数为重新计算之外，其余采用中国地震动参数区划图（2000 年）的结果。

**表 2-1 地震带活动性参数**

| 地震带 | 震级上限 | 本底地震 | 震源深度/km | $b$ 值 | 年发生率/次 |
|--------|----------|----------|-------------|--------|-------------|
| 龙门山 | 8.0 | 5.5 | 16 | 0.608 | 4.260 |
| 长江中游 | 7.0 | 5.0 | 14 | 0.986 | 1.160 |
| 鲜水河—滇东 | 8.0 | 6.0 | 18 | 0.685 | 6.440 |
| 巴颜喀拉山 | 8.5 | 6.0 | 19 | 0.530 | 1.305 |

## 2.2.3 应急地震区划图

网格化计算各点 50 年超越概率为 10% 的地震动峰值加速度，编制震区的应急地震区划图（图 2-1）。

"汶川 8.0 级地震震区应急区划图"为"川西 2008-5-12 8.0 级地震灾害综合研究与评估"项目的一个专题研究成果。灾后重建所使用的地震区划图以中国地震局正式颁发的为准，用于灾情的评估。

地震基本烈度数值可由表 2-2 确定。

**表 2-2 地震动峰值加速度分区与地震基本烈度对照表**

| 地震动峰值加速度分区/g | <0.05 | 0.05 | 0.1 | 0.15 | 0.2 |
|------------------------|-------|------|-----|------|-----|
| 地震基本烈度值 | <Ⅵ | Ⅵ | Ⅶ | Ⅶ | Ⅷ |

## 2.3 地 震 烈 度

汶川 8.0 级地震发生后，中国地震局组织专家赴四川、甘肃、陕西、重

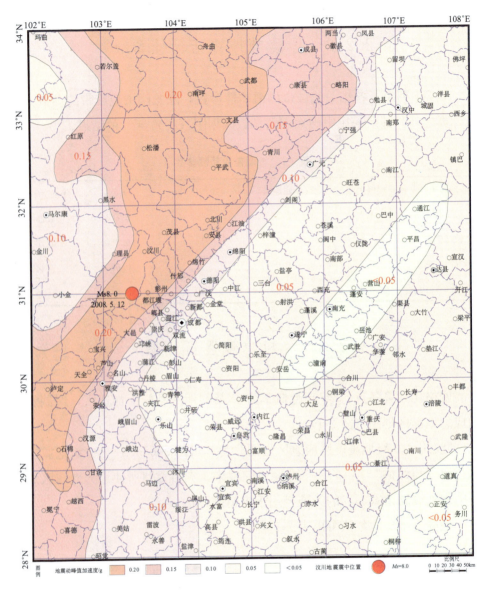

图 2-1　汶川 8.0 级地震震区应急区划图（50 年超越概率 10%）

庆、云南、宁夏等省（自治区、直辖市）开展了现场调查，调查面积达
50 万 km²，调查点 4150 个，并在实地调查基础上，编绘了汶川 8.0 级地震
烈度分布图（图 2-2）。

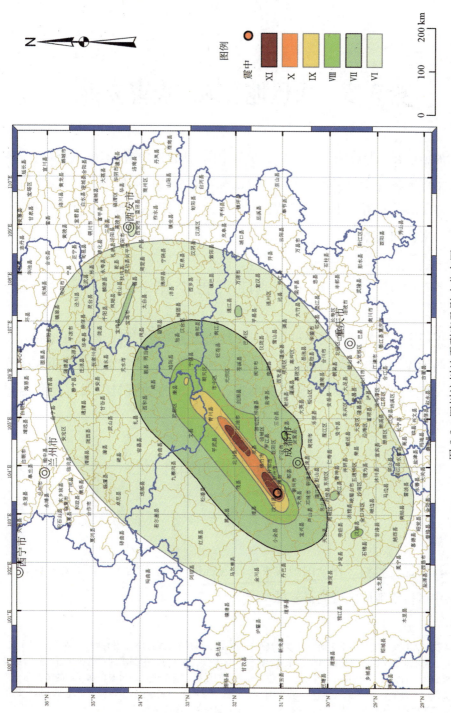

图 2-2　四川汶川地震烈度及影响分布图

# 第3章　灾区地震地质灾害分析[*]

根据地震主要影响范围和余震影响范围，同时兼顾国家减灾委员会-科学技术部抗震救灾专家组重灾区划分范围，处在极重灾区的 14 个县包括汶川、都江堰、彭州、什邡、绵竹、安县、北川、理县、茂县、江油、平武、青川、文县和武都。

## 3.1　地质灾害类型

据国土资源部环境司已进行的县市地质灾害调查资料，重灾区地质灾害主要为崩塌、滑坡、泥石流灾害，其次为地面塌陷。地震发生后在重灾区范围内发生了大量的滑坡、崩塌次生灾害，其次为地震缝、泥石流和地面塌陷。

## 3.2　地质灾害分布特征

### 3.2.1　区域地质灾害分布特征

汶川地震影响区在全国地质灾害易发程度分区图中位于中高易发区，地震震中区位于地质灾害高易发区（图 3-1）。

---

　* 执笔人：中国地质科学院地质力学研究所的张春山、谭成轩、杨为民、孙炜峰、吴树仁、张永双、石菊松、何淑军、辛鹏；交通部科学研究院的张庆、王江平、刘礼勇；中国水利水电科学研究院的杨晓东、黄金池、张金接、何晓燕、李昌志、王珊、孙丹、朱振铎、邹艳艳；四川农田水利局的隆文菲、艾武；成都理工大学的庹先国、倪师军、奚大顺、余小平、徐争启、穆克亮；中国科学院地理环境与资源研究所的雒昆利、杨林生、李海蓉、叶必雄、李永华、阎秀兰、廖晓勇等。

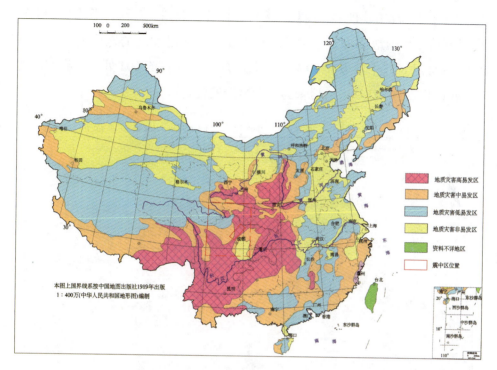

图 3-1　震中区在全国地质灾害易发程度图中的位置（据国土资源部科技司）

本区地质灾害在东部和西部存在一定的差异。以雅安—广元一线为界，西部为泥石流发育为主，其次为滑坡，再次为崩塌。东部以滑坡灾害为主，其次为泥石流，再次为崩塌、地面塌陷（包括岩溶塌陷）。冻融灾害主要分布于西北部地区。

根据地质灾害组合特征和数量的多少，可将研究区地质灾害划分为 4 个区域：①以泥石流、滑坡为主的地质灾害区；②以地面塌陷（包括岩溶塌陷）为主的地质灾害区；③以冻融灾害为主的地质灾害区；④以崩塌、滑坡为主的地质灾害区。每个地质灾害区又可分为若干亚区（图 3-2）。

本次研究的重点区域为汶川 8.0 级地震的震中区及余震区，主要位于龙门山断裂带及两侧县市。据中国地质环境监测院资料，本区地质灾害频发，以泥石流、滑坡为主。

根据四川省各县市地质灾害区划报告，"5·12"地震灾害受灾地区的都

江堰、彭州、汶川、理县、茂县、绵竹、什邡、北川、江油、平武和青川等
41县（市）均为地质灾害多发县，地震发生前，已发现的地质灾害隐患点
就达5184处，其中滑坡3300处，崩塌492处，泥石流604处，不稳定斜坡
751处，共威胁291 098名群众的生命财产安全。

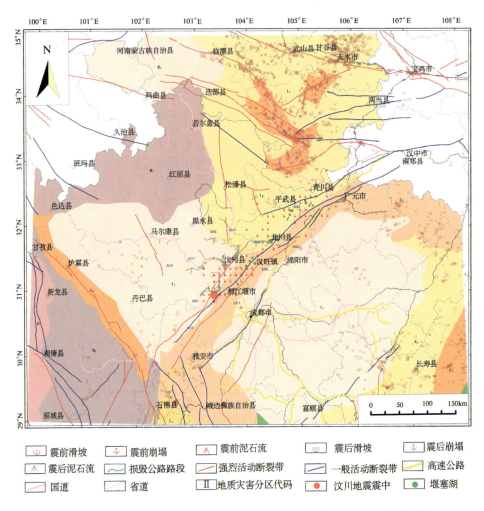

图 3-2　地质灾害组合类型分区图（据中国地质科学院地质力学研究所）

在本次地震中，大多数隐患点已发生崩塌、滑坡和泥石流灾害，并将许
多河流、溪沟阻断产生堰塞湖。如北川县城王家岩老滑坡区受地震诱发而重
新滑动，将老县城区覆盖。又如唐家山滑坡体将湔江阻断形成堰塞湖。更为

重要的是地震造成区内岩体松动，形成大量崩塌、滑坡、泥石流隐患点。

根据震后各县市初步统计结果，震区已发生的地质灾害达 9556 处，其中滑坡 5117 处，崩塌 3575 处，泥石流 358 处，堰塞湖 34 处，直接经济损失达 438.012 亿元。

2008 年 5 月 16 日后，国土资源部和四川省迅速组织地质灾害隐患巡查排查工作组深入各地震受灾县开展排查工作。至 5 月 27 日，排查组共排查地质灾害隐患点 2600 处（包括重大地质灾害隐患点 2054 处），其中崩塌 1021 处，滑坡 1433 处，泥石流 159 处，其他地质灾害 347 处。仅这些已排查到的地质灾害点就威胁到 274 927 名群众的生命财产安全。

## 3.2.2　重灾区地质灾害分布特征

龙门山活动断裂带既是强烈的地震活动带，也是崩塌、滑坡、泥石流等地质灾害易发区，地质灾害极为发育（张春山，2000，2004，2007；张梁，1998；张业成，1993，1996）。

根据县市地质灾害调查和震后遥感解译资料，重灾区 14 个县共发生 5276 次滑坡、崩塌、泥石流灾害。其中震前 1994 次，震后 3282 次。共威胁居民地 122 处，威胁道路 128.21km，威胁河流长度 178.62km，毁坏农田 14.92km$^2$，毁坏林地 19.26km$^2$（图 3-3、表 3-1、表 3-2）。

次生地质灾害特点如下：

（1）由地震诱发的次生地质灾害范围广，规模大，破坏力强，特别是地震烈度在 9 度以上的地区表现尤其明显。

（2）地震引发的崩塌、滑坡堆积物在强降雨条件下可进一步诱发泥石流等次生地质灾害，形成灾害链。

（3）由地震引发的崩塌、滑坡灾害与岩土体工程地质条件有关。因而，这些灾害相对集中于岩性软弱、构造复杂、岩体破碎、完整性差的地带。对于岩体工程性质好的地带，局部受地形地貌影响，陡坡和陡坎地带也有崩

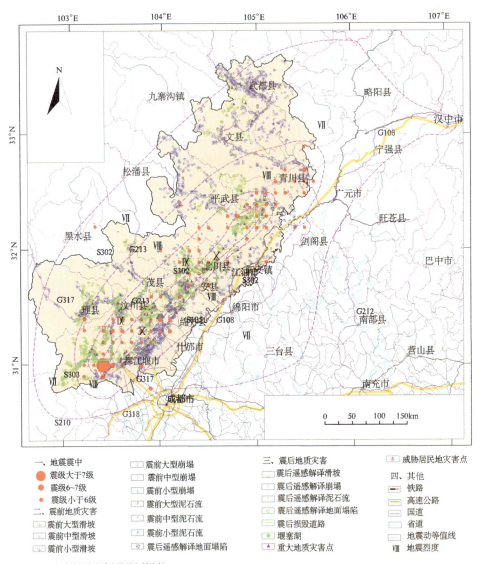

图 3-3　汶川 8.0 级地震重灾区地质灾害分布图

塌、滑坡发生，但规模大小、数量都远不如岩土体工程性质差的地带。如区内志留系、泥盆系、三叠系地层出露分布范围内，崩塌、滑坡灾害发育。

（4）由于灾区位于龙门山东侧，属高山—中低山地带，河流阶地不发育，砂土液化仅发育于局部砂土沉积处。如安水睢水镇保久村—绵竹柏隆镇—旌阳区孝德镇一线均有砂土液化发生，致使液化区农田毁损、建筑物倒塌。

（5）地震诱发的地质灾害集中分布在距活动构造2km之内，向外围明显减弱。

（6）地震诱发的地质灾害在区域分布上组合特征不同。西南部主要以崩塌灾害为主，北部主要以滑坡灾害为主。

表3-1 十四个重灾县（市）地质灾害点统计一览表

| 县（市） | 震前灾害点数 | 震后解译点数 | 危害对象 | | | | | |
|---|---|---|---|---|---|---|---|---|
| | | | 居民地/处 | 道路/km | 河流/km | 农田/km² | 林地/km² | 重要建筑 |
| 安县 | 89 | 47 | 10 | 9.94 | 12.70 | | | |
| 北川县 | 75 | 284 | 20 | 13.20 | 23.50 | 2.00 | | 威胁水库1座 |
| 都江堰 | 53 | 78 | | 9.20 | 1.88 | | | 威胁水库3座 |
| 茂县 | 68 | 77 | 14 | 7.26 | 9.40 | 0.52 | | 威胁桥梁2座 |
| 汶川 | 131 | 1592 | 8 | 26.00 | 45.00 | 4.39 | | 威胁水库1座 |
| 江油市 | 118 | 61 | 2 | 1.68 | | 0.70 | | |
| 理县 | 90 | 187 | 20 | 6.63 | 20.04 | | 3.83 | |
| 绵竹县 | 106 | 52 | 14 | 9.28 | 19.09 | 0.36 | | 破坏铁路3段，共3.31km |
| 彭州 | 77 | 81 | 3 | 12.00 | 8.00 | 0.4 | 13.5 | |
| 平武县 | 230 | 273 | | 6.58 | 8.68 | 1.31 | | |
| 什邡市 | 102 | 177 | 5 | 1.13 | 20.03 | | 1.93 | |
| 青川县 | 95 | 193 | 9 | 1.41 | 2.64 | 0.15 | | |
| 文县 | 390 | 82 | 5 | 17.00 | 6.36 | 2.58 | | 威胁水库1座 |
| 武都 | 370 | 98 | 12 | 6.90 | 1.30 | 0.08 | | |
| 合计 | 1994 | 3282 | 122 | 128.21 | 178.62 | 12.49 | 19.26 | |

表 3-2　汶川 8.0 级重灾区诱发次生地质灾害一览表

| 县区 | 灾害种类 | 震前次害点总数 | 震后解译灾害点点数 | 危害对象 居民地 | 危害对象 道路 | 危害对象 河流 | 危害对象 农田 | 危害对象 重要建筑 | 重大地质灾害 编号 | 重大地质灾害 地点 | 重大地质灾害 危害程度说明 |
|---|---|---|---|---|---|---|---|---|---|---|---|
|  | 灾害点总数 | 89 | 47 |  |  |  |  |  | AX005 | 泉水村西北 | 面积 0.08km²，崩滑体明显堵塞河道，损毁居民房屋，侵占道路 0.35km |
|  | 滑坡 | 55 | 47（崩滑体） | 10 | 17 段，9.94km | 17 段，12.7km |  |  | AX028 | 铜钱村 | 面积 1.2km²，崩滑体毁坏居民居民点，侵占河道 3.1km |
|  | 崩塌 | 7 |  |  |  |  |  |  | AX027 | 老望沟村西南 | 面积 1.2km²，损毁道路 1500m，危害居民点 |
| 安县 | 泥石流 |  |  |  |  |  |  |  | AX025 | 宝藏村 | 面积 0.9km²，崩滑体损毁居民房屋建筑，毁坏道路 0.55km |
|  | 重大隐患点 |  | 8 |  |  |  |  |  | AX008 | 甘沟村东南 | 面积 0.32km²，崩滑体毁坏居民房屋建筑 0.75km，损毁道路 |
|  |  |  |  |  |  |  |  |  | AX035 | 永明村东 | 面积 0.3km²，崩滑体明显侵占河道，损毁道路 0.53km，威胁居民房屋建筑 |
|  |  |  |  |  |  |  |  |  | AX029 | 白果坪村 | 面积 1.28km²，崩滑体明显侵占河道，损毁居民房屋道路，损毁居民房屋建筑 |
|  |  |  |  |  |  |  |  |  | AX024 | 双溪村 | 面积 0.3km²，崩滑体堵塞河道，形成湖体 |

续表

| 县区 | 灾害种类 | 震前灾害点数 | 震后解译灾害点总数 | 居民地 | 道路 | 河流 | 农田 | 重要建筑 | 编号 | 地点 | 危害程度说明 |
|---|---|---|---|---|---|---|---|---|---|---|---|
| 北川县 | 灾害点总数 | 75 | 284 | 20 | 75段，13.2km | 23.5km，其中堵江25处 | 毁坏2km² | 威胁水库1座 | BC080 | 北川县城东 | 滑坡群面积0.875km²，已造成人员伤亡，崩滑体堵塞湔江河道3处，对下游人民生命财产构成威胁 |
| | 滑坡 | 56 | 283 | | | | | | BC075 | 庙家山 | 滑坡群面积5.40km²，已将一小型水电站堵塞并形成堰塞湖，威胁下游北川县城人民生命财产安全 |
| | 崩塌 | 3 | | | | | | | BC054 | 梨子园 | 滑坡群面积1.15km²，对公路及河流构成威胁 |
| | 泥石流 | | | | | | | | BC045 | 张家山 | 滑坡群面积2.10km²，形成堰塞湖，堵塞河流4处，威胁公路及河流 |
| | 重大隐患点 | | | | | | | | BC018 | 张家岭 | 滑坡群面积2.92km²，形成2处堰塞湖，堵塞河流，目前未稳定，在河水冲刷下，继续滑动的可能性大 |
| | | | | | | | | | BC085 | 洛木园—红卫 | 滑坡群面积0.67km²，威胁S220省道及居民点 |

续表

| 县区 | 灾害种类 | 震前灾害点数 | 震后解译灾害点数 | 危害对象 | | | | | 重大地质灾害 | | |
|---|---|---|---|---|---|---|---|---|---|---|---|
| | | | | 居民地 | 道路 | 河流 | 农田 | 重要建筑 | 编号 | 地点 | 危害程度说明 |
| 都江堰 | 灾害点总数 | 53 | 78 | | | | | | | 紫坪铺水库南部 | 崩塌滑坡群，面积0.23km²，毁坏道路1.5km，对公路、坝及下方农田构成威胁 |
| | 滑坡 | 47 | 78 | | | | | | | 紫坪铺水库周边 | 崩塌滑坡群，存在继续下滑趋势，对库区环境及道路破坏严重 |
| | 崩塌 | 3 | | | | | | | | 金沙坝两岸 | 崩塌群，面积0.12km²，已损毁部分房屋和道路，对公路、村庄及金沙坝沟构成威胁 |
| | 泥石流 | 3 | | | 27段，9.2km | 14段，1.88km | | 威胁水库3座，其中堰塞湖1处 | | 都江堰景区 | 崩塌滑坡群，造成河岸崩塌，发生再次崩滑的可能性大，对都江堰堰塞区河岸稳定性构成威胁 |
| | 重大隐患点 | | 8 | | | | | | | 甘家岗 | 滑坡群，面积0.1km²，堵塞沙沟河支流，形成堰塞湖 |
| | | | | | | | | | | 白沙河 | 崩塌滑坡群，面积0.5km²，对下游农田、道路，河流构成威胁 |
| | | | | | | | | | | 卡子 | 滑坡群，面积0.9km²，对白沙河及下游农田、公路构成威胁 |
| | | | | | | | | | | 杨家山 | 滑坡群，对杨家山、白果、干河子一带公路、房屋和农田构成威胁 |

续表

| 县区 | 灾害种类 | 震前灾害点总数 | 震后解译灾害点数 | 危害对象 | | | | | 重大地质灾害 | | |
|---|---|---|---|---|---|---|---|---|---|---|---|
| | | | | 居民地 | 道路 | 河流 | 农田 | 重要建筑 | 编号 | 地点 | 危害程度说明 |
| 茂县 | 灾害点总数 | 68 | 77 | 危害14处，威胁3处 | 破坏30处4.45km，威胁7处2.81km | 威胁17处9.4km | 毁坏农田0.522km² | 威胁桥梁2座 | MX-006 | 石大关北乡岷江右岸 | 崩塌滑坡群，面积0.25 km²，掩埋道路0.76km，有可能堵塞河道，威胁下游居民安全 |
| | 滑坡 | 59 | 72 | | | | | | MX-008 | 石大关北乡岷江右岸 | 崩塌滑坡群，面积0.39 km²，严重威胁石大关乡居民房屋建筑，毁坏国道0.6km |
| | 崩塌 | 6 | 2 | | | | | | MX-021 | 回龙乡沙坝 | 崩塌滑坡群，面积0.073 km²，有损毁沙坝居民房屋及堵塞河道迹象，危害公路0.4km |
| | 泥石流 | 3 | 3 | | | | | | MX-056 | 叠溪镇 | 崩塌滑坡群，面积0.15 km²，严重损毁国道，威胁河流 |
| | 重大隐患点 | | 4 | | | | | | | | |

续表

| 县区 | 灾害种类 | 震前灾害点数 | 震后解译灾害点数 | 危害对象 | | | | | 重大地质灾害 | | |
|---|---|---|---|---|---|---|---|---|---|---|---|
| | | | | 居民地 | 道路 | 河流 | 农田 | 重要建筑 | 编号 | 地点 | 危害程度说明 |
| 汶川 | 灾害点总数 | 131 | 1592 | | | | | | WC-013 | 三座磨 | 面积0.26 km²，威胁道路1.0km |
| | 滑坡 | 48 | 163 | | | | | | WC-032 | 汶川县城 | 威胁河流0.5km，道路0.5km，威胁居民区和桥梁安全 |
| | 崩塌 | 11 | 1428 | | | | | | WC-049 | 汶川县城 | 崩滑体面积0.47km²，损毁国道G213 1.50km，河道淤堵1.5km |
| | 泥石流 | 71 | 1 | | | | | | WC-072 | 两河口 | 崩滑体面积4.51km²，影响河流9km，对民宅造成严重威胁 |
| | 重大隐患点 | | 15 | 危害8处 | 共影响26km | 20段，45km | | 威胁水库1座 | WC-075 | 两河口 | 崩滑体面积7.45km²，形成堰塞湖，影响桥梁1座 |
| | | | | | | | | | WC-110 | 耿达 | 崩滑体面积0.26km²，堵塞河道0.19km，影响道路 |
| | | | | | | | | | WC-116 | 耿达 | 崩滑体面积0.05km²，对村庄、道路0.3km，对桥梁造成威胁 |
| | | | | | | | | | WC-129 | 卧龙镇 | 崩滑体面积9.48km²，影响河流、道路1.1km，形成堰塞湖 |
| | | | | | | | | | WC-135<br>WC-137 | 卧龙镇 | 崩滑体面积0.05km²，威胁水库和水坝0.28km |
| | | | | | | | | | WC-160<br>WC-161<br>WC-162 | 汶川县城 | 共三个滑坡，总面积0.66km²，分别对G213国道和岷江造成威胁2.0km，造成岷江堵塞 |

续表

| 县区 | 灾害种类 | 震前灾害点数 | 震后解译灾害点数 | 危害对象 | | | | | 编号 | 地点 | 重大地质灾害 危害程度说明 |
| --- | --- | --- | --- | --- | --- | --- | --- | --- | --- | --- | --- |
| | | | | 居民地 | 道路 | 河流 | 农田 | 重要建筑 | | | |
| 江油市 | 灾害点总数 | 118 | 61 | | | | | | JY060 | 五福村 | 滑坡群面积 0.19km²,对下游房屋、农田、道路构成严重危害 |
| | 滑坡 | 104 | 61 | 2 处 | 13 段,1.68km | 威胁河流18处,3.12km,其中堵江2处 | 0.7km² | | JY021 | 大坪村 | 滑坡群面积 0.15km²,现已损毁道路 1.14km,涪江东岸具有向北西西滑动的迹象 |
| | 崩塌 | 14 | | | | | | | JY036 | 小河村 | 滑坡群面积 0.15km²,有继续下滑形成涪江堵塞的可能。影像显示为小型滑坡 |
| | 泥石流 | | | | | | | | JY051 | 旱丰村 | 滑坡群面积 0.26km²,为小型滑坡,破坏地表植被和道路;在旱丰村北发育两处小型滑坡,对该村造成威胁 |
| | 重大隐患点 | | 4 | | | | | | | | |
| 理县 | 灾害点总数 | 90 | 187 | | | | | | LX228 | 杂谷脑河和一棵印 | 崩滑体面积 0.08km²,滑体阻塞河道 0.15km,已形成堰塞湖,威胁下游居民和 G317 国道 |
| | 滑坡 | 38 | 185 | 20 处 | 38 段,6.63km | 77 段,20.04km | 林地,3.83km² | | LX151 | 营盘街 | 崩滑体面积 0.2km²,侵入河道 0.79km,如果继续滑动,将堵塞河流,威胁理县县城安全 |
| | 崩塌 | 9 | | | | | | | LX230 | 大祁山寨 | 崩滑体面积 0.01km²,毁坏 G317 国道 0.11km |
| | 泥石流 | 38 | 2 | | | | | | LX139 | 危关 | 崩滑体面积 0.25km²,毁坏公路 0.1km,危及居民点 |
| | 重大隐患点 | | 3 | | | | | | LX227 | 俄里寨 | 崩滑体面积 0.28km²,毁坏公路 0.25km,威胁居民居住房屋安全 |

续表

| 县区 | 灾害种类 | 震前灾害点数 | 震后解译灾害点数 | 危害对象 居民地 | 道路 | 河流 | 农田 | 重要建筑 | 重大地质灾害 编号 | 地点 | 危害程度说明 |
|---|---|---|---|---|---|---|---|---|---|---|---|
| 绵竹县 | 灾害点总数 | 106 | 52 | 毁坏9处，威胁5处 | 毁坏10段，9.28km | 堰塞河流4处，威胁河流19.09km | 毁坏农田0.36km² | 破坏铁路3段，共3.31km | MZ-037 | 天池乡东 | 崩滑体面积3.5km²，明显堵塞河道，损毁公路、铁路各2.19km |
| | 滑坡 | 38 | 52 | | | | | | MZ-045 | 汉王镇西 | 崩滑体面积1.6km²，滑动方向100°，损毁铁路500m，堵塞河道0.3km，损坏居民点房屋 |
| | 崩塌 | 51 | | | | | | | MZ-040 | 船头寺 | 崩滑体面积3.4km²，滑动方向50°，堵塞河道，损毁铁路、公路0.62km |
| | 泥石流 | 17 | 7 | | | | | | MZ-033 | 大天池村西 | 崩滑体面积3.5km²，崩滑体明显损毁居民点房屋建筑 |
| | 重大隐患点 | | | | | | | | MZ-032 | 邬家梁子 | 崩滑体面积3.48km²，崩滑体明显侵占河道，损毁道路2.03km |
| | | | | | | | | | MZ-022 | 元包村 | 崩滑体面积3.49km²，崩滑体明显侵占河道，损毁道路、损毁居民点5处 |
| | | | | | | | | | MZ-043 | 白溪口村 | 崩滑体面积3.48km²，崩滑体明显侵占河道，损毁民点房屋建筑，损毁居民点0.66km，损毁道路 |

续表

| 县区 | 灾害种类 | 震前灾害点数 | 震后解译灾害点数 | 危害对象 | | | | | 重大地质灾害 | | |
|---|---|---|---|---|---|---|---|---|---|---|---|
| | | | | 居民地 | 道路 | 河流 | 农田 | 重要建筑 | 编号 | 地点 | 危害程度说明 |
| | 灾害点总数 | 77 | 81 | | | | | | | 九峰山风景区 | 分布数十处滑坡体，滑坡群面积 11.17km²，毁坏林地 7.68km²，威胁道路 5 段 4.1km，威胁河流 6 段 5km。滑坡群不稳定，可能再次崩滑，亦可能形成泥石流，威胁下游河流及农田 |
| 彭州市 | 滑坡 | 51 | 81 | 3 处 | 29 段，12km | 21 段，8km | 毁坏林地 13.5km²，毁坏农田 0.4km² | | | 龙定村 | 分布 2 处滑坡体，面积 1.11km²，毁坏林地 1.2km²，滑坡不稳定，可能再次滑，亦可能形成泥石流，威胁下游河流及农田 |
| | 崩塌 | 26 | | | | | | | | 丹景山镇 | 滑坡体面积 0.12km²，已毁坏部分房屋和道路。滑坡体可能再次崩滑，对公路、村庄构成威胁 |
| | 泥石流 | | | | | | | | | | |
| | 重大隐患点 | | | | | | | | | | |

续表

| 县区 | 灾害种类 | 震前灾害点数 | 震后解译灾害点数 | 危害对象 | | | | | 重大地质灾害 | | |
|---|---|---|---|---|---|---|---|---|---|---|---|
| | | | | 居民地 | 道路 | 河流 | 农田 | 重要建筑 | 编号 | 地点 | 危害程度说明 |
| 平武县 | 灾害点总数 | 230 | 273 | | | | | | PW144 | 水观乡南 | 高落差大型滑坡体,面积0.65 km²,冲入河道,堵塞河流0.8km,形成堰塞湖。由于河道水量小,滑坡堵塞体长,渗透性较强,短期内溃坝可能性小 |
| | 滑坡 | 90 | 273 | | 13段,6.58km | 威胁河流8.68km,其中堵江9处 | 毁坏1.31 km² | | PW198 | 南坝镇支流 | 大型基岩滑坡,堵塞河流,损毁道路0.76km,形成堰塞湖,回水15km²,威胁下游0.6km处农田和南坝镇 |
| | 崩塌 | 89 | | | | | | | | | |
| | 泥石流 | | | | | | | | | | |
| | 重大隐患点 | | 2 | | | | | | | | |

续表

| 县区 | 灾害种类 | 震前灾害点数 | 震后解译灾害点总数 | 危害对象 | | | | | 重大地质灾害 | | |
|---|---|---|---|---|---|---|---|---|---|---|---|
| | | | | 居民地 | 道路 | 河流 | 农田 | 重要建筑 | 编号 | 地点 | 危害程度说明 |
| 什邡市 | 灾害点总数 | 102 | 177 | 5处 | 6段,1.13km | 105段,20.03km | 毁坏林地,1.93km² | | SF-004 | 筲箕塘西南 | 大范围明显堵塞河道,损毁道路120m,掩埋居民房屋,堵塞河流0.13km |
| | 滑坡 | 57 | 176 | | | | | | SF-008 | 筲箕塘东南 | 面积0.14km²,明显堵塞河道0.05km,损毁道路,掩埋居民房屋,破坏林地0.14km² |
| | 崩塌 | 34 | | | | | | | SF-030 | 四坪东 | 掩埋居民房屋,毁坏公路0.09km,堵塞河流0.1km |
| | 泥石流 | 11 | 1 | | | | | | SF-036 | 四坪 | 掩埋居民房屋,毁坏公路0.27km,堵塞河流0.27km |
| | 重大隐患点 | | 14 | | | | | | SF-041 | 红白镇筲箕塘山北 | 堵塞河流0.16km,此处可能形成泥石流 |
| | | | | | | | | | SF-057 | 红白镇头道金河北 | 破坏林地0.15km²,堵塞河道0.35km,有可能堵塞河道,影响下游居民安全 |
| | | | | | | | | | SF-108 | 平水河西 | 堵塞河流0.08km,堵塞河道积水面积约7.67km² |
| | | | | | | | | | SF-109 | 平水河西 | 面积0.03km²,堵塞河道0.94km |

续表

| 县区 | 灾害种类 | 震前灾害点数 | 震后解译灾害点数 | 危害对象 | | | | | 重大地质灾害 | | |
|---|---|---|---|---|---|---|---|---|---|---|---|
| | | | | 居民地 | 道路 | 河流 | 农田 | 重要建筑 | 编号 | 地点 | 危害程度说明 |
| 什邡市 | | | | | | | | | SF-136 | 红白镇五爪山东南 | 面积0.04km²,堵塞河道0.52km |
| | | | | | | | | | SF-139 | 红白镇五爪山东南 | 面积3.71km²,堵塞河道0.08km |
| | | | | | | | | | SF-163 | 平水河西 | 面积0.03km²,破坏林地14km²,威胁河流0.07km |
| | | | | | | | | | SF-164 | 平水河西 | 面积0.01km²,威胁河流0.12km |
| | | | | | | | | | SF-165 | 红白镇五爪山南 | 面积0.02km²,威胁河流0.17km |
| | | | | | | | | | SF-171 | 平水河西 | 面积0.06km²,威胁河流0.1km |
| 青川县 | 灾害点总数 | 95 | 193 | | | | | | QC014 | 曲河乡东 | 滑坡群面积0.51km²,有3处滑坡体已形成明显的带状坡面流,对河流,道路造成威胁 |
| | 滑坡 | 76 | 192 | 危害9处 | 破坏12段1.41km | 威胁河流16处2.64km,其中堵江23处 | 毁坏农田0.15km² | | QC005 | 大房子乡南 | 滑坡群面积0.31km²,已引起7处堵江,威胁石坝乡居民点及公路 |
| | 崩塌 | 18 | | | | | | | QC225 | 刘家店子 | 崩滑群面积0.06km²,有损毁沙坝居民点房屋及堵塞河道迹象,危害公路0.4km |
| | 泥石流 | 5 | 1 | | | | | | QC134 | 青溪镇北 | 崩滑群面积0.14km²,严重损毁林地 |
| | 重大隐患点 | 4 | | | | | | | | | |

续表

| 县区 | 灾害种类 | 震前灾害点数 | 震后解译灾害点数 | 危害对象 | | | | | 重大地质灾害 | | |
|---|---|---|---|---|---|---|---|---|---|---|---|
| | | | | 居民地 | 道路 | 河流 | 农田 | 重要建筑 | 编号 | 地点 | 危害程度说明 |
| 文县 | 灾害点总数 | 390 | 82 | 危害 5 处 | 8 段, 17.00km | 21 段, 6.36km | 毁坏农田 2.58 km² | 威胁水库 1 座 | WX-013 | 白水江石鸡坝 | 崩滑体面积 1.17km², 直接毁坏道路 0.04km, 对甘青公路石鸡坝及下方农田构成潜在威胁 |
| | 滑坡 | 131 | 62 | | | | | | WX-027 | 石坊上柳元 | 崩滑体面积 0.24km², 威胁下方居民生命财产 |
| | 崩塌 | 23 | 12 | | | | | | WX-0067 | 玉垒高坪 | 崩滑体面积 0.12km², 损毁 G212 国道 0.045km, 对国道及河流构成威胁 |
| | 泥石流 | 236 | 8 | | | | | | WX-068 | 玉垒翰坪坝 | 崩滑体面积 0.08km², 损毁 G212 线及部分民宅, 对国道 G212 及坪民区构成威胁 |
| | 重大隐患点 | | 5 | | | | | | WX-096 | 城关镇大渡坝 | 崩滑体面积 0.45km², 对国道 G212 及下方居民区构成严重威胁 |
| 武都 | 灾害点总数 | 370 | 98 | 12 处 | 22 段, 共 6.9km | 8 段, 共 1.3km | 旱地 0.08 km² | | WD-039 | 白龙江支流洪坝河右岸三墩沟附近 | 崩滑体面积 0.14km², 掩埋道路 0.6km, 有可能堵塞洪沟河道, 影响下游居民安全 |
| | 滑坡 | 9 | 8 | | | | | | WD-096 | 武都区城东侧 | 崩滑体面积 0.04km², 滑体东北侧发育一同等规模的滑坡体, 对武都城区构成一定安全隐患 |
| | 崩塌 | | 8 | | | | | | | | |
| | 泥石流 | 253 | 5 | | | | | | | | |
| | 重大隐患点 | | 2 | | | | | | | | |

注: 据国土资源部、中国地质调查局、中国地质环境监测院、中国地质调查局水文地质环境地质调查中心、中国国土资源航空物探遥感中心资料整理。

# 3.3　地质灾害形成条件

## 3.3.1　地质灾害形成的主要控制因素

### 1. 地形地貌

本区以高中山地形为主,仅沿田坝河谷分布一些平坝地貌。区内最低处漩口镇海拔 780m,最高点四姑娘山海拔 6250m,相对高差 5000 余米,山地发育,相对高差大,地形坡度大,地形临空面发育,沟谷纵横,切割强烈,为滑坡、崩塌的发育提供了基本条件,沟谷纵坡降大则为泥石流的发育提供了基本条件。

### 2. 地层岩性

研究区地层发育比较完整,岩体工程地质特性空间变化复杂,坚硬岩层一般较稳定,不易发生地质灾害,而软硬相间的地层、第四系松散地层及强风化岩浆岩为代表的软弱岩土体则相对比较容易发生地质灾害(殷跃平,2004;刘传正,2007;吴树仁,2007;黄润秋,2000,2001,2007)。据县市调查资料,研究区地质灾害主要分布于志留系、泥盆系等含软弱层的地层中,且多发育于千枚岩中,这类地层中地质灾害的分布最为集中。泥石流也多发于千枚岩出露区,威州镇、克枯乡、龙溪乡等为泥石流高易发区。

### 3. 地质构造

断裂构造带影响区以及褶皱的核部,由于构造对岩土体的改造强烈,同时区域构造运动应力场的作用使岩体节理裂隙发育,岩性破碎,结构面发育,从而使岩体力学性质大大降低,为地质灾害的发育提供了条件。

### 4. 斜坡结构

河流沟谷长期的下蚀以及人工开挖等因素的作用而形成不同结构形式的

斜坡，由于沟谷纵横，且区内地层岩性变化复杂，构造对地层的破坏和改造强烈，致使区内斜坡结构特征变化较复杂。本区斜坡既有顺向斜坡、逆向斜坡，又有斜向坡、水平层状斜坡和阶梯状斜坡等。不同结构形式常伴生不同类型的地质灾害，如顺向斜坡常伴生滑坡，特别是岩层倾角小于坡角时发生滑坡的可能性常较大，而逆向斜坡则常伴生崩塌，花岗岩区表层风化强烈时，在暴雨作用下其形成坡面泥石流的可能性则较大。

## 3.3.2　地质灾害的主要诱发因素

### 1. 地震

地震是诱发大面积灾害的主要因素之一。特别是震级大的强烈地震，往往诱发群发滑坡和崩塌。再加上震后常有暴雨、大雨，会进一步诱发泥石流和滑坡灾害。

### 2. 降雨

滑坡、崩塌、斜坡变形和泥石流都与降雨有着直接的联系，从地质灾害发生时间的分布来看，绝大多数地质灾害均发生于雨季，降雨是汶川县地质灾害最重要的诱发因素。

### 3. 人类工程经济活动

区内人类工程活动主要包括农业耕作、采矿、道路交通工程建设和水利水电工程建设等。这些人类工程活动常常破坏植被，改变斜坡结构，并诱发斜坡变形形成不稳定斜坡，或者形成滑坡、崩塌，这些崩滑的物质在降雨作用下也可能转换形成泥石流。

## 3.4　地质灾害初步分析

地质灾害危险性预测评价内容包括依据地质灾害的历史活动程度、潜在形成地质灾害的地质环境条件和人类工程活动、地震烈度及距本次震中及余震发育带的距离等组合条件，对研究区内可能发生地质灾害的可能性做出预测分析（罗元华，1998；张业成，1993；向喜琼，2000a，2000b；殷坤龙，2000；黄润秋，2000，2001；刘希林，1995，2000）。

汶川地震震中区属下扬子地台地层分区，各时代地层自元古界至新生界均有不同程度出露，受龙门山断裂带切割影响，岩石相对比较破碎。

该区构造运动强烈，地层发生强烈褶皱和断裂，并伴随大量岩浆侵入，岩层遭受构造作用变质、破碎。受龙门山三条主要大断裂（青川—茂汶断裂带、北川—映秀断裂带、江油—灌县断裂带）的影响，龙门山断裂带及其两侧，岩石破碎，完整性差，工程性质差。

本区的易滑地层主要包括志留系岩性为中浅变质的灰色、绿色千枚岩，泥盆系岩性为千枚岩、绢云母石英千枚岩、铁硅质灰岩、结晶灰岩和块状灰岩等，三叠系地层岩性为紫灰色厚层泥质粉砂岩、灰色炭质页岩和砂质页岩等。这些地层均为软硬相间地层，存在软弱结构，是本区形成滑坡、崩塌的主要地层。此外，松散碎屑堆积物及地表风化层由于本区山高坡陡，在降雨等因素作用下，饱水后极易起动与水混合在一起形成泥石流。

预测汶川震中区滑坡、崩塌和泥石流等灾害可能发生在上述地层发育的地区，特别是新滑坡体的边缘和后缘陡坎部位，由于先期发生的滑坡、崩塌等灾害已造成周边岩体松动，比其他部位更容易发生滑坡、崩塌等灾害。

依据本区地质灾害的分布特征和岩性组合特征，本区次生地质灾害高危险的区域主要包括以下几个地区（图 3-4）：水磨镇—都江堰—汉王镇—安县低山丘陵地带，理县—薛城—汶川—茂县 G317、G213 国道及两侧沟谷中，卧龙镇—映秀镇 S303 省道两侧，北川县 S302 省道两侧及沟谷中，江油市—重华镇—雁门镇一带，响岩镇—南坝镇—凉水镇 S302 省道及沟谷中，平武县古城镇—水晶镇及 S302 省道沿线，青溪镇北部地区小流域内，甘肃文县与四川的省道两侧，武都县城四周及省道两侧。

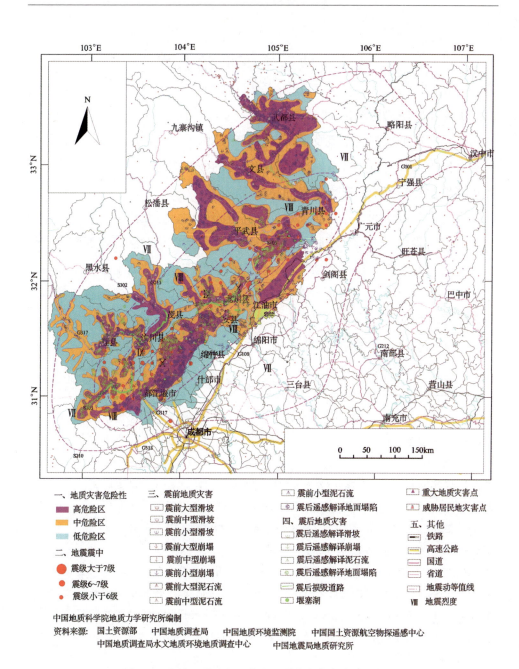

图 3-4　汶川地震重灾区次生地质灾害高危险区分布图

# 3.5　地质灾害防治方案

地质灾害防治方案包括以下几点：

（1）在汶川地震区城镇及居民点恢复重建的过程中，由于震中区次生地质灾害比较发育，应充分考虑次生地质灾害的破坏能力，在选址过程中，要尽可能地避开具有地质灾害隐患的高危险区。

（2）恢复重建的城镇和居民点位于高危险区内，且无法避让的地区，应对地质灾害隐患点进行工程防治。其方法主要包括：①对隐患点安装监测仪器，及时对灾害进行预报和预警，确保人民生命安全；②对滑坡、崩塌隐患点进行喷锚加固、修建档墙、修建防护网等措施；③对泥石流沟谷以修建排导槽、栅栏坝防护为主；④对存在安全隐患的地点或地区，进行生物工程防治，以种植树林、草等植被为主，加大边坡的保水固土能力。

## 参 考 文 献

黄润秋 . 2000. 岩石高边坡的时效变形分析及其工程地质意义 . 工程地质学报，8（2）：148～153

黄润秋，林峰，陈德基等 . 2001. 岩质高边坡卸荷带形成及其工程性状研究 . 工程地质学报，9（3）：227～232

黄润秋，许强，戚国庆 . 2007. 降雨及水库诱发滑坡的评价与预测 . 北京：科学出版社，35～88

刘传正 . 2007. 长江三峡库区地质灾害成因与评价研究 . 北京：地质出版社，51～133

刘传正，温铭生 . 2004. 中国地质灾害气象预警初步研究 . 地质通报，24（4）：303～309

刘希林 . 1995. 泥石流危险性评价 . 北京：科学出版社

刘希林 . 2000. 泥石流风险评价中若干问题的讨论 . 山地学报，18（4）：341～345

罗元华 . 1998. 泥石流堆积数值模拟及泥石流灾害风险评估方法研究 . 中国地质大学博士学位论文

罗元华，张梁，张业成等 . 1998. 地质灾害风险评估方法 . 北京：地质出版社

吴树仁，石菊松，张永双等 . 2006. 滑坡宏观机理研究——以长江三峡库区为例 . 地质通报，25（7）：874～879

吴树仁，张永双，石菊松等 . 2007. 三峡库区丰都县滑坡灾害危险性评价 . 地质通报，26（5）：574～582

向喜琼，黄润秋 . 2000a. 地质灾害风险评价与风险管理 . 地质灾害与环境保护，11（1）：38～41

向喜琼，黄润秋 . 2000b. 基于GIS的人工神经网络模型在地质灾害危险性区划中的应用 . 中国地质灾害与防治学报，11（3）：23～27

殷坤龙，柳源．2000．滑坡灾害区划系统研究．中国地质灾害与防治学报，11（4）：28～32

殷跃平．2004．长江三峡库区移民迁建新址重大地质灾害及防治研究．北京：地质出版社，31～45

张春山，南青民，廖椿庭等．2007．黄河上游地区地应力状态与地质灾害关系探讨．地质力学学报，
　　13（3）：270～277

张春山，吴满路，张业成．2003．地质灾害风险评价方法及展望．自然灾害学报，12（1）：96～102

张春山，张业成，胡景江．1999．地质灾害评价在中小城镇发展中的作用探讨．见：邓楠．中国可持续发
　　展研究会 1999 年学术年会论文集——可持续发展：人类生存环境．北京：电子工业出版社，510～514

张春山，张业成，胡景江等．2000．中国地质灾害时空分布特征与形成条件．第四纪研究，20（6）：
　　559～566

张春山，张业成，马寅生等．2006．区域地质灾害风险评价要素权值计算方法及应用．水文地质工程地质，
　　33（6）：84～88

张春山，张业成，张立海．2004．中国崩塌、滑坡、泥石流灾害危险性评价．地质力学学报，10（1）：
　　27～32

张梁，张业成，罗元华等．1998．地质灾害灾情评估理论与实践．北京：地质出版社

张业成，张春山，张梁等．1993．中国地质灾害系统层次分析与综合灾度计算．中国地质科学院院报，
　　27，28：139～154

中国水文地质工程地质勘查院．1996．中国分省地质灾害图集．北京：中国地图出版社

# 第4章 灾区气候与气象灾害分析<sup>*</sup>

汶川地震灾区年平均降水量一般有 600～900mm；年降水日数有 130～170 天；全年大雨以上的日数有 3～7 天，其中暴雨日数有 1～3 天。汶川地震灾区年平均气温一般为 12～16℃；最冷月 1 月的历史极端最低气温一般为 -5～0℃，最热月 7 月的历史极端最高气温一般为 36～40℃。5～9 月是汶川地震灾区灾害的多发季节，主要气象及其衍生灾害有暴雨洪涝、强对流（雷电、冰雹等）、高温、干旱、雾、泥石流和山体滑坡等。据分析，夏季灾区干旱的发生频率一般为 20%～50%；暴雨洪涝的发生频率一般为 20%～50%；雷暴日数一般为 10～30 天；冰雹日数一般有 0.5～1 天；日最高气温大于等于 35℃的高温日数不多，一般在 5 天以下，四川盆地东部可达 10 天以上；低温、冻害、霜雪主要发生在山区高海拔地区，四川盆地发生频率相对较少。为了进一步做好抗震救灾和灾后重建工作，特根据汶川地震灾区 1951～2007 年的历史气候资料对灾区的气候特征进行分析。

## 4.1 地震灾区主要气候特点

### 4.1.1 全年气候特点

汶川特大地震灾区地形地貌有高山、高原、盆地和平原，致使各地的气候差别特别大，气温、降水、光照分布极不均衡。重灾区大多为山区，山底、山腰和山顶的气候也极不相同，随着海拔的升高，温度会越来越低，每升高

　　* 执笔人：北京师范大学的董文杰、程华琼；中国气象局国家气候中心的张勇、张强；中国气象局国家气象信息中心的曹丽娟。

100m，温度约降低 0.6℃。灾区多夜雨，夏季降水是全年最集中的时段。

　　汶川地震灾区气候变化大。年平均气温最高的区域汉源达 17.6℃，最低的区域松潘仅为 5.9℃。进入冬季的时间，大部分地区为 11 月下旬，西部和北部部分山区为 10 月下旬，松潘最早 9 月下旬便可入冬；入春时间，大部分地区为 3 月上旬，西部部分地区为 4 月上中旬，松潘最晚 5 月下旬才入春（表 4-1）。年降水量最多的区域在地震重灾区西南部的雅安和乐山等地区，重灾区北川年降水量最多达 1280mm，是四川省的暴雨中心之一，年最多暴雨日数可达 10 天，都江堰年雨量为 1178mm，而茂县和汶川的年雨量仅为 484mm 和 524mm（图 4-1）。日照的地域分布也很不均衡。汶川、茂县、汉源年日照时数为 1400～1632h，盆地区的都江堰、北川、绵竹等灾区仅为 900 多小时。

表 4-1　地震灾区各地季节交替时间

| 站名 | 经度/(°) | 纬度/(°) | 海拔高度/m | 入冬时间 | 入春时间 | 入夏时间 | 入秋时间 |
|---|---|---|---|---|---|---|---|
| 彭州市 | 103.93 | 30.98 | 582 | 11-27 | 03-09 | 05-31 | 09-10 |
| 崇州市 | 103.67 | 30.63 | 534 | 11-29 | 03-07 | 05-27 | 09-11 |
| 大邑县 | 103.52 | 30.60 | 524 | 11-29 | 03-07 | 05-27 | 09-11 |
| 郫县 | 103.88 | 30.82 | 559 | 11-27 | 03-08 | 05-29 | 09-10 |
| 温江区 | 103.83 | 30.70 | 539 | 11-28 | 03-08 | 05-27 | 09-10 |
| 都江堰 | 103.67 | 30.98 | 707 | 11-26 | 03-14 | 06-04 | 09-07 |
| 什邡县 | 104.18 | 31.13 | 534 | 11-27 | 03-08 | 05-27 | 09-10 |
| 绵竹县 | 104.20 | 31.33 | 589 | 11-27 | 03-08 | 05-30 | 09-10 |
| 安县 | 104.42 | 31.65 | 600 | 11-29 | 03-06 | 05-26 | 09-10 |
| 北川县 | 104.47 | 31.85 | 639 | 11-27 | 03-08 | 05-31 | 09-06 |
| 江油市 | 104.73 | 31.78 | 531 | 11-27 | 03-07 | 05-24 | 09-12 |
| 平武县 | 104.52 | 32.42 | 877 | 11-17 | 03-14 | 06-11 | 08-29 |
| 青川县 | 105.23 | 32.58 | 820 | 11-12 | 03-26 | 06-23 | 08-26 |
| 汉源县 | 102.68 | 29.35 | 796 | 12-15 | 02-13 | 05-24 | 09-13 |
| 宝兴县 | 102.82 | 30.38 | 1010 | 11-20 | 03-16 | 07-08 | 08-20 |
| 松潘县 | 103.57 | 32.65 | 2851 | 09-20 | 05-23 | 无 | 07-28 |
| 黑水县 | 102.98 | 32.08 | 2400 | 10-17 | 04-17 | 无 | 07-27 |
| 小金县 | 102.35 | 31.00 | 2369 | 11-04 | 03-17 | 无 | 08-05 |
| 理县 | 103.17 | 31.43 | 1888 | 10-29 | 04-05 | 无 | 08-05 |
| 汶川县 | 103.58 | 31.47 | 1326 | 11-14 | 03-27 | 07-15 | 08-20 |
| 茂县 | 103.85 | 31.68 | 1590 | 10-30 | 04-08 | 无 | 08-05 |
| 文县 | 104.67 | 32.95 | 1017 | 11-17 | 03-13 | 06-10 | 08-29 |
| 武都 | 104.92 | 33.40 | 1082 | 11-15 | 03-14 | 06-10 | 09-05 |
| 宁强 | 106.25 | 32.83 | 855 | 11-09 | 03-30 | 06-25 | 10-09 |

## 1. 降水

汶川地震灾区，年平均降水量一般有 600～900mm（图 4-1）；年降水日数大部分地区 130～170 天，东北部有 110～130 天（图 4-2）；年大雨以上的降水日数有 3～7 天（图 4-3）；年暴雨以上的降水日数有 1～3 天（图 4-4）。

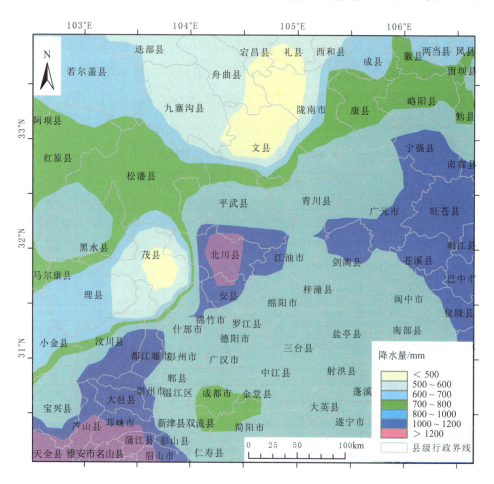

图 4-1　汶川地震灾区年降水量分布图

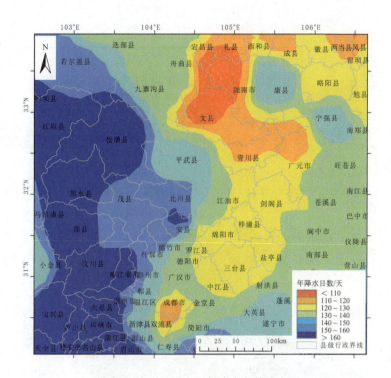

图 4-2　汶川地震灾区年降水日数分布图

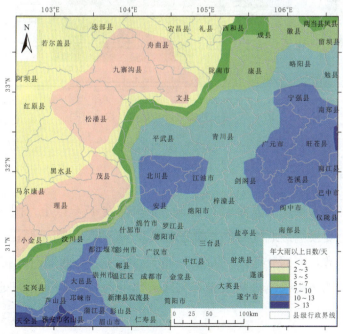

图 4-3　汶川地震灾区年大雨以上日数分布图

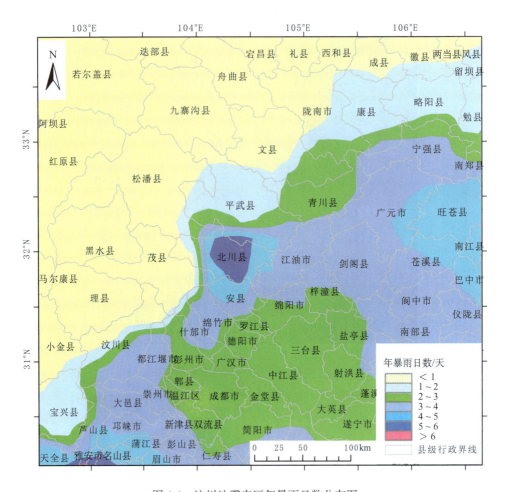

图 4-4　汶川地震灾区年暴雨日数分布图

## 2. 气温

西北部春季平均气温在 10℃以下，东南部在 17℃以上（图 4-5）。最冷月 1 月的历史极端最低气温，大部分地区为 −5～0℃（图 4-6）；年大于等于 35℃高温日数，大部分地区一般为 1～6 天（图 4-7），西部山区在 1 天以下；最热月 7 月的历史极端最高气温，灾区大部分为 36～38℃，东北部地区达 38～40℃（图 4-8）。

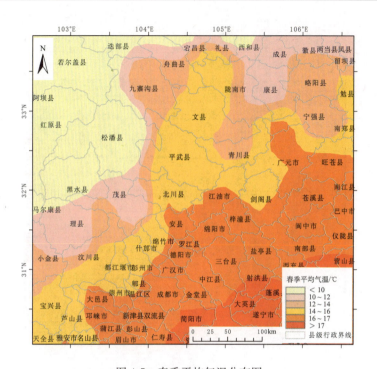

图 4-5 春季平均气温分布图

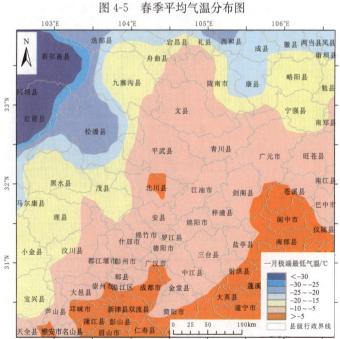

图 4-6 一月极端最低气温分布图

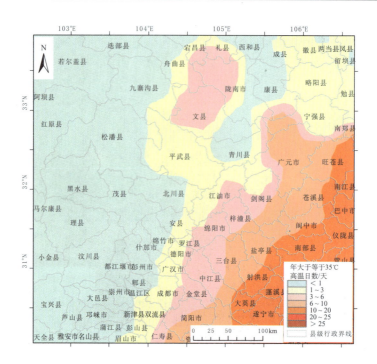

图 4-7　年大于等于 35℃ 高温日数分布图

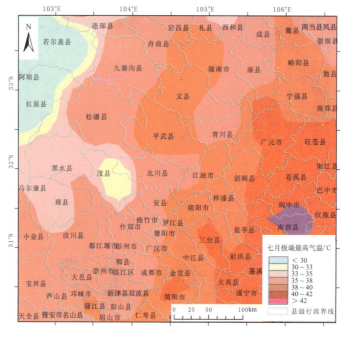

图 4-8　七月极端最高气温分布图

## 4.1.2　四季气候特点

**1. 春季**

春季，汶川地震灾区大部分地区降水量为 150～200mm，东部和北部的部分地区为 100～150mm（图 4-9）；平均气温一般为 12～16℃（图 4-10）。

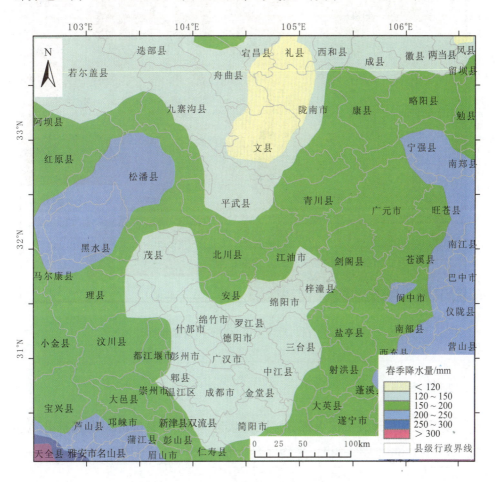

图 4-9　汶川地震灾区春季降水量分布图

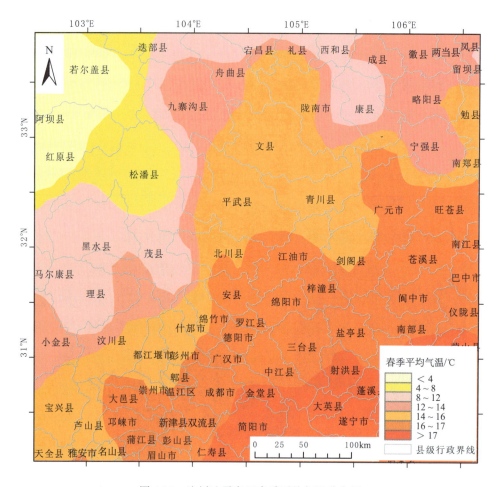

图 4-10　汶川地震灾区春季平均气温分布图

## 2. 夏季

夏季，汶川地震灾区大部分地区降水量为 300～500mm，东部部分地区为 500～600mm（图 4-11）；平均气温一般为 20～24℃（图 4-12）。

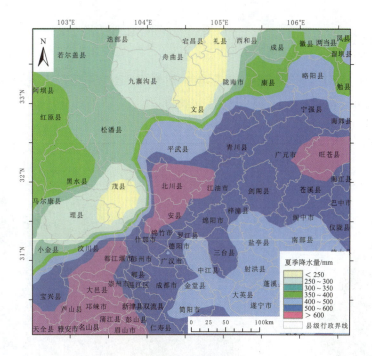

图 4-11　汶川地震灾区夏季降水量分布图

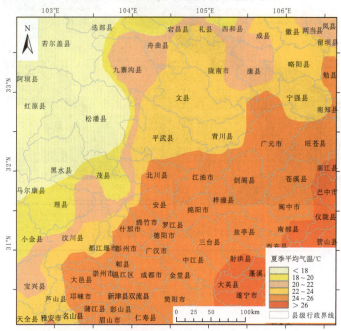

图 4-12　汶川地震灾区夏季平均气温分布图

**3. 秋季**

秋季，汶川地震灾区大部分地区降水量为 150～200mm，东北部地区为 200～250mm（图 4-13）；平均气温一般为 20～24℃（图 4-14）。

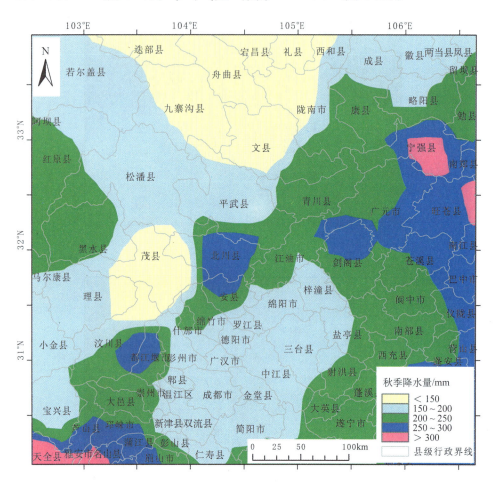

图 4-13　汶川地震灾区秋季降水量分布图

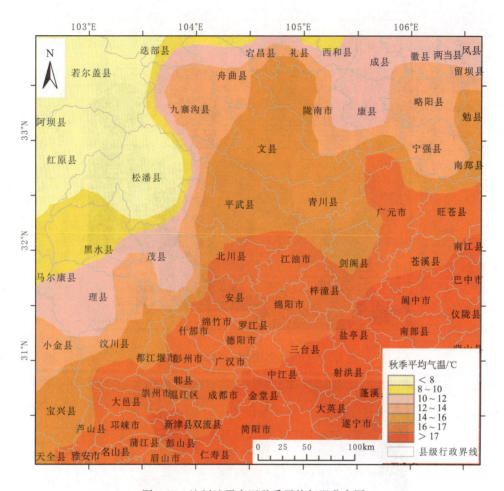

图 4-14　汶川地震灾区秋季平均气温分布图

**4. 冬季**

冬季，汶川地震灾区大部分地区降水量为 20～30mm，西北部地区在 20mm 以下（图 4-15）；平均气温一般为 2～6℃（图 4-16）。

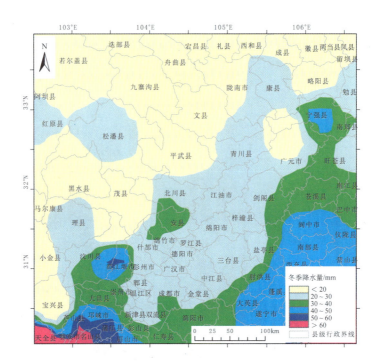

图 4-15　汶川地震灾区冬季降水量分布图

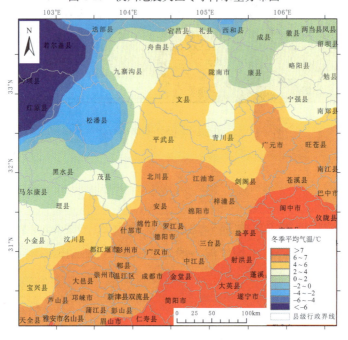

图 4-16　汶川地震灾区冬季平均气温分布图

## 4.2　汶川地震灾区主要灾害性天气和次生灾害

汶川地震灾区的主要气象及其衍生灾害有干旱、暴雨、强对流天气（雷电、冰雹等）、高温、雾、雪灾、泥石流、山体滑坡和道路结冰等。

### 4.2.1　干　　旱

夏季气温高，蒸发力强，时值作物进入旺盛生长期，需水量大，若长期无雨或小雨，土壤水分迅速减少，便形成夏旱，对地震灾区灾后工农业生产恢复重建造成很大影响。据分析，四川、甘肃南部、陕西南部夏季干旱的发生频率一般为 20%～50%，甘肃南部部分地区在 50% 以上。

### 4.2.2　暴雨洪涝

夏季是降水最集中，也是暴雨洪涝发生频率最高的季节。当暴雨产生的洪水超过河道的渲泄能力时，极易酿成洪涝灾害，给人民生命财产造成巨大损失。据分析，汶川地震灾区 5 月出现强降雨和暴雨洪涝的概率相对较低，但从 6 月中旬开始灾区降水量将逐旬增多，7～8 月降水达到峰值，发生暴雨洪涝的概率增加到 20%～35%。

### 4.2.3　雷暴、风雹

夏季是汶川地震灾区雷暴、风雹等强对流天气的多发季节，尤其是雷暴天气最为集中，常常造成人员伤亡和财产损失。据分析，灾区夏季雷暴日数一般为 10～30 天；冰雹日数灾区大部分地区有 0.5～1 天，北部部分地区为 1～3 天。

## 4.2.4　高　　温

夏季是汶川地震灾区气温最高的季节。据分析，从 5 月开始，灾区气温逐步升高，30℃以上的高温日数逐渐增多，极端最高气温可达 36～40℃，北部部分地区大于等于 35℃的高温日数达 5～15 天。

## 4.2.5　低温、冻害、霜雪

低温、冻害和霜雪主要发生在山区高海拔地区。四川盆地因四周有高山阻挡、冷空气入侵，低温、冻害和霜雪发生频率相对较少。

## 4.2.6　夏季突发性次生灾害

四川、甘肃和陕西等地震受灾严重的地区，山高、谷深、坡陡是中国滑坡、崩塌、泥石流等地质灾害高发区。2008 年"5·12"汶川特大地震发生在青藏高原东缘龙门山断裂带，重灾面积达 10 万 $km^2$，地震引发的地质灾害呈现出范围广、程度深、危害大、持续长的特点。

进入主汛期后，发生降水的频率增大，降水的强度也会加大。由于地震已造成山体松动或土质松软，局部地区较强降水极易引发滑坡、泥石流等次生灾害再度发生。另外，由于地震而造成的山体滑坡，堵截河谷或河床后储水而形成堰塞湖，不少水库、水电站、堤坝和涵闸等水利工程出现严重震损。如果遇到强余震、暴雨，可能会发生堰塞湖或堤坝溃坝，对下游造成威胁。因此，特别要注意做好震损水库、堰塞湖的险情排查和应急除险工作。

# 第5章 灾区堰塞湖与震损
# 水库、堤防治理排序[*]

受四川"5·12"汶川特大地震影响，在地震灾区由于山体滑坡等原因形成了一些堰塞湖，震区内大量水利工程受损。本研究以这次地震发生省份也是灾害最为严重的四川省为例，从综合风险理念出发，采用层次分析法和模糊数学相结合的方法对因地震形成的堰塞湖、震损水库和堤防的治理排序问题进行研究。

## 5.1 堰塞湖治理排序

### 5.1.1 基本情况

堰塞湖是在一定的地质与地貌条件下，由于火山喷发物、滑坡体、泥石流和冰川堆积物等形成的自然堤坝横向阻塞河谷后，造成上段壅水而形成的湖泊，随成因不同可分为火山堰塞湖和冰川堰塞湖等。其中，由于地震引发河道两侧山体滑坡或崩塌，滑坡体或崩塌体落入河道形成拦水堤坝、河水聚集成湖的现象称为地震堰塞湖，"5·12"汶川特大地震在四川省境内形成34个堰塞湖（图5-1）。

━━━━━━━━━━

  \* 执笔人：中国水利水电科学研究院的杨晓东、黄金池、张金接、何晓燕、李昌志、王珊、孙丹、朱振铎、邰艳艳；四川农田水利局的隆文菲、艾武；成都理工大学的庹先国、倪师军、奚大顺、余小平、徐争启、穆克亮；中国地质科学院地质力学研究所张春山、谭成轩、杨为民、孙炜峰、吴树仁、张永双、石菊松、何淑军、辛鹏；中国科学院地理环境与资源研究所的雒昆利、杨林生、李海蓉、叶必雄、李永华、阎秀兰、廖晓勇等。

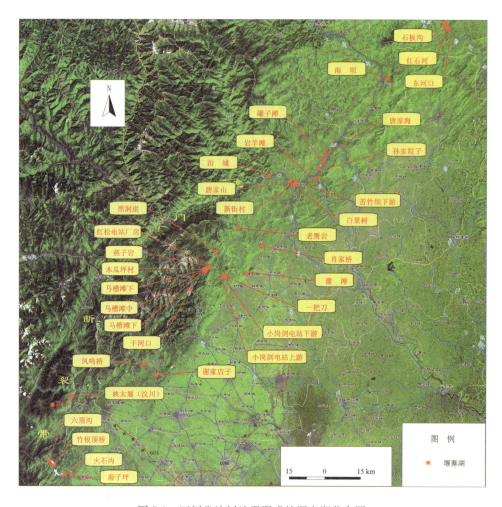

图 5-1　四川省汶川地震形成的堰塞湖分布图

　　地震堰塞坝坝体主要是快速堆积所致，因而其结构较为松垮，组成物质松散，胶结不良，在水流冲击作用下很容易因松动而发生溃坝。并不是所有的滑坡形成的大坝都会溃决，但是，如果溃决的话，它通常发生在形成后的不久。据有关统计，在世界各国的 187 个案例中，有 35％在 1 天内溃决，55％在 1 个星期内溃决，68％在 1 个月内溃决，83％在 6 个月内溃决及 89％在 1 年内溃决。堰塞坝溃决存在很大不确定性，一旦溃决将会使下游人民群众的生命财产遭受重大损失。

## 5.1.2　排序指标及其权重

从综合风险理论来看，堰塞坝风险排序指标体系是从堰塞坝可靠性、致灾环境危险性和后果严重性三方面来反映堰塞坝的风险程度。堰塞坝的可靠性主要是从堰塞坝工程本身角度反映。其抵御外力主要是水流作用的能力，堰塞坝工程可靠程度越高则失事概率越低；致灾环境危险性主要是从堰塞体承受外力的孕育环境方面来反映堰塞坝失事可能性的大小，孕灾环境越危险则堰塞体失事可能性越大，反之，则越小；后果严重性主要是从承灾体脆弱性、堰塞体破坏力等方面反映堰塞体失事造成损失的大小。堰塞坝可靠性、致灾环境危险性和后果严重性三方面的典型指标可依据指标选取原则，根据实际情况灵活选取。本次研究中假定堰塞坝致灾环境危险程度相同，因此仅从堰塞体可靠性和溃决后果严重性两个方面选取典型指标，反映堰塞坝的风险程度。具体指标体系见图 5-2。

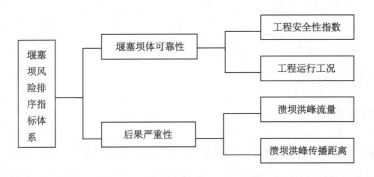

图 5-2　堰塞坝风险排序指标体系

经过专家评判，采用层次分析法确定四个典型指标：溃坝洪峰流量、洪峰传播距离、工程安全性状指数和工程运行工况，权重分别为 0.36、0.24、0.22 和 0.18。

**1. 工程安全性状指数**

研究中采用工程安全性状指数反映堰塞坝工程的可靠性。国内外通过大量研究，提出了很多判断滑坡坝安全性状的经验方法。研究中采用意大利佛罗伦萨大学教授 L. Ermini 和 N. Casagli 根据对 84 座滑坡坝（阿尔卑斯和亚平宁山区 36 个，日本 17 个，美国和加拿大 20 个，新西兰和印度等其他国家 11 个）资料统计，提出了地貌无量纲堆积体指数法（Geomorphological Dimensionless Blockage Index，*DBI*）。该方法的依据主要基于以下 3 点：

(1) 坝体体积（$V_d$）是主要稳定因素，因为它决定坝体的自重；

(2) 流域面积（$A_b$）是主要失稳因素，因为它决定河的能量和水能，并间接地决定坝的形状；

(3) 坝的高度（$H_d$）是评价坝遭遇漫顶盒管涌破坏时的重要变量。一方面，坝的高度影响坝体下游坡度、漫顶时水流速度和冲蚀速度；另一方面，它控制了坝前水位和坝体内水力比降。

*DBI* 定义为
$$DBI = \mathrm{LOG}\left(\frac{A_b \times H_d}{V_d}\right)$$

| | |
|---|---|
| $DBI < 2.75$ | 稳定域 |
| $2.75 < DBI < 3.08$ | 不确定域 |
| $DBI > 3.08$ | 不稳定域 |

可以看出，堰塞坝的 *DBI* 值越大，其工程的可靠性程度越低，反之，则工程可靠性程度越高。

**2. 洪峰流量**

溃坝洪峰流量是大坝溃决过程中坝址处的峰值流量，反映大坝一旦发生溃坝事故对下游影响区的破坏力。洪峰流量计算通常有堰流计算法和直接计算法两类。本次研究采用直接计算法，具体计算公式如下

$$Q_{\max} = 0.607 V_w^{0.295} h_w^{1.24}$$

式中，$V_w$ 为堰塞坝可能最大蓄水量（$m^3$）；$h_w$ 为堰塞坝溃决水深（m）；$Q_{\max}$ 为水库溃坝最大流量。

**3. 洪峰传播距离**

洪峰传播距离越长，则溃坝可能造成的后果就越严重。研究中以该指标

反映堰塞坝溃决影响范围大小。洪峰传播距离的计算采用以下简化公式

$$Q_L = \frac{W}{\dfrac{W}{Q_{\max}} + \dfrac{L}{V_{\max}K}}$$

式中，$Q_L$ 为距坝址 $L$（m）的控制断面溃坝最大流量（$m^3/s$）；$W$ 为水库总库容（$m^3$）；$Q_{\max}$ 为坝址最大流量（$m^3/s$）；$L$ 为控制断面距水库坝址的距离（m）；$V_{\max}$ 为特大洪水的最大流速（无资料时，山区取 3.0～5.0m/s，丘陵区取 2.0～3.0m/s，平原区取 1.0～2.0m/s）；$K$ 为经验系数（山区取 1.1～1.5，丘陵区取 1.0，平原区取 0.8～0.9）。

由上式可以看出，对于一个具体的堰塞坝，洪峰传播距离 $L$ 的大小直接取决于 $Q_L$ 大小。研究中以唐家山堰塞坝坝址所在的通口河天然洪水为参照（表 5-1），采用以下简化方式确定各堰塞坝的 $Q_L$ 值

$$Q_L = \begin{cases} Q_{\text{唐家山多年平均}} & \text{堰塞坝位于通口河上} \\[2mm] \dfrac{A_{\text{集水面积}}}{A_{\text{唐家山集水面积}}} \times Q_{\text{唐家山多年平均}} & \text{堰塞坝位于其他河流上} \end{cases}$$

式中，$A_{\text{集水面积}}$ 为待计算堰塞坝的集水面积（$km^2$）；$Q_L$ 为待计算堰塞坝的洪峰传播距离的估算相应流量（$m^3/s$）；$Q_{\text{唐家山多年平均}}$ 为唐家山堰塞坝坝址所在河流的多年平均流量（$m^3/s$）；$A_{\text{唐家山集水面积}}$ 为唐家山堰塞坝的集水面积（$km^2$）。

**表 5-1　唐家山堰塞坝坝址天然洪水特征值**

| 频率 | 1% | 2% | 5% | 10% | 20% | 多年平均 |
|---|---|---|---|---|---|---|
| 流量/（$m^3/s$） | 6040 | 5120 | 3920 | 3040 | 2190 | 1600 |

#### 4. 运行工况

该项指标为定性指标，主要是针对堰塞坝的来水情况、泄流情况、已蓄水情况、水位上涨速度等多方面因素进行综合判断。研究中将堰塞坝运行工况分为高危、中危、低危三级，等级评定时的赋值参见表 5-2。

表 5-2　四川地震堰塞坝治理排序之运行工况指标等级划分及赋值

| 等　级 | 高　危 | 中　危 | 低　危 |
|---|---|---|---|
| 值　域 | 10~15 | 5~10 | 1~5 |

## 5.1.3　排序结果及合理性分析

根据选定的指标及各堰塞坝相应各指标值的分布情况，研究中完成了资料较为齐全的 22 个堰塞湖的基于综合风险的治理排序，排序结果见表 5-3。

表 5-3　四川地震堰塞坝治理排序

| 堰塞坝名称 | 溃坝洪峰流量/(m³/s) | 洪峰传播距离/km | 工程安全性状指数 DBI | 运行工况 | 第一次排序 | 第二次排序 | 第三次排序 | 最终排序 |
|---|---|---|---|---|---|---|---|---|
| 老鹰岩 | 29563.3 | 5546.61 | 2.95 | 10 | 1 | 1 | 1 | 1 |
| 唐家山 | 46102.6 | 1429.84 | 4.16 | 8 | 1 | 2 | 2 | 2 |
| 肖家桥 | 15311.1 | 3752.99 | 3.42 | 10 | 1 | 2 | 3 | 3 |
| 小岗剑电站上游 | 19746.8 | 637.38 | 4.17 | 6 | 1 | 3 | 4 | 4 |
| 石板沟 | 13864.4 | 3262.2 | 3.82 | 4 | 1 | 3 | 5 | 5 |
| 南坝 | 3110.5 | 416.31 | 2.92 | 14 | 1 | 4 | 6 | 6 |
| 罐滩 | 11300.5 | 368.6 | 3.99 | 4 | 1 | 4 | 7 | 7 |
| 岩羊滩 | 7596.7 | 20.72 | 5.00 | 6 | 2 | 1 | 1 | 8 |
| 苦竹坝下游 | 7029.1 | 7.24 | 5.07 | 6 | 2 | 1 | 2 | 9 |
| 红石河 | 7112.0 | 736.55 | 2.63 | 4 | 2 | 1 | 3 | 10 |
| 唐家湾 | 5413.3 | 50.19 | 4.38 | 6 | 2 | 2 | 4 | 11 |
| 黑洞崖 | 5606.8 | 114.88 | 3.81 | 3 | 2 | 2 | 5 | 12 |
| 小岗剑电站下游 | 4306.5 | 396.07 | 3.35 | 4 | 2 | 3 | 6 | 13 |
| 东河口 | 1172.1 | 41.80 | 3.31 | 4 | 2 | 3 | 7 | 14 |
| 马槽滩中游 | 3220.4 | 31.98 | 4.85 | 6 | 2 | 3 | 8 | 15 |
| 马槽滩上游 | 2302.2 | 10.02 | 4.15 | 6 | 2 | 4 | 9 | 16 |
| 红松电站厂房 | 2520.7 | 13.72 | 4.77 | 2 | 2 | 4 | 10 | 17 |
| 马槽滩下游 | 1779.6 | 13.69 | 4.88 | 3 | 3 | 1 | 1 | 18 |
| 一把刀 | 837.0 | 24.35 | 4.60 | 3 | 3 | 1 | 2 | 19 |
| 新街村 | 1800.0 | 1.04 | 4.97 | 6 | 3 | 3 | 3 | 20 |
| 干河口 | 506.3 | 14.26 | 4.03 | 3 | 3 | 3 | 4 | 21 |
| 木瓜坪 | 445.6 | 1.56 | 4.42 | 3 | 3 | 3 | 5 | 22 |

从表 5-3 可以看出，第一轮分级排序结果是老鹰岩、唐家山、肖家桥、小岗剑电站上游、南坝和罐滩为高危堰塞坝；岩羊滩、苦竹坝下游、红石河、唐家湾、黑洞崖、小岗剑下游、东河口、马槽滩中游、马槽滩上游和红松电站厂房为中危堰塞坝；马槽滩下游、一把刀、新街村、干河口和木瓜坪为低危堰塞坝。这与采用危险性快速评估方法的评估结果基本一致，同时这些高危堰塞坝也恰好都是这次水利等有关部门防御汶川地震水利次生灾害所关注的焦点。从最终治理排序结果看，老鹰岩排第一、唐家山排第二，这与人们在抗震救灾中对唐家山堰塞湖危险性程度的认识（唐家山属危险第一级）有所不同。产生这个问题的原因是在计算老鹰岩溃坝洪峰传播距离时做了概化处理，即以唐家山作为参考流域，假定老鹰岩多年平均流量和唐家山多年平均流量的比值与相应集水面积之比。通过这种概化处理得到老鹰岩所在坝址的多年平均流量为 1365m³/s，而唐家山所在坝址的多年平均流量为 1600m³/s，这导致计算所得老鹰岩堰塞坝溃坝洪峰传播距离值远大于唐家山堰塞坝溃坝洪峰传播距离。因此从某种程度上讲，这种概化处理影响了排序结果中相对次序的准确性，但由于治理排序是考虑多方面主要影响因素的综合排序，这种排序结果表明老鹰岩堰塞坝亦非常危险，应当得到尽早的治理。

## 5.2　震损水库治理排序

### 5.2.1　基 本 情 况

截至 2008 年 6 月 12 日，全国因地震出险水库共 2473 座，其中四川省震损水库共 1803 座，占总震损水库的 73%。震损水库出险形式主要表现为坝体产生裂缝、坝体出现渗漏、大坝坝坡滑塌和启闭设备变形等，有的水库为多种险情并发。四川省震损水库中，坝体产生裂缝的水库占 66.3%，坝体出现渗漏的水库占 34.4%，大坝坝坡滑塌的水库占 12.4%，启闭设备变形的水库占 8.1%，其他出险形式的水库占 16.1%。

经过工程排险，四川省因"5·12"地震出险的 1803 座水库中，溃坝险情、高危险情和次高危险情分别为 69 座（图 5-3）、310 座和 1424 座。研究中重点对 69 座有溃坝险情水库中资料较齐全的 48 座震损水库进行了治理排序。

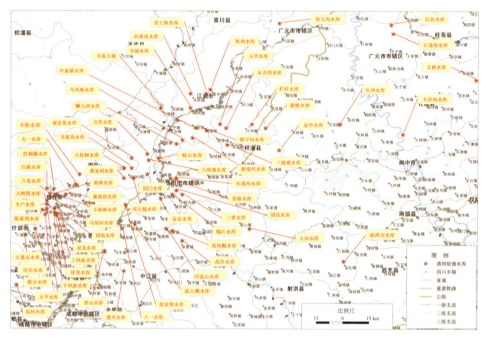

图 5-3  四川省"5·12"特大地震震损溃坝险情水库分布图

## 5.2.2  排序指标及其权重

震损水库治理排序主要从水库工程可靠性和水库失事后果严重性两方面选取典型指标来反映水库的风险程度，再根据水库的风险大小进行治理排序。

水库工程可靠性方面选取的典型指标是工程险情指标，为定性指标，该指标是通过综合水库工程险情和采取的监测、加固措施等方面的信息确定。水库溃坝后果的严重性程度不仅与溃坝洪水破坏力大小有关，还与影响区的脆弱性有关。在后果严重性方面的研究中，选取溃坝洪峰流量、影响人口、影响耕地和影响区重要设施作为典型指标（图 5-4）。各指标含义及计算方法见表 5-4 和表 5-5。

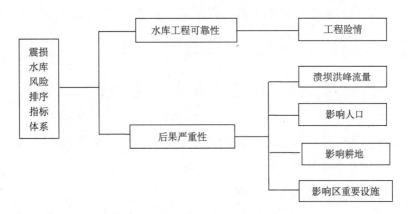

图 5-4　震损水库风险排序指标体系

**表 5-4　四川省震损水库治理排序指标含义及确定方法**

| 指标名称 | 指标含义 | 确定方法 |
|---|---|---|
| 溃坝洪峰流量 | 指水库大坝发生溃决时坝址处的洪峰流量，反映溃坝事故的破坏性 | 采用类似于堰塞坝溃坝洪峰流量的简化公式计算 |
| 影响人口 | 指溃坝洪水影响范围内的人口数，是反映溃坝洪水影响区的脆弱程度指标 | 调查得到 |
| 影响耕地 | 指溃坝洪水影响范围内的耕地面积总么，是反映溃坝洪水影响区的脆弱程度指标 | 调查得到 |
| 影响区重要设施 | 指溃坝洪水影响范围内的水利工程、工矿企业、生命线系统和军事设施等重要设施的分布情况，是反映溃坝洪水影响区的脆弱程度指标，为定性指标 | 根据洪水影响范围内的水利工程、工矿企业、生命线系统和军事设施的分布情况及影响区的通信状况综合评定 |

**表 5-5　四川省震损水库治理排序之影响区重要设施指标赋值方法**

| 分值 | 水利工程 | 工况企业 | 生命线工程 | 通信状况 | 军事设施 |
|---|---|---|---|---|---|
| 1 | 小（2）型 | 一般 | 一般 | 好 | 一般 |
| 2 | 小（1）型 | 一般重要 | 一般重要 | 较好 | 一般重要 |
| 3 | 中型 | 市级重要 | 市级重要 | 一般 | 市级重要 |
| 4 | 大（2）型 | 省级重要 | 省级重要 | 较差 | 省级重要 |
| 5 | 大（1）型 | 国家级重要 | 国家级重要 | 差 | 国家级重要 |

经过专家评判，采用层次分析法确定 5 个典型指标：溃坝洪峰流量、影响人口、影响耕地、重要设施和工程险情，权重依次是 0.3、0.21、0.06、0.03 和 0.4。

## 5.2.3　排序结果及合理性分析

四川省 69 座有溃坝险情的水库全部为小型水库，其中小（1）型水库有 19 座，小（2）型水库有 50 座。研究中对资料齐全的 14 座小（1）型水库和 34 座小（2）型水库进行了治理排序。

表 5-6 所示为小（1）型水库排序结果。分析表 5-6 中各水库的典型指标值，对排在第 1 位的胜利水库和排在第 14 位的三清观水库进行比较发现，两水库的工程险情指标值相等，溃坝洪峰流量、影响人口、影响耕地这三项指标胜利水库的值远大于三清观水库相应值，重要设施指标值略小于三清观水库，胜利水库的溃坝后果远大于三清观水库，从风险角度来看，胜利水库的治理顺序理论上讲应远在三清观水库之前，这与实际的治理排序结果是一致的。另外将排在第 6 位的狮儿河水库和排在第 10 位的五一水库进行比较，两水库的溃坝洪峰流量相差不多，重要设施指标值相同，对于工程险情、影响人口和影响耕地这三项指标，狮儿河水库的各项值都大于五一水库相应指标值，这表明狮儿河工程可靠度低于五一水库，溃坝洪水影响区更加脆弱，因此，从风险角度来看，狮儿河在治理排序应排在五一水库之前。前面的实例分析表明小（1）型水库的治理排序结果是基本合理的。表 5-7 所示为小（2）型水库排序结果。对小（2）型水库进行类似的分析表明，小（2）型水库的治理排序结果亦是合理的。

**表 5-6　四川省震损溃坝险情小（1）型水库排序**

| 因灾受损<br>水库名称 | 溃坝洪峰流量<br>/(m³/s) | 影响人口<br>/万人 | 影响耕地<br>/万亩* | 重要设施<br>指标值 | 工程险情<br>指标取值 | 最终排序 |
|---|---|---|---|---|---|---|
| 胜利 | 5856.53 | 4.84 | 2.50 | 1 | 15 | 1 |
| 向家沟 | 5635.70 | 2.11 | 2.46 | 1 | 15 | 2 |
| 文林水库 | 5344.56 | 0.12 | 0.25 | 4 | 15 | 3 |

续表

| 因灾受损<br>水库名称 | 溃坝洪峰流量<br>/(m³/s) | 影响人口<br>/万人 | 影响耕地<br>/万亩* | 重要设施<br>指标值 | 工程险情<br>指标取值 | 最终排序 |
|---|---|---|---|---|---|---|
| 大洋沟水库 | 8075.29 | 0.50 | 0.25 | 4 | 15 | 4 |
| 金花水库 | 2007.85 | 3.67 | 2.22 | 2 | 15 | 5 |
| 狮儿河 | 1801.27 | 3.64 | 1.80 | 1 | 15 | 6 |
| 园门 | 1341.63 | 0.82 | 1.48 | 1 | 15 | 7 |
| 丰收水库 | 1276.30 | 0.84 | 1.43 | 1 | 15 | 8 |
| 岐山 | 1668.59 | 0.76 | 1.39 | 2 | 15 | 9 |
| 五一水库 | 1807.98 | 0.78 | 0.42 | 1 | 14 | 10 |
| 建兴水库 | 1505.60 | 0.40 | 0.60 | 1 | 13 | 11 |
| 印盒山水库 | 1708.71 | 0.35 | 1.50 | 2 | 13 | 12 |
| 彭家坝水库 | 1235.32 | 1.00 | 0.15 | 5 | 13 | 13 |
| 三清观 | 868.94 | 0.27 | 0.42 | 2 | 15 | 14 |

*1亩＝0.067hm²。

**表 5-7　四川省震损溃坝险情小（2）型排序结果**

| 因灾受损<br>水库名称 | 溃坝洪峰流量<br>/(m³/s) | 影响人口<br>/万人 | 影响耕地<br>/万亩 | 重要设施<br>指标值 | 工程险情<br>指标取值 | 最终排序 |
|---|---|---|---|---|---|---|
| 新埝河 | 994.81 | 1.90 | 0 | 1 | 15 | 1 |
| 红花水库 | 838.33 | 0.30 | 0.20 | 4 | 13 | 2 |
| 玉华 | 670.47 | 0.15 | 0.09 | 1 | 13 | 3 |
| 老土地 | 840.50 | 0.42 | 0 | 1 | 15 | 4 |
| 新桥 | 668.67 | 0.07 | 0.08 | 1 | 13 | 5 |
| 金华 | 708.38 | 0.15 | 0.04 | 1 | 13 | 6 |
| 绵江水库 | 1199.40 | 1.34 | 0 | 1 | 13 | 7 |
| 许家桥 | 626.33 | 0.95 | 0 | 1 | 15 | 8 |
| 崇林水库 | 296.76 | 0.57 | 0 | 2 | 15 | 9 |
| 高毡帽水库 | 826.44 | 0.15 | 0.35 | 2 | 10 | 10 |
| 水井湾 | 620.07 | 0.25 | 0.23 | 1 | 13 | 11 |
| 马凤庵 | 621.35 | 0.42 | 0 | 1 | 15 | 12 |
| 幸福 | 586.40 | 0.40 | 0 | 1 | 15 | 13 |
| 双石桥水库 | 475.08 | 0.54 | 0 | 1 | 15 | 14 |
| 庙儿嘴水库 | 469.82 | 0 | 0.06 | 1 | 11 | 15 |
| 渔儿沟水库 | 564.69 | 0.20 | 0.05 | 10 | 10 | 16 |
| 长道沟水库 | 451.90 | 0.62 | 0 | 2 | 10 | 17 |
| 杨湾寺水库 | 415.02 | 0.55 | 0 | 1 | 15 | 18 |
| 观音堂 | 284.00 | 0.36 | 0 | 1 | 15 | 19 |
| 大田水库 | 386.69 | 0.04 | 0.04 | 2 | 15 | 20 |

续表

| 因灾受损<br>水库名称 | 溃坝洪峰流量<br>/(m³/s) | 影响人口<br>/万人 | 影响耕地<br>/万亩 | 重要设施<br>指标值 | 工程险情<br>指标取值 | 最终排序 |
|---|---|---|---|---|---|---|
| 栏杆 | 386.62 | 0.01 | 0.02 | 1 | 15 | 21 |
| 韦家沟水库 | 416.53 | 0.20 | 0 | 1 | 15 | 22 |
| 八一水库 | 369.46 | 0 | 0.2 | 1 | 11 | 23 |
| 团结水库 | 279.41 | 0.25 | 0 | 2 | 15 | 24 |
| 三要水库 | 204.28 | 0.28 | 0 | 2 | 15 | 25 |
| 石道角水库 | 641.66 | 0.08 | 0.12 | 4 | 13 | 26 |
| 六角堰 | 203.27 | 0.29 | 0 | 1 | 13 | 27 |
| 吴家大堰 | 245.07 | 0.21 | 0 | 1 | 15 | 28 |
| 大松树水库 | 201.84 | 0.45 | 0 | 1 | 15 | 29 |
| 青山水库 | 210.27 | 0.03 | 0.04 | 1 | 10 | 30 |
| 蒋家祠水库 | 177.57 | 0.20 | 0 | 1 | 15 | 31 |
| 合作 | 187.64 | 0.29 | 0 | 1 | 13 | 32 |
| 高兴水库 | 124.13 | 0.10 | 0.05 | 2 | 10 | 33 |
| 长河水库 | 450.50 | 0 | 0 | 5 | 10 | 34 |

# 5.3　震损堤防治理排序

## 5.3.1　基本情况

　　四川省震损堤防共计 500 段，受损堤防长度 723km（97％为三级以下堤防），约占全省现有堤防总长度的 14.5％。堤防险情主要为裂缝、脱、滑坡、沉陷和管涌等。震损堤防中裂缝 317 处，脱、滑坡 165 处，沉陷（塌坑）193 处，管涌 3 处，其他 84 处。经过险情排查，四川省 500 段险情中重大险情 50 段，占震损堤防总数的 10％，长度 201km，占总长度的 27.84％；较重险情 199 段，占震损堤防总数的 39.8％，长度 201km，占总长度的 27.76％；一般险情 251 处，占震损堤防总数的 50.2％，长度 321km，占总长度的 44.40％。从地域分布来看，重大险情 50 段，全部集中在震灾重点 7 市（州）及都江堰灌区。另外震灾重点 7 市（州）及都江堰灌区还有较重险情 159 段，长度 157km，分别占全部较重险情总数的 79.9％和 78.10％。

## 5.3.2　排序指标及其权重

　　震损堤防治理排序主要从堤防工程可靠性和堤防失事后果严重性两方面

选取典型指标来反映堤防的风险程度（图 5-5），再根据堤防的风险大小进行治理排序。

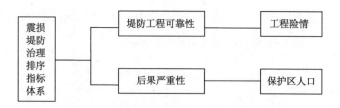

图 5-5　四川省震损堤防治理排序指标体系

由于资料限制，在对震损重大险情堤防排序中仅选取工程险情和保护区人口两个指标，工程险情指标反映堤防工程的可靠性，为定性指标，该指标是通过综合堤防工程险情和采取的监测、加固措施等方面的信息确定。保护区人口反映堤防溃决影响区的脆弱性。工程险情、保护区人口两个指标的权重依次是 0.4 和 0.6。各指标含义及计算方法详见表 5-8。

表 5-8　四川省震损堤防治理排序指标含义及确定方法

| 指标名称 | 指标含义 | 指标确定方法 |
| --- | --- | --- |
| 工程险情 | 反映工程本身可靠性的程度 | 综合堤防工程险情和采取的监测、加固措施等方面的信息确定 |
| 保护区人口 | 指保护区人口总数，从人口角度反映承灾体脆弱性 | 调查确定 |

### 5.3.3　排序结果及合理性分析

四川省震损堤防共计 500 段，其中重大险情 50 段，研究中对资料齐全的 33 处重大险情堤防进行了治理排序。

表 5-9 所示为四川"5·12"地震震损重大险情堤防排序结果。分析表中数据可以看出：①从整体上看，工程险情指标高的堤防其治理次序整体靠前，保护区人数多的堤防其治理次序靠前；②在工程险情指标相同条件下，保护区人数越多，堤防治理次序越靠前。从理论上讲，在综合风险框架下，工程险情指标值越高，表明工程本身可靠度越低，在堤防工程本身失事破坏性和影响区脆弱性同样条件下，工程可靠度低的堤防应予以优先治理；此

外，保护区人口的多少反映堤防保护区的脆弱性程度，保护区人数越多，说明该保护区越脆弱，则在工程可靠度和工程失事破坏力相同条件下，越脆弱的保护区则越应当优先治理。上述分析表明，表中数据反映的结果与理论分析的结果一致，说明治理排序的结果是合理的。

表 5-9　四川省震损重大险情堤防排序

| 堤防名称 | 工程险情指标值 | 保护区人口/人 | 初次排序 | 细分等级 | 最终结果 |
|---|---|---|---|---|---|
| 涪江中坝堤防 | 15 | 280000 | 1 | 1 | 1 |
| 东升河堤 | 15 | 40000 | 1 | 1 | 2 |
| 红旗河堤 | 15 | 36000 | 1 | 1 | 3 |
| 老城区河堤 | 15 | 20000 | 1 | 1 | 4 |
| 老县城河堤 | 15 | 18000 | 1 | 1 | 5 |
| 东臬河堤 | 14 | 15000 | 1 | 2 | 6 |
| 县城河堤 | 14 | 15000 | 1 | 2 | 6 |
| 需南河堤 | 14 | 15000 | 1 | 2 | 6 |
| 盐井河堤 | 15 | 8000 | 1 | 2 | 7 |
| 擂鼓堤防 | 14 | 3000 | 1 | 2 | 8 |
| 辕门河堤 | 15 | 3500 | 2 | 1 | 9 |
| 豆叩河堤 | 14 | 2000 | 2 | 1 | 10 |
| 水晶河堤 | 14 | 2000 | 2 | 1 | 10 |
| 平通河河堤 | 14 | 1600 | 2 | 1 | 11 |
| 坝子河堤 | 14 | 1500 | 2 | 1 | 12 |
| 古城河堤 | 14 | 1500 | 2 | 1 | 12 |
| 红庙子河堤 | 14 | 1500 | 2 | 1 | 12 |
| 汇口河堤 | 14 | 1500 | 2 | 1 | 12 |
| 响岩河堤 | 14 | 1200 | 2 | 3 | 13 |
| 新车站护岸 | 12 | 980 | 2 | 4 | 14 |
| 水柏河堤 | 14 | 600 | 3 | 1 | 15 |
| 白草河堤 | 14 | 500 | 3 | 1 | 16 |
| 高村河堤 | 14 | 500 | 3 | 1 | 16 |
| 海河河堤 | 14 | 500 | 3 | 1 | 16 |
| 虎牙河堤 | 14 | 500 | 3 | 1 | 16 |
| 漩坪堤防 | 14 | 500 | 3 | 1 | 16 |
| 玉龙梓江护岸 | 12 | 950 | 3 | 2 | 17 |
| 西桥河堤 | 14 | 450 | 3 | 2 | 19 |
| 毛公铁垭河堤 | 12 | 370 | 3 | 3 | 20 |
| 陈家坝堤防 | 14 | 0 | 4 | | 21 |
| 接官厅河堤 | 14 | 0 | 4 | | 21 |
| 山峰河堤 | 14 | 0 | 4 | | 21 |
| 文家坝河堤 | 14 | 0 | 4 | | 21 |

# 第二篇　灾区综合灾害分析与评估

# 第6章 灾区地震灾情应急评估<sup>*</sup>

## 6.1 总体技术路线

汶川地震发生后，国家减灾中心紧急启动《应对突发性自然灾害响应工作规程》、空间与重大灾害国际宪章（CHARTER）和国内卫星遥感数据共享机制，利用不同阶段获取的各类信息，包括基础地理数据、灾前灾后遥感影像数据、地震烈度数据和媒体报道灾情信息等，结合灾害应急响应不同阶段的需求，24h 不间断开展受灾人口、房屋倒损、道路损毁、堰塞湖及次生灾害的监测与评估工作，为国家减灾救灾决策提供技术支持。根据汶川地震救灾工作需要，灾害应急评估工作按照灾害快速评判、灾情遥感应急监测与评估两个阶段来开展（图 6-1）。

### 6.1.1 快速评判地震灾情

根据应急救灾工作需要，第一时间利用地震震中位置、震级、历史灾害案例、救灾物资筹备库、基础地理信息和人口分布等数据分析评判汶川地震影响情况，主要包括灾害影响范围、人口、交通线和救灾物资筹备情况等。随后，利用美国地质调查局（USGS）网站提供的地震烈度数据进行地震影响分析，快速评判出不同烈度区人口分布和乡镇、县市分布数量。在灾害发生时，通过利用有限、不完备的信息进行灾害快速评判，为应急救灾工作的开展提供决策支持依据。

---

  * 执笔人：民政部国家减灾中心的范一大、杨思全、王兴玲、聂娟、王薇、张宝军、陈世荣、刘龙飞、王磊、刘三超、吴玮、王平、李素菊、李仪、徐丰、张超、刘亮、来红洲、吴建安、孙燕娜等。

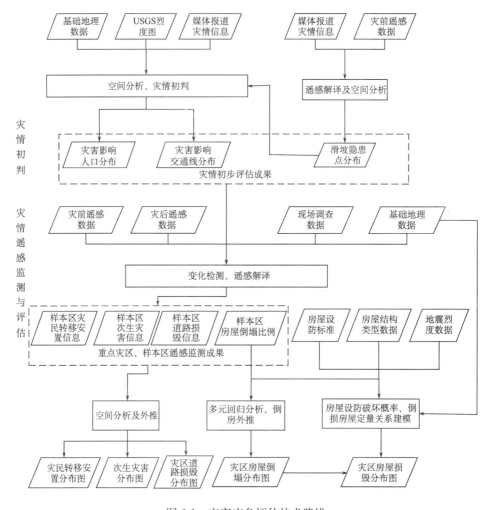

图 6-1　灾害应急评估技术路线

## 6.1.2　开展灾情遥感应急监测与评估

　　灾害发生后，利用获取的灾区遥感影像数据，选取监测与评估样本点，开展房屋倒损、道路损毁和重要基础设施等的监测评估。获取样本点灾情监测数据后，结合民政部调查数据、地震烈度、上报灾情数据和涉灾部委调查数据等，应用数理方法建立灾情评估模型，计算灾区房屋倒损、道路损毁和人口受灾等灾情数据，并进行等级评判。

在灾害应急期间，共完成汶川地震灾情遥感监测产品 124 期、阶段性灾情遥感监测产品集 2 本、有关监测评估图件 300 余幅。

## 6.2　灾　情　初　判

### 6.2.1　人口与交通线影响

**1. 使用数据**

（1）地震信息：震中、震级和地震烈度。

（2）基础地理信息数据：主要为国家 1∶25 万、1∶5 万行政区划、地形、居民地分布和交通线分布等基础数据。

（3）人口数据：中国第五次人口普查数据（2000 年）和人口密度分布数据等。

（4）部分灾情上报数据。

（5）媒体信息：官方及知名媒体和网站发布的灾情信息。

**2. 灾害影响人口、道路情况初判技术路线**

如图 6-2 所示，技术路线主要包括以下几个步骤：

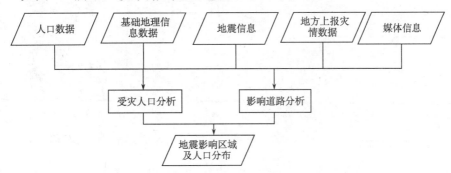

图 6-2　灾害影响人口、道路情况初判技术路线

（1）将地震局发布的地震信息，美国地质调查局发布的地震裂度信息数字化；

（2）提取地震可能影响区域的基础地理信息数据；

（3）将地方上报和媒体发布的灾情信息数字化；

（4）将地震可能影响区域的统计人口数据进行空间化处理；

（5）利用 GIS 空间分析方法完成受灾人口和影响道路分析；

（6）输出分析结果。

**3. 灾害影响人口评估结果**

地震发生后，第一时间利用地震震中位置、震级、基础地理信息数据和人口数据作出了汶川地震距震中 80km 居民地分布图，对距地震震中 80km 以内的居民地分布和人口分布作出了初步分析（图 6-3）。

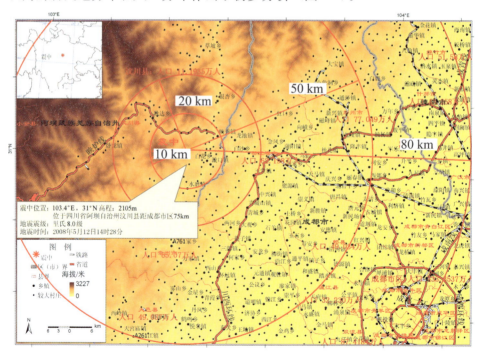

图 6-3　汶川地震距震中 80km 居民地分布图

　　5 月 13 日，利用地震震中位置、震级、地震烈度、基础地理信息数据和人口数据，对灾区灾情做出初步分析，分析结果显示：地震重灾区包括北川县、汶川县、茂县、理县、安县、绵竹市、什邡市、彭州市、都江堰市、崇州市和大邑县 11 个县（市、区），其中汶川县 11 万人，茂县 10 万人，理县 4 万人，北川县 16 万人，安县 48 万人，绵竹市 52 万人，什邡市 43 万人，彭州市 77 万人，崇州市 65 万人，大邑县 49 万人，初步分析得出的重灾区人口总计 439 万人（图 6-4），重灾区主要乡镇及人口分布如图 6-5 所示。

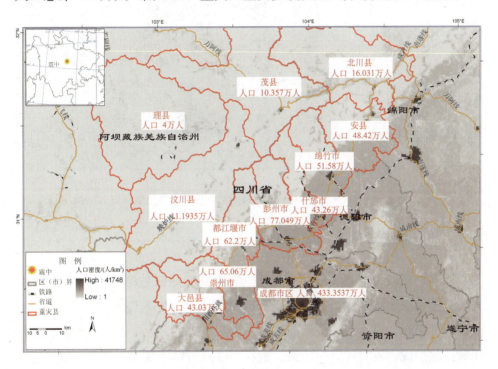

图 6-4　地震重灾区及人口分布

　　同时，由于地震现场交通和通信设施基本瘫痪，导致信息不畅通，地方灾情上报困难。因此，国家减灾中心结合已有的灾情上报数据、USGS 公布的地震烈度数据、居民地人口分布数据、媒体信息和基础地理信息数据等，于 5 月 14 日完成了四川省及其重灾县的受灾人口初步分析。分析结果显示：四川全省受灾人口 2096 万，约占总人口数的 23.95％。

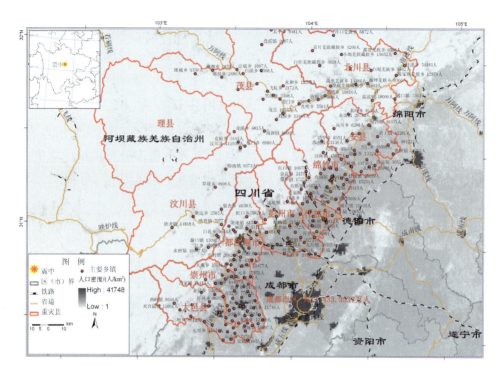

图 6-5　汶川地震重灾区主要乡镇及人口分布

### 4. 灾害影响交通线评估结果

通过利用地震信息、基础地理信息数据和交通线数据等，于 5 月 13 日完成受影响交通线初步分析结果。分析结果显示：铁路宝成线、广岳线、成汶线、德天线、成达线、成绵高速，国道 213（南磨线）、317（成那线），四川省道映炉线、万阿线、马飞线、成青线以及川西环线受到严重影响，通往地震重灾区汶川、北川和茂县的道路全部中断（图 6-6）。

## 6.2.2　滑　　坡

### 1. 使用数据

（1）地形数据：1：25 万、1：5 万数字高程模型（digital elevation model，DEM）数据；

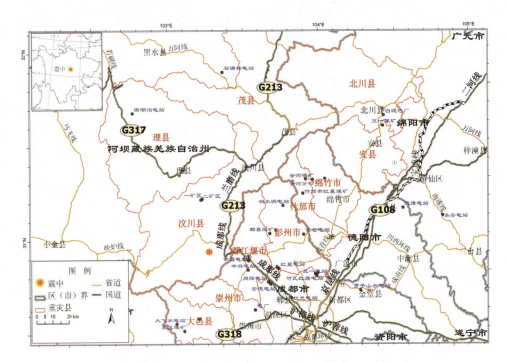

图 6-6　汶川地震重灾区受影响交通线/重要设施分布图

（2）遥感数据：地震灾区灾前遥感数据。

**2. 技术路线**

技术路线如图 6-7 所示，主要包括以下几个步骤：

（1）提取地震灾区的 DEM 数据，进行坡向、坡度分析；

（2）将坡向、坡度分布图与灾前遥感数据融合；

（3）滑坡点解译与空间分析；

（4）输出分析结果。

## 6.2.3　灾害影响分析

**1. 使用数据**

主要包括以下几个方面：

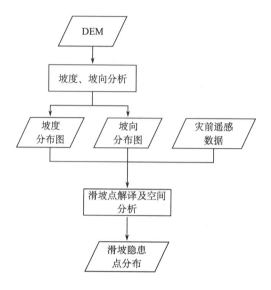

图 6-7 滑坡隐患点分析技术路线

（1）地震信息：USGS 地震烈度图。

（2）基础地理信息数据：主要为国家 1∶25 万、1∶5 万行政区划和居民地分布等基础数据。

（3）人口数据：中国第五次人口普查数据（2000 年）和人口密度分布数据等。

**2. 技术路线**

技术路线如图 6-8 所示，主要包括以下几个步骤：

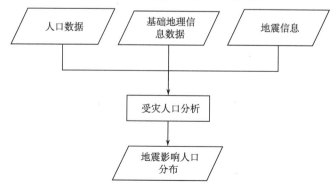

图 6-8 地震烈度灾害影响分析技术路线

（1）将 USGS 的地震裂度数据进行投影和格式转换；

（2）提取地震可能影响区域的基础地理数据；

（3）将地震可能影响区域的统计人口数据进行空间化处理；

（4）利用 GIS 空间分析方法完成受灾人口分析；

（5）输出分析结果。

### 3. 分析结果

地震发生初期，根据 USGS 公布的地震烈度数据，率先制作出地震烈度及居民地分布图，并及时完成不同烈度区地震影响乡镇、县市及其人口、面积等的统计评估（图 6-9，图 6-10）。此项成果被国务院抗震救灾总指挥部、国家减灾委、民政部、科技部采用，并在向国务院汇报时被多次采用。

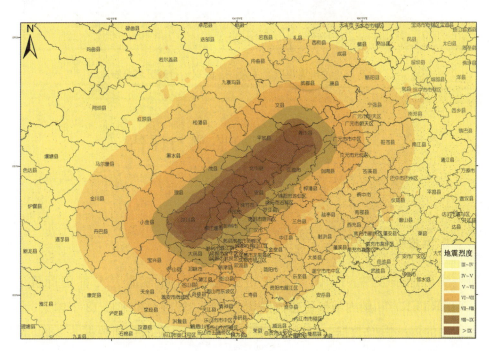

图 6-9　汶川地震烈度及居民地分布图

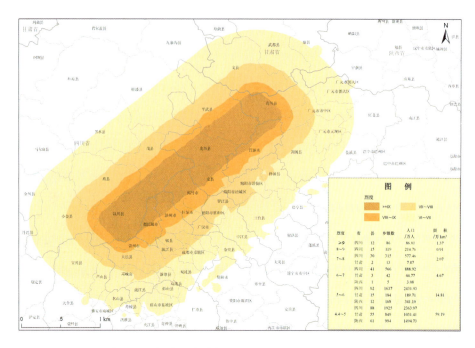

图 6-10　汶川地震烈度及人口、面积、行政区域分布

# 6.3　灾情应急监测与评估

## 6.3.1　使　用　数　据

**1. 遥感监测数据**

汶川地震发生后，国家减灾中心通过空间与重大灾害国际宪章（CHARTER）和国内卫星遥感数据共享机制，先后获得来自 12 个国家、24颗卫星的遥感影像数据，累计达 1277 景，其中，灾前存档数据 622 景，灾后编程数据 635 景（表 6-1）。同时，国家减灾中心从国家测绘局和中国科学院获取了重灾区部分机载遥感数据，并根据灾情应急评估和现场验证的需要，对四川、甘肃和陕西三省重灾地区进行了无人飞机的航拍。

表 6-1　汶川地震灾情应急评估使用卫星遥感数据一览表

| 卫星名称 | 来源 | 存档数据/景 | 编程数据/景 | 小计 |
|---|---|---|---|---|
| 遥感一号 | 中国 | — | 246 | 255 |
| 福卫二号 | 中国台湾 | 3 | 146 | 149 |
| CBERS-02B | 中国 | 400 | 25 | 425 |
| 资源二号 | 中国 | 7 | 16 | 23 |
| 北京一号 | 中国 | 2 | 14 | 16 |
| COSMO-SkyMed | 意大利 | 0 | 10 | 10 |
| QuickBird | 美国 | 9 | 28 | 37 |
| TERRA ASTER | 美国 | 0 | 14 | 14 |
| Landsat-7 | 美国 | 10 | 4 | 14 |
| WorldView | 美国 | 12 | 0 | 12 |
| IKONOS | 美国 | 3 | 0 | 3 |
| ALOS | 日本 | 19 | 21 | 40 |
| IRS-P5 | 印度 | 6 | 27 | 33 |
| IRS-P6 | 印度 | 18 | 0 | 18 |
| ENVISAT ASAR | 欧空局 | 0 | 16 | 16 |
| SPOT 5 4 2 | 法国 | 122 | 23 | 145 |
| TerraX-SAR | 德国 | 0 | 11 | 11 |
| EROS-B | 以色列 | 0 | 10 | 10 |
| RadarSat-1 | 加拿大 | 2 | 11 | 13 |
| TOPSAT | 英国 | 0 | 2 | 2 |
| UK-DMC | 英国 | 0 | 4 | 4 |
| DMC Nigeriasat-1 | 尼日利亚 | 0 | 7 | 7 |
| 合计 | | 622 | 635 | 1257 |

**2. 地震烈度数据**

来源于中国地震局,同时参考了 USGS 发布的地震烈度数据。

**3. 基础地理数据**

国家测绘局提供的 1:5 万基础地理数据,包括地形、县级行政区划、水系、交通线和居民点位等信息。乡级行政区划数据通过地图数字化获得。

**4. 地面调查数据**

民政部救灾工作组、国家减灾委员会-科技部抗震救灾专家组和新闻记者深入灾区等提供的实地调查资料和灾区上报灾情数据。

**5. 滑坡隐患点数据**

来源于国土资源航空物探遥感中心。

**6. 滑坡崩塌点监测数据**

来源于遥感影像解译。

# 6.3.2　房屋倒损

结合遥感数据获取情况，选取四川、陕西和甘肃 3 个省的 16 个县（市）、76 个乡镇及所在村为样本点，以遥感影像为主要数据源，通过空间技术监测样本点房屋倒塌比例。然后，根据样本点房屋倒塌比例，应用数理统计模型由村、乡镇向县依次外推，划分出灾区房屋倒塌程度等级。在此基础上，综合分析上报灾情、地震烈度、地质构造、余震、社会经济、媒体报导和水利、地质等部门数据，通过空间信息技术，推算出灾区房屋损坏（图 6-11）。

**1. 技术路线**

通过遥感解译判读，提取样本点房屋倒塌和受损信息，得到房屋倒塌等级数据。

建立归一化房屋倒塌等级数据与地震烈度、样本点类型数据和基于样本点数据三者之间的回归关系，即

$$G = 2.295 - 0.459 \times S - 1.734 \times I$$

式中，$G$ 为房屋倒塌等级；$S$ 为房屋结构；$I$ 为地震烈度。

相关系数 $R$ 为 0.767，决定系数 $R_2$ 为 0.589，回归模型 $F$ 值为 53.693，表明三者之间具有较强的线性相关性。

利用上述模型推算评估区内房屋倒塌比例，分为极重（60％以上）、重（30％～60％）、中（10％～30％）、轻（10％以下）四级，并统计评估区域内各县市、乡镇房屋倒塌程度。

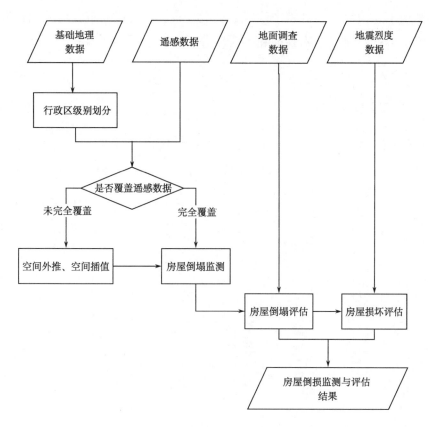

图 6-11　房屋倒塌监测评估总体技术路线

　　根据一般建筑物设防的破坏概率，结合地震烈度数据，推算出倒房率与损房率之间的关系（表 6-2），并按照极重（70％以上）、重（50％～70％）、中（20％～50％）、轻（20％以下），统计评估区域内各县市、乡镇房屋损坏程度。

表 6-2　倒房率与损房率转化关系

| 房屋倒塌率/％ | 房屋损坏率/％ | 房屋倒损率/％ |
| --- | --- | --- |
| 60 | 38 | 98 |
| 30 | 58 | 88 |
| 10 | 57 | 67 |
| 0 | 43（烈度为Ⅶ） | 43 |
| 0 | 15（烈度为Ⅵ） | 15 |

基于上述信息，结合震中位置、余震分布、居民点分布、房屋倒损和道路损毁等数据，通过空间叠加和关联度分析，评估出灾区各县市、乡镇人口受灾程度。

**2. 评估结果**

通过技术路线规定的流程，对房屋倒损进行了监测、评估与制图（图 6-12）。

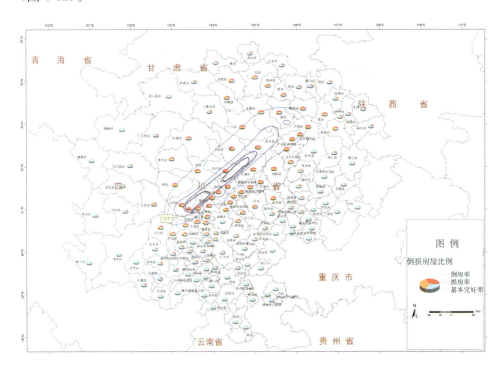

图 6-12　汶川地震灾情遥感综合评估图

## 6.3.3　道 路 损 毁

主要利用灾后及灾前高分辨率遥感数据、基础地理数据、滑坡崩塌点监测数据、滑坡隐患点分布数据等，进行道路损毁情况的评估（图 6-13）。

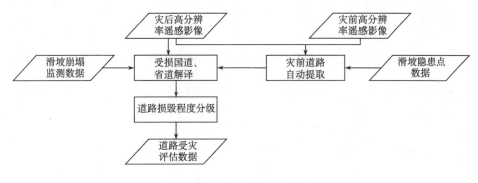

图 6-13　道路损毁评估技术路线

### 1. 技术路线

（1）运用灾前高分辨率数据和滑坡隐患点数据，进行灾前的道路初步自动提取，并标绘出易损性较高的道路路段。

（2）运用灾后高分辨率遥感影像，结合滑坡崩塌监测数据，和灾前道路自动提取结果，进行变化检测结合国道、省道的人工解译，得到分县道路受灾情况解译数据。

（3）将所有解译结果汇总，并与县级行政界线叠加，由此得到某一县级行政区内解译所得的未损毁道路和损毁道路长度。

（4）计算每个县级行政区内国道和省道的损毁道路比率，即

损毁道路比率 ＝ 损毁道路长度 /（损毁道路长度 ＋ 未损毁道路长度）。

（5）国道和省道划分损毁程度，方法为：损毁率大于 20％的，损毁程度划分为重；损毁率大于 5％且小于 20％的，损毁程度划分为中；损毁率小于 5％的，损毁程度划分为轻。

（6）对于县级行政区域也估算道路损毁程度，具体方法为：国道和省道损毁率大于 20％的，县域道路损毁程度为重；国道和省道损毁率大于 5％且小于 20％的，县域道路损毁程度为中；国道和省道损毁率小于 5％的，县域道路损毁程度为轻。

（7）将道路损毁评估结果落实到受灾地区县级行政单元，得到评估图。

## 2. 评估结果

通过技术路线规定的流程，对道路损毁情况进行了评估，得到的详细结果见表 6-3、图 6-14。

表 6-3　道路损失评估结果

| 县名 | 损毁国道 /m | 损毁省道 /m | 国道损毁率 /% | 省道损毁率 /% | 解译国道、省道路比例 /% | 损毁程度 |
|---|---|---|---|---|---|---|
| 汶川县 | 49912 | 18454 | 59.84 | 87.55 | ＞50 | 重 |
| 北川县 | 无国道 | 53056 | — | 45.06 | ＞50 | 重 |
| 平武县 | 无国道 | 64400 | — | 40.14 | ＞50 | 重 |
| 青川县 | 无解译 | 12478 | — | 34.60 | ＞50 | 重 |
| 茂县 | 12842 | 17307 | 28.56 | 26.40 | ＞50 | 重 |
| 安县 | 无国道 | 2637 | — | 10.88 | ＞50 | 中 |
| 江油市 | 无解译 | 5061 | — | 6.29 | ＞50 | 中 |
| 中江县 | 无解译 | 182 | — | 0.29 | ＞50 | 中 |
| 理县 | 3096 | 无省道 | 33.6 | — | ＜50 | 重 |
| 罗江县 | 4846 | 无省道 | 15.7 | — | ＜50 | 中 |

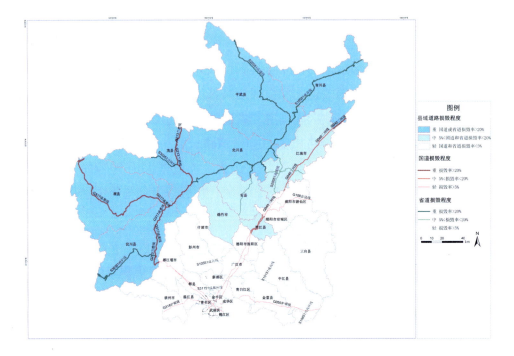

图 6-14　道路损毁遥感评估图

## 6.3.4　次生灾害监测

主要利用灾后及灾前中高分辨率遥感数据、基础地理数据和滑坡隐患点分布数据等，进行次生灾害的监测和评估。

**1. 技术路线**

利用基础地理数据，灾前、灾后遥感影像，解译崩塌、滑坡等次生灾害信息，结合道路、河流、居民点等分布，判断道路的通畅性、堰塞湖情况和掩埋居民点等信息，并通过持续动态监测，判断灾情的发展情况。技术路线如图 6-15 所示。

（1）运用灾前中高分辨率遥感影像数据、地形数据以及历史案例数据，通过空间分析和专家知识经验判断，解译灾区可能发生滑坡的隐患点。

（2）运用灾后中高分辨率遥感影像，与灾前遥感影像进行对比，对可能发生滑坡等地质灾害的隐患点进行解译，得到灾后滑坡、崩塌等次生灾害分布数据。

（3）基于基础地理数据，利用灾前中高分辨率遥感影像，提取道路、河流和居民地等信息。

（4）综合所有的滑坡、崩塌等解译数据，与道路、河流和居民地信息结合，空间叠加获得道路、河流和居民地的滑坡信息。

（5）对以上信息进行分析判断，解译滑坡阻塞道路、形成堰塞湖等次生灾害，并对掩埋居民地进行判断。通过持续动态监测，对次生灾害进行连续观测，开展风险分析。

**2. 评估结果**

通过技术路线规定的流程，对次生灾害进行了评估，得到的详细结果见图 6-16 和图 6-17。经监测分析，汶川大地震引发了大量崩塌和滑坡，据不完全统计，遥感数据监测到四川省沿主要干道和水系的滑坡和崩塌超过

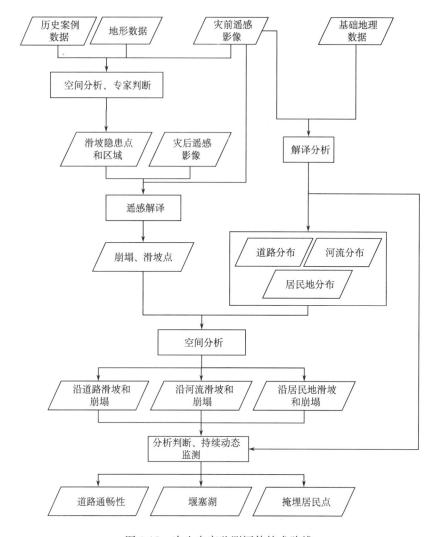

图 6-15 次生灾害监测评估技术路线

1500 处，主要分布在 213 国道汶川漩口镇至茂县叠溪镇段、317 国道汶川县城至理县县城段、万阿线茂县回龙乡至江油市含增镇、成青线棉竹汉旺镇至青川线曲河乡，另外甘肃省文县碧口镇至玉垒乡一带和陕西略阳县城关镇滑坡和崩塌分布较多。

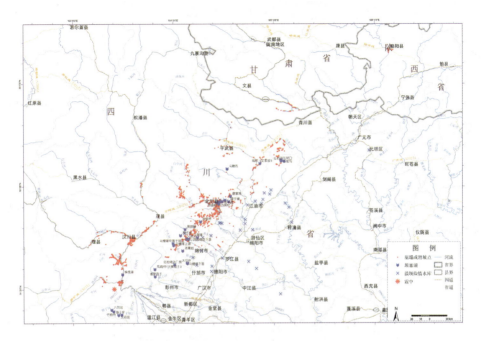

图 6-16　沿干道和河流崩塌、滑坡、堰塞湖遥感监测示意分布图

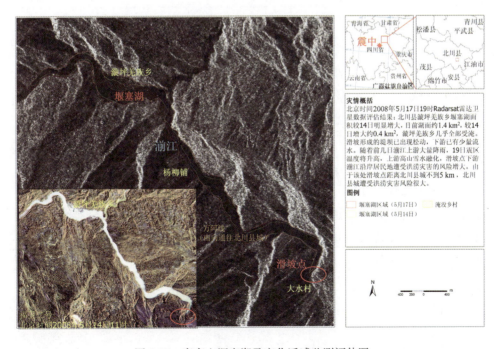

图 6-17　唐家山堰塞湖及变化遥感监测评估图

## 6.3.5　灾民安置点

主要利用灾后及灾前中高分辨率遥感数据、基础地理数据等，进行灾民安置点的监测和评估。

**1. 技术路线**

利用基础地理数据（道路、居民地分布数据等）、灾前灾后遥感影像解译灾民安置点信息，并通过持续动态监测，判断灾民安置的情况（图 6-18）。

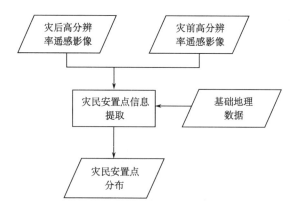

图 6-18　灾民安置点监测评估技术路线

**2. 评估结果**

利用上述技术路线，对重要灾区的灾民安置情况进行了持续监测。结果显示，灾区沿城区主干道、河流两旁以及学校操场、近郊农田分布着较多的灾民安置点，安置相对集中；并通过持续监测，部分地区灾民安置点安置数量增长较快。图 6-19 为绵竹市灾民安置点的分布情况。

图 6-19　绵竹市灾民安置点分布图

# 第7章 灾区范围综合评估<sup>*</sup>

按照《国务院办公厅关于印发国家汶川地震灾后重建规划工作方案的通知》（国办函〔2008〕54号）要求，民政部、国家发展与改革委员会、财政部、国土资源部、中国地震局、国家统计局、国家汶川地震专家委员会会同四川、甘肃和陕西三省人民政府开展了汶川地震灾害范围评估工作。

## 7.1 灾害范围评估原则和依据

### 7.1.1 评估原则

（1）简单明了，满足国家汶川地震灾后重建工作规划的要求；

（2）综合评估，全面考虑灾情程度、地震致灾强度和地质灾害的影响；

（3）依靠科学，充分利用多途径获取的灾情数据；

（4）保持县域完整，评估以县级行政区域为单元；

（5）便于衔接，尽量与国家已经出台的政策措施相一致。

### 7.1.2 评估依据

按照《汶川地震灾后恢复重建条例》（中华人民共和国国务院令第526号）和《国务院办公厅关于印发国家汶川地震灾后重建规划工作方案的通知》（国办函〔2008〕54号）要求，开展灾害范围评估。

＊ 执笔人：北京师范大学的史培军、方伟华；民政部国家减灾中心的范一大、杨思全、王薇、聂娟、李仪、刘三超、张宝军、王磊、吴玮、刘龙飞、王平、张云霞、赵飞、刘南江等。

# 7.2　综合灾情指数

## 7.2.1　综合灾情指数构建指标

依据灾害范围评估原则,构建综合灾情指数($DI$),作为灾害范围划分依据。

综合灾情指数由因灾造成的死亡和失踪、房屋倒塌、转移安置、地震烈度和地质灾害危险度计算生成。具体构建如下指标。

**1. 平均地震烈度**

考虑到存在一个受灾县覆盖几个不同地震烈度区的情况,采用不同烈度等级所占面积加权求和法生成受灾县平均地震烈度值($I$),用来表示分县平均地震烈度。具体算法如下:

$$I = \sum (I_i \times S_i / S) \tag{7-1}$$

式中,$I_i$ 为烈度等级值;$S_i/S$ 为某个烈度等级占行政区划单元的面积比。

**2. 死亡和失踪人数、万人死亡和失踪率**

以县(市、区)为统计单元的死亡和失踪人数,并以县(市、区)户籍人口为基数计算万人死亡和失踪率。

**3. 倒塌房屋数、万人倒塌房屋率**

以县(市、区)为统计单元的倒塌房屋数,并以县(市、区)户籍人口为基数计算万人倒塌房屋率。

**4. 地质灾害危险度**

对崩塌、滑坡和泥石流造成的危害居民地(处)、危害公路(处)、威胁堵塞河流(处)、威胁桥梁(座)、威胁水库(座)和损毁土地($km^2$)等,进行等权加权归一化处理，得到各县（市、区）指标值。

### 5. 万人转移安置率

以县（市、区）户籍人口为基数计算万人转移安置人率。

综合灾情指数的计算公式为

$$DI = \sum (f_k \times DI_k) \tag{7-2}$$

式中，$DI_k$ 为归一化的单项指标：$DI_k = [DI_k - \min(DI_k)] / [\max(DI_k) - \min(DI_k)]$；$f_k$ 为上述五项指标的权重。

## 7.2.2　综合灾情指数指标的权重

根据国家发展与改革委员会、财政部、民政部、国土资源部、地震局、统计局、国家汶川地震专家委员会以及四川、甘肃、陕西三省会商，一致同意综合灾情指数各指标的权重是：平均地震烈度值权重为 0.3；死亡和失踪人数、万人死亡和失踪率权重各为 0.15，总权重为 0.3；倒塌房屋数、万人倒塌房屋率权重各为 0.1，总权重为 0.2；地质灾害危险度权重为 0.1；万人转移安置率权重为 0.1。

## 7.2.3　数　据　来　源

（1）中国地震局提供的地震烈度数据；

（2）按国家 1：25 万基础地理信息数据编绘的行政区域界线；

（3）四川、甘肃、陕西三省人民政府上报的《汶川地震灾害损失统计表》和灾害损失评估报告，其他受灾省份上报民政部的灾情统计表；

（4）国土资源部、民政部和水利部等相关专业部门提供的地震引发崩塌、滑坡、泥石流、堰塞湖及其他次生灾害危害图，国土资源部提供的 84 个受灾县（市、区）地质灾害数据，民政部国家减灾中心提供的地质灾害危险度；

（5）按民政部《中华人民共和国行政区划简册（2008）》得到的各县（市、区）户籍人口；

（6）灾区遥感监测数据分析、研判后获得的房屋倒塌、交通破坏、耕地毁损以及植被破坏的空间分布图；

（7）专业人员、工作组人员赴灾区实地调查、核查所获得的灾情资料。

# 7.3　灾害范围类别及范围划定

根据各方意见，将灾害范围类别划分为极重灾区、重灾区和一般灾区。同时界定灾害影响区。

按照各县（市、区）综合灾情指数，依据综合灾情指数突变点，考虑受灾县（市、区）累计直接经济损失占灾害总损失份额等因素，经有关部门和四川、甘肃、陕西三省共同商定，依据以下综合灾情指数取值区间来确定灾害范围类别：

综合灾情指数大于 0.4 的县（市、区）为极重灾区；

综合灾情指数为 0.4～0.15 的县（市、区）为重灾区；

综合灾情指数为 0.15～0.01 的县（市、区）为一般灾区；

综合灾情指数小于 0.01 的县（市、区）为影响区。

# 7.4　地震灾害范围类别评估结果

## 7.4.1　评估结果

汶川地震灾害范围类别评估结果为：极重灾区 10 个县（市、区），重灾区 36 个县（市、区），一般灾区 191 个县（市、区）。另外，影响区 180 个县（市、区），共计 417 个县（市、区）。见表 7-1 和图 7-1。

**表 7-1　汶川地震灾害范围类别评估结果**

| 范围类别 | | 省份 | 县（市、区） |
|---|---|---|---|
| 严重受灾地区（46个） | 极重灾县（市、区）（10个） | 四川省（10个） | 汶川县、北川县、绵竹市、什邡市、青川县、茂县、安县、都江堰市、平武县、彭州市 |
| | 重灾县（市、区）（36个） | 四川省（26个） | 理县、江油市、利州区、朝天区、旺苍县、梓潼县、游仙区、旌阳区、小金县、涪城区、罗江县、黑水县、崇州市、剑阁县、三台县、阆中市、盐亭县、松潘县、苍溪县、芦山县、中江县、元坝区、大邑县、宝兴县、南江县、广汉市 |
| | | 甘肃省（7个） | 文县、武都区、康县、成县、徽县、西和县、两当县 |
| | | 陕西省（3个） | 宁强县、略阳县、勉县 |
| 一般灾区（191个） | | 略 | |

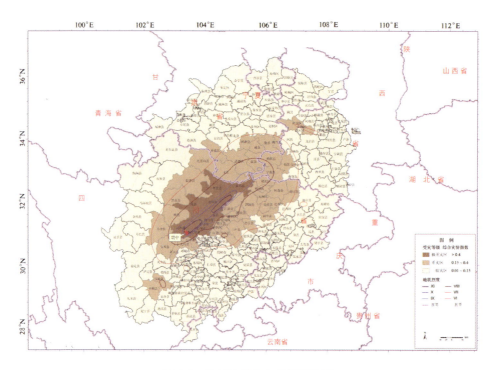

图 7-1　汶川地震灾害范围评估图

依据上述评估，计算出不同灾害等级范围面积统计结果（表 7-2）。极重灾区全在四川境内，面积约为 2.6 万 $km^2$，重灾区面积约为 9 万 $km^2$，一般灾区面积约为 38.4 万 $km^2$，灾区总面积约为 50 万 $km^2$。

**表 7-2 灾害范围面积统计表** （单位：km²）

| 范围类型 | | 省份 | 受灾面积 | 小计 | 累计 |
|---|---|---|---|---|---|
| 严重受灾地区 | 极重灾区 | 四川省 | 26410 | 26410 | 26410 |
| | 重灾区 | 四川省 | 61473 | 90246 | 116656 |
| | | 甘肃省 | 20293 | | |
| | | 陕西省 | 8480 | | |
| 一般灾区 | | 略 | | 383615 | 500271 |

## 7.4.2 特征分析

各灾害范围类别的死亡与失踪人数、倒塌房屋总间数及直接经济损失的百分比统计结果见表 7-3。

**表 7-3 灾害范围类别与重要灾情指标间的关系**

| 范围类别 | | 占死亡与失踪人数/% | 占倒塌房屋总间数/% | 占直接经济损失/% |
|---|---|---|---|---|
| 严重受灾地区 | 极重灾区 | 97.2 | 42.9 | 39.5 |
| | 重灾区 | 2.0 | 44.7 | 44.7 |
| 一般灾区 | | 0.8 | 12.1 | 15.2 |

极重灾县（市、区）均位于地震Ⅹ、Ⅺ度烈度区，因灾死亡与失踪人数都大于 1000 人，排名前三位的汶川县、北川县和绵竹市因灾死亡和失踪人口都超过 1 万人。因灾直接经济损失占此次地震灾害直接经济损失总量的 39.5%。

重灾县（市、区）基本位于地震Ⅶ、Ⅷ、Ⅸ度烈度区，因灾死亡与失踪人数一般为 500 人以内；因灾直接经济损失占地震灾害直接经济损失总量的 44.7%。

一般灾区县（市、区）基本位于地震Ⅵ、Ⅶ度烈度区，因灾死亡与失踪人数少于 10 人；因灾直接经济损失占地震灾害直接经济损失总量的 15.2%。

极重灾区、重灾区综合灾情指数评估排序见表 7-4。

表7-4 严重受灾地区综合灾情指数排序

| 范围类别 | 序号 | 县(区、市) | 省份 | 总人口/万人 | 面积加权平均烈度 | 死亡和失踪数/人 | 万人死亡和失踪率/(人/万人) | 倒塌房屋间数/间 | 万人倒塌屋率/(间/万人) | 危害居民地/处 | 危害公路/处 | 威胁塞河流/处 | 威胁桥梁/座 | 威胁水库/座 | 损毁土地/km² | 地质灾害危险度 | 万人转移安置率/(人/万人) | 综合灾情指数 |
|---|---|---|---|---|---|---|---|---|---|---|---|---|---|---|---|---|---|---|
| 极重灾县(市、区) | 1 | 汶川县 | 四川省 | 11 | 8.89 | 23871 | 2170 | 608198 | 55291 | 162 | 307 | 161 | 2 | 0 | 4 | 1.78 | 10223 | 0.8675 |
| | 2 | 北川县 | 四川省 | 16 | 9.16 | 20047 | 1253 | 347856 | 21741 | 439 | 271 | 27 | 0 | 1 | 13 | 1.72 | 8625 | 0.7050 |
| | 3 | 绵竹市 | 四川省 | 51 | 9.14 | 11380 | 223 | 1397925 | 27410 | 24 | 119 | 258 | 0 | 2 | 2 | 1.56 | 9029 | 0.6612 |
| | 4 | 什邡市 | 四川省 | 43 | 8.68 | 6132 | 143 | 1006921 | 23417 | 82 | 233 | 380 | 2 | 3 | 7 | 2.81 | 8529 | 0.5953 |
| | 5 | 青川县 | 四川省 | 25 | 8.74 | 4819 | 193 | 714084 | 28563 | 158 | 97 | 23 | 0 | 1 | 0 | 0.62 | 9811 | 0.5146 |
| | 6 | 茂县 | 四川省 | 11 | 7.91 | 4088 | 372 | 300229 | 27294 | 138 | 294 | 76 | 13 | 0 | 0 | 2.20 | 12824 | 0.5107 |
| | 7 | 安县 | 四川省 | 50 | 8.89 | 3295 | 66 | 774896 | 15498 | 98 | 141 | 91 | 0 | 0 | 6 | 0.95 | 9720 | 0.4993 |
| | 8 | 都江堰市 | 四川省 | 61 | 9.13 | 3388 | 56 | 655265 | 10742 | 57 | 63 | 9 | 0 | 5 | 1 | 1.27 | 7174 | 0.4910 |
| | 9 | 平武县 | 四川省 | 19 | 8.15 | 6565 | 346 | 299557 | 15766 | 84 | 153 | 10 | 1 | 0 | 1 | 0.67 | 9789 | 0.4424 |
| | 10 | 彭州市 | 四川省 | 78 | 8.53 | 1131 | 15 | 622066 | 7975 | 257 | 45 | 183 | 0 | 1 | 26 | 1.86 | 5754 | 0.4333 |
| 重灾县(市、区) | 1 | 理县 | 四川省 | 4 | 7.38 | 123 | 31 | 296045 | 74011 | 25 | 141 | 114 | 0 | 0 | 1 | 0.81 | 12792 | 0.3871 |
| | 2 | 江油市 | 四川省 | 88 | 8.25 | 437 | 5 | 903656 | 10269 | 120 | 39 | 13 | 0 | 0 | 5 | 0.36 | 5511 | 0.3768 |
| | 3 | 文县 | 甘肃省 | 24 | 7.67 | 111 | 5 | 504226 | 21009 | 12 | 29 | 30 | 0 | 2 | 2 | 0.63 | 7767 | 0.3509 |
| | 4 | 利州区 | 四川省 | 48 | 7.56 | 44 | 1 | 423985 | 8833 | 1224 | 22 | 14 | 0 | 1 | 0 | 0.56 | 10008 | 0.3295 |
| | 5 | 武都区 | 甘肃省 | 55 | 7.49 | 118 | 2 | 398047 | 7237 | 483 | 139 | 99 | 0 | 2 | 7 | 1.49 | 5150 | 0.3155 |
| | 6 | 朝天区 | 四川省 | 21 | 7.74 | 18 | 1 | 219430 | 10449 | 1355 | 0 | 6 | 0 | 0 | 0 | 0.29 | 8476 | 0.3086 |
| | 7 | 康县 | 甘肃省 | 20 | 7.69 | 28 | 1 | 137935 | 6897 | 43 | — | 7 | 0 | 0 | 13 | 0.51 | 5229 | 0.2760 |
| | 8 | 旺苍县 | 四川省 | 46 | 7.00 | 16 | 0 | 170980 | 3717 | 4944 | 40 | 36 | 0 | 0 | 26 | 2.23 | 4261 | 0.2758 |
| | 9 | 梓潼县 | 四川省 | 38 | 7.26 | 24 | 1 | 196392 | 5168 | — | — | — | — | — | — | 0.00 | 7970 | 0.2488 |
| | 10 | 游仙区 | 四川省 | 52 | 7.41 | 77 | 1 | 287615 | 5531 | — | — | — | — | — | — | 0.00 | 5351 | 0.2472 |
| | 11 | 旌阳区 | 四川省 | 64 | 7.11 | 54 | 1 | 497836 | 7779 | 26 | 9 | 8 | 0 | 1 | 0 | 0.27 | 3565 | 0.2393 |
| | 12 | 小金县 | 四川省 | 8 | 6.77 | 42 | 5 | 118709 | 14839 | — | — | — | — | — | — | 0.00 | 9075 | 0.2343 |
| | 13 | 城区 | 陕西省 | 64 | 7.05 | 204 | 3 | 428889 | 6701 | — | — | — | — | — | — | 0.00 | 5313 | 0.2336 |
| | 14 | 宁强县 | 陕西省 | 34 | 7.55 | 10 | 0 | 18247 | 537 | 66 | 2 | 13 | 0 | 0 | 0 | 0.06 | 5220 | 0.2288 |
| | 15 | 罗江县 | 四川省 | 24 | 7.04 | 15 | 1 | 160832 | 6701 | — | — | — | — | — | — | 0.00 | 6398 | 0.2211 |
| | 16 | 黑水县 | 四川省 | 6 | 6.58 | 16 | 3 | 82024 | 13671 | 107 | 60 | 53 | 0 | 0 | 0 | 0.36 | 8000 | 0.2201 |
| | 17 | 崇州市 | 四川省 | 67 | 7.41 | 80 | 1 | 141205 | 2108 | 90 | 64 | 43 | 1 | 0 | 5 | 0.61 | 1151 | 0.2195 |
| | 18 | 剑阁县 | 四川省 | 67 | 7.05 | 19 | 0 | 237153 | 3540 | 1321 | 20 | 1 | 0 | 1 | 4 | 0.69 | 2666 | 0.2171 |

续表

| 范围类别 | 序号 | 县(区、市) | 省份 | 总人口/万人 | 面积加权平均烈度 | 死亡和失踪人数/人 | 万人死亡和失踪率/(人/万人) | 倒塌房屋间数/间 | 万人倒塌房率/(间/万人) | 危害居民地/处 | 危害公路/处 | 威胁塞河流/处 | 威胁桥梁/座 | 威胁水库/座 | 损毁土地/km² | 地质灾害险度 | 万人转移安置率/(人/万人) | 综合灾情指数 |
|---|---|---|---|---|---|---|---|---|---|---|---|---|---|---|---|---|---|---|
|  | 19 | 三台县 | 四川省 | 146 | 6.93 | 43 | 0 | 401844 | 2752 | — | — | — | — | — | — | 0.00 | 5037 | 0.2127 |
|  | 20 | 成县 | 甘肃省 | 25 | 7.00 | 18 | 1 | 42134 | 1685 | 33 | 37 | 15 | 0 | 2 | 0 | 0.58 | 4656 | 0.2074 |
|  | 21 | 略阳县 | 陕西省 | 20 | 7.17 | 10 | 1 | 10113 | 506 | 67 | 17 | 16 | 0 | 0 | 0 | 0.11 | 5241 | 0.2036 |
|  | 22 | 阆中市 | 四川省 | 86 | 7.00 | 8 | 0 | 83940 | 976 | — | — | — | — | — | — | 0.00 | 5811 | 0.1975 |
|  | 23 | 盐亭县 | 四川省 | 60 | 6.79 | 14 | 0 | 290117 | 4835 | — | — | — | — | — | — | 0.00 | 4385 | 0.1932 |
|  | 24 | 松潘县 | 四川省 | 7 | 6.55 | 38 | 5 | 32378 | 4625 | 37 | 16 | 10 | 0 | 0 | 0 | 0.09 | 8119 | 0.1894 |
|  | 25 | 苍溪县 | 四川省 | 77 | 7.00 | 11 | 0 | 153410 | 1992 | 137 | 10 | 0 | 0 | 0 | 1 | 0.06 | 3401 | 0.1877 |
|  | 26 | 芦山县 | 四川省 | 12 | 7.19 | 0 | 0 | 20763 | 1730 | 1236 | 12 | 0 | 0 | 2 | 2 | 0.32 | 1708 | 0.1875 |
|  | 27 | 勉县 | 陕西省 | 43 | 7.00 | 7 | 0 | 6635 | 154 | 44 | 5 | 0 | 0 | 0 | 1 | 0.48 | 3169 | 0.1871 |
| 重灾县(市、区) | 28 | 徽县 | 甘肃省 | 21 | 7.00 | 13 | 1 | 13189 | 628 | 108 | 28 | 23 | 0 | 0 | 1 | 0.20 | 3687 | 0.1824 |
|  | 29 | 中江县 | 四川省 | 142 | 6.93 | 21 | 0 | 372502 | 2623 | — | — | — | — | — | — | 0.00 | 1085 | 0.1797 |
|  | 30 | 元坝区 | 四川省 | 24 | 7.00 | 13 | 1 | 161439 | 6727 | — | — | — | — | — | — | 0.00 | 1375 | 0.1791 |
|  | 31 | 大邑县 | 四川省 | 51 | 7.21 | 25 | 0 | 82385 | 1615 | 28 | 19 | 33 | 0 | 0 | 1 | 0.21 | 257 | 0.1779 |
|  | 32 | 宝兴县 | 四川省 | 6 | 7.04 | 3 | 1 | 15076 | 2513 | 104 | 42 | 16 | 0 | 0 | 0 | 0.21 | 663 | 0.1652 |
|  | 33 | 南江县 | 甘肃省 | 65 | 6.74 | 2 | 0 | 45687 | 703 | 108 | 1 | 4 | 0 | 0 | 7 | 0.29 | 3151 | 0.1649 |
|  | 34 | 西和县 | 甘肃省 | 40 | 6.93 | 12 | 0 | 45224 | 1131 | 35 | 5 | 6 | 0 | 0 | 2 | 0.10 | 2138 | 0.1649 |
|  | 35 | 两当县 | 甘肃省 | 5 | 6.79 | 1 | 0 | 7937 | 1587 | 43 | 7 | 5 | 0 | 0 | 0 | 0.06 | 3713 | 0.1640 |
|  | 36 | 广汉市 | 四川省 | 59 | 7.00 | 54 | 1 | 141486 | 2398 | — | — | — | — | — | — | 0.00 | 335 | 0.1619 |

# 7.5　综合考虑四川、甘肃和陕西三省人民政府要求后的评估结果

四川、甘肃、陕西三省人民政府对上述灾区划分方法及划分结果原则同意。在征求意见的过程中，四川省政府建议将汉源县、石棉县、九寨沟县、金川县和仁寿县列为重灾区，甘肃省政府建议将舟曲县列为重灾区，陕西省政府建议将宝鸡市陈仓区列为重灾区。提出的主要理由，一是一些县（区）处于地震烈度Ⅶ、Ⅷ度异常区；二是一些县（区）属于受灾严重的少数民族聚居区；三是一些县（区）属于受灾严重的贫困县，自身恢复能力差。经有关部门商议，建议将四川省汉源县、石棉县、九寨沟县，甘肃省舟曲县，陕西省宝鸡市陈仓区列为重灾区。

据此，确定汶川地震极重灾区为10个县（市），重灾区为41个县（市、区），一般灾区为186个县（市、区）。见表7-5。

另外，影响区为180个县（市、区）。

表7-5　汶川地震灾害范围类别评估结果

| 范围类别 | | 省份 | 县（市、区） |
|---|---|---|---|
| 严重受灾地区（51个） | 极重灾县（市、区）（10个） | 四川省（10个） | 汶川县、北川县、绵竹市、什邡市、青川县、茂县、安县、都江堰市、平武县、彭州市 |
| | 重灾县（市、区）（41个） | 四川省（29个） | 理县、江油市、利州区、朝天区、旺苍县、梓潼县、游仙区、旌阳区、小金县、涪城区、罗江县、黑水县、崇州市、剑阁县、三台县、阆中市、盐亭县、松潘县、苍溪县、芦山县、中江县、元坝区、大邑县、宝兴县、南江县、广汉市、汉源县、石棉县、九寨沟县 |
| | | 甘肃省（8个） | 文县、武都区、康县、成县、徽县、西和县、两当县、舟曲县 |
| | | 陕西省（4个） | 宁强县、略阳县、勉县、陈仓区 |

续表

| 范围类别 | 省份 | 县（市、区） |
|---|---|---|
| 一般灾区<br>（186个） | 四川省<br>（100个） | 郫县、金牛区、青白江区、新都区、成华区、锦江区、青羊区、温江区、武侯区、名山县、邛崃市、金堂县、南部县、蒲江县、龙泉驿区、射洪县、金口河区、巴州区、新津县、丹巴县、顺庆区、夹江县、天全县、丹棱县、金川县、通江县、雨城区、洪雅县、双流县、仁寿县、沙湾区、峨边彝族自治县、康定县、沐川县、仪陇县、马边彝族自治县、井研县、高坪区、彭山县、犍为县、荥经县、荣县、西充县、泸定县、五通桥区、峨眉山市、简阳市、马尔康县、青神县、嘉陵区、蓬安县、雁江区、东坡区、华蓥市、平昌县、市中区、营山县、安岳县、通川区、乐至县、大英县、船山区、万源市、甘洛县、威远县、安居区、红原县、岳池县、达县、武胜县、广安区、大安区、资中县、越西县、渠县、蓬溪县、自流井区、沿滩区、富顺县、东兴区、贡井区、市中区、隆昌县、屏山县、宜宾县、南溪县、大竹县、翠屏区、若尔盖县、宣汉县、美姑县、雷波县、泸县、邻水县、开江县、阿坝县、道孚县、冕宁县、九龙县、高县 |
| | 甘肃省<br>（32个） | 礼县、宕昌县、清水县、崇信县、秦州区、临潭县、武山县、甘谷县、灵台县、崆峒区、麦积区、秦安县、迭部县、张家川县、通渭县、岷县、漳县、庄浪县、渭源县、泾川县、华亭县、静宁县、陇西县、镇原县、卓尼县、安定区、西峰区、会宁县、宁县、临洮县、碌曲县、康乐县 |
| | 陕西省<br>（36个） | 金台区、南郑县、留坝县、凤县、汉台区、陇县、麟游县、太白县、渭滨区、眉县、西乡县、岐山县、千阳县、城固县、扶风县、凤翔县、佛坪县、镇巴县、永寿县、洋县、石泉县、周至县、武功县、乾县、彬县、长武县、杨陵区、兴平市、碑林区、汉阴县、宁陕县、紫阳县、礼泉县、雁塔区、户县、莲湖区 |
| | 重庆市<br>（10个） | 合川区、荣昌县、潼南县、大足县、双桥区、铜梁县、北碚区、璧山县、永川区、梁平县 |
| | 云南省（3个） | 绥江县、水富县、永善县 |
| | 宁夏回族自治区（5个） | 隆德县、泾源县、西吉县、彭阳县、原州区 |

# 第8章  灾区生态环境影响评估<sup>*</sup>

汶川大地震引发了大范围和大面积的滑坡、崩塌和泥石流等次生灾害，生态系统和生物多样性受到严重破坏，自然景观损毁，生态环境问题突出，对区域生态安全带来巨大的威胁。以遥感数据为基础，结合实地考察和灾情报告，对地震灾区的生态破坏进行综合评估，分析地震对森林、草地、河流等生态系统，以及大熊猫等珍稀濒危物种栖息地的破坏和损害情况，明确受损区域的分布和受损程度，分析评估了地震导致的生态安全风险，目的是为灾后恢复与重建提供依据。

## 8.1  评估范围、目标与方法

### 8.1.1  评 估 范 围

以地震烈度分布为基础，本评估范围重点针对Ⅷ度烈度区、生态环境受影响比较严重的23个区县，基本与国家确定的地震影响严重灾区的范围一致，包括四川汶川县、北川县、青川县、茂县、绵竹市、什邡市、都江堰市、平武县、安县、彭州市、江油市、崇州市、芦山县、大邑县、宝兴县、旌阳区、旺苍县、朝天区、汉源县、雨城区20个县市区，甘肃文县、武都区和陕西宁强县。

---

* 执笔人：中国科学院生态环境研究中心的欧阳志云、徐卫华、董仁才、王学志、郑华、马克明、张宏峰、庄长伟、李智琦、宋志远。

## 8.1.2 评估目标与内容

评估的目标是掌握汶川地震对评估区生态系统的破坏与损害总体情况，及其对生物多样性和对周边地区生态安全的风险，明确受损区域的分布和受损程度，为恢复与重建提供依据。主要评估内容包括：

(1) 自然环境、生态系统特征与格局；

(2) 地震引发的滑坡、崩塌、泥石流次生灾害对地表覆盖的破坏情况；

(3) 森林、草地、河流湿地等生态系统的损害评估；

(4) 耕地损害评估；

(5) 大熊猫栖息地影响评估；

(6) 自然保护区基础设施和管护能力损失评估；

(7) 生态恢复与重建对策和建议。

## 8.1.3 评价方法与数据

本评估以遥感数据为基础，结合实地考察和灾情报告，通过比较地震前后植被覆盖特征的变化，分析地震及引发的滑坡、崩塌和泥石流等对植被的破坏，进一步运用 GIS 分析受损植被的特征，评估地震对森林、草地、河流等生态系统的影响。主要数据源包括：

(1) 遥感数据：航片、SPOT、福卫二号、TERRA ASTER、TM 和中巴卫星数据；

(2) 基础地理信息数据：1：5 万 DEM、水系图、交通图、行政区划图和居民点分布图；

(3) 统计数据：地震灾区自然保护区损失统计数据；

(4) 过去工作积累：全国生态环境现状调查、全国生态功能区划、全国大熊猫生境动态评价、岷山地区森林景观评价与生物多样性保护规划、汶川卧龙地区退耕还林规划与管理信息系统。

# 8.2　自然环境与生态系统特征

汶川地震主要影响区位于四川盆地西缘，是四川盆地向青藏高原的过渡地带。地质构造复杂，山高谷深坡陡，滑坡、崩塌、泥石流频发，水土流失严重，是我国生态环境十分脆弱的地区。该地区是具有重要生态服务功能的地区，生物多样性丰富、景观资源独特，是长江上游生态安全的重要屏障，在保护生物多样性和保障成都平原数千万人口的生活生产用水安全上具有不可替代的作用。

## 8.2.1　自　然　环　境

评估区内峻岭险峰，高耸入云，地势从东向西逐渐抬升。地势形态由高山峡谷、山原、丘状高原、高中山、低山、丘陵、台地、平坝等类型组成。海拔最高处位于汶川与小金边界的四姑娘山，海拔 6250m；最低处位于青川县境内，海拔 491m。相对高差在 4000m 以上的县有汶川、松潘、平武、北川和茂县。其中，松潘县的大部分地区、九寨沟和茂县的部分地区为青藏高原东部之一隅。高山峡谷坡陡，导致该地区滑坡、崩塌和泥石流等地质灾害频发，危害十分严重。

评估区气候垂直变化明显，属山地亚热带向高原气候的过渡地带。本地区主要属中亚热带气候，由于山地的影响，气温远较东部低。它们以高大的山体矗立在四川盆地的西缘，在夏季截住了东南来的暖湿气流，形成了著名的"华西雨屏"，在山地的东坡与南坡，年降雨量多在 1000mm 以上，最多可达 2000mm；在西坡与北坡受背风坡影响，则显得干旱，年降水量为700～800mm，形成"干旱河谷"。山地环境还使气候随高度和坡向而变化，这一变化又因地理位置的不同而不同，形成各具特色的植被垂直带谱。

评估区水系发达，发育有岷江、沱江、涪江和白水江及其众多支流，孕育了众多景观优美的湖泊湿地。岷江流域面积 23037km²，多年平均年径流量 150 亿 m³。涪江系嘉陵江一级支流，干流全长 697km，流域面积35982km²，其中四川境内 32522km²，中上游在四川境内其干流长 580km，干流出川断面

处流域面积 28351km²。沱江上游多年平均径流量 78.2 亿 m³，占全流域水量的
52.4%。白水江流域面积 8300 余 km²，河长 290km，年径流量 23.45 亿 m³。

区内还有众多的湖泊。其中，位于文县境内的洋汤天池是我国的四大天
池之一。西部的松潘县有 29 个高山湖泊，大多分布于海拔 3800m 以上。最
为著名的有黄龙和九寨沟两个世界自然遗产。另外，茂县境内的叠溪海子由
1933 年 8 月叠溪地震垮山堵塞岷江干流而形成的多个地震海子和叠溪地震
垮山遗址等组成。

## 8.2.2  生态系统类型与格局

由于受气候、水分和地形条件影响，该区生态系统呈现垂直分布特点
(图 8-1)：沿着海拔梯度，发育与保存了常绿阔叶林生态系统、落叶阔叶林

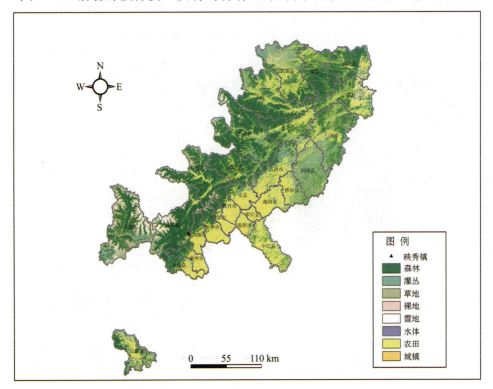

图 8-1  评估区生态系统类型与分布

生态系统、针阔混交林生态系统、针叶林生态系统、高山灌丛生态系统、高山草甸生态系统、高山流石滩生态系统、冰川以及水体湿地 8 类自然生态系统。在岷山地区有许多中国特有植物所组成的植物群落，如四川红杉、云杉、紫果云杉、麦吊杉、岷江柏木、冷杉、紫果冷杉和岷江冷杉等。岷江河谷、大渡河河谷的干旱河谷灌丛也是这一地区具有特色的生态系统类型。

### 8.2.3　生态系统服务功能

评估区具有重要生态服务功能，是水源涵养和生物多样性保护的国家重要生态功能区。该区是岷江、涪江、沱江和白水江的主要水源区。岷山与邛崃山系还是我国生物多样性保护的关键区域，是我国大熊猫、川金丝猴等珍稀濒危物种的主要栖息地。同时区内自然景观独特，风景名胜分布集中，历史文化遗产丰富，是我国乃至国际旅游的重要目的地（图 8-2）。

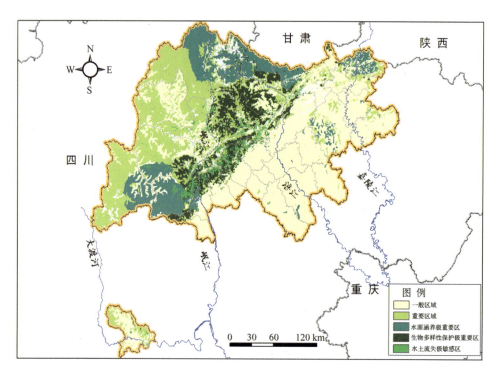

图 8-2　地震灾区生态保护重要性分布图

具体表现为:

(1) 成都平原水资源涵养区,保障成都平原的水安全。以岷山为主要水源区的岷江上游、涪江上游、沱江上游的径流量达到 247 亿 m³,为成都平原的水安全提供了保障。都江堰引用岷江上游天然来水流量可达 50%~60%,年引用有效水量 80 亿~100 亿 m³,都江堰灌区有四川 37 个县(市),总灌溉面积超过 1000 万亩,是成都市水资源的保障。涪江到绵阳涪江桥水文站年平均流量 88.9 亿 m³。沱江上游多年平均径流量 78.2 亿 m³,占全流域水量的 52.4%,其中岷江年平均来水量 26.1 亿 m³。

(2) 全球生物多样性保护的关键地区。该区是动植物的"避难所",保存了不少古老孑遗种和特有种;是南北生物的"交换走廊",区内动植物种类繁多,生物资源十分丰富,有国宝级植物珙桐、南方红豆杉,国宝级动物大熊猫和金丝猴等。仅岷山地区植物种类就有 4000 种以上,约占四川省总数的 8.3%;蕨类植物 191 种,约占全国总数的 8.3%,四川省总数的 20.0%;被子植物 1604 种,约占全国总数的 6.6%,四川省总数的 19.0%。其中有国家重点保护的珍稀濒危植物 25 种。

(3) 评估区是成都平原和长江上游的重要生态屏障。评估区不仅为长江上游提供了丰富的水资源,还具有重要的土壤保持功能。评估区高山峡谷坡陡的地形特征,导致水土流失敏感性极高,加上滑坡、崩塌、泥石流频发,水土流失十分严重,对长江上游河流造成严重的威胁。据研究,若地震区域生态系统遭到完全破坏,地表无植被覆盖,则每年至少产生 307.0 万 t 的泥沙,对长江上游河段产生极大的威胁。

(4) 自然景观独特,风景名胜分布集中,历史文化遗产丰富。评估区及其周边地区有自然遗产 4 个,文化遗产 11 个,其中,拥有都江堰—青城山、九寨沟—黄龙、邛崃山系(卧龙)等世界自然和文化遗产 3 处,是国内拥有世界遗产最多的地区,也是国内唯一拥有世界自然遗产、文化遗产、自然与文化遗产的地区。还有青城山—都江堰、阿坝州九寨沟国家 5A 级旅游景区 2 处,4A 级旅游景区 31 处,国家级风景名胜区 6 处,国家级自然保护区 18 处,国家级地质公园 6 处,国家森林公园 17 个,国家重点文物保护单位 128 处,国家级非物质文化遗产 27 处，中国历史文化名城 7 座，中国优秀旅游城市 21 座。

2007 年，阿坝州接待海内外游客 880.73 万人次，旅游总收入 74.38 亿元人民币，是阿坝州的经济支柱。都江堰实现旅游综合收入 33.33 亿元，旅游综合收入占总产值比例为 28.7%。以自然景观和文化遗产为基础的旅游业是该区的重要支柱产业。

# 8.3　生态环境影响评估

地震导致大范围和大面积的滑坡、崩塌、泥石流，引起一系列连锁的生态破坏，造成大范围植被破坏、水土流失加剧、野生动物栖息地破坏与隔离、河道堵塞、耕地毁坏，生态服务功能受损，人居环境受到严重威胁和破坏。

## 8.3.1　地震引发的滑坡、崩塌与泥石流对地表覆盖影响

遥感调查表明，地震导致大范围的滑坡、崩塌和泥石流，仅四川汶川、北川两个重灾县城外围 20km$^2$ 范围内就有 200 处泥石流、崩塌、滑坡点，导致该区域 5%～8% 的地表覆盖发生了严重变化，对地表植被、人居环境、基础设施等造成了严重破坏。据四川省国土资源厅统计，汶川地震直接引起四川发生 9556 处次生地质灾害，其中滑坡 5117 处，崩塌 3575 处，泥石流 358 处，导致地表覆盖发生剧烈变化，生态环境影响巨大。

遥感监测结果表明，滑坡、崩塌与泥石流导致评估区地表覆盖破坏 77873hm$^2$，主要分布在汶川县、安县、绵竹市、彭州市、什邡市、都江堰市、北川县、平武县、茂县、青川县、江油市和文县等 12 县市（图 8-3，表 8-1），占生态重灾区 12 个市县国土面积的 2.2%。其中，汶川县、绵竹市、安县和什邡市由于滑坡、崩塌与泥石流导致地表覆盖破坏的面积分别高达 27979hm$^2$、10420hm$^2$、8336hm$^2$ 和 5862hm$^2$，分别占四县面积的 6.85%、8.37%、5.96% 和 7.17%。地表覆盖的剧烈变化，导致生态系统的严重破坏，进而影响生态功能和生物多样性保护。

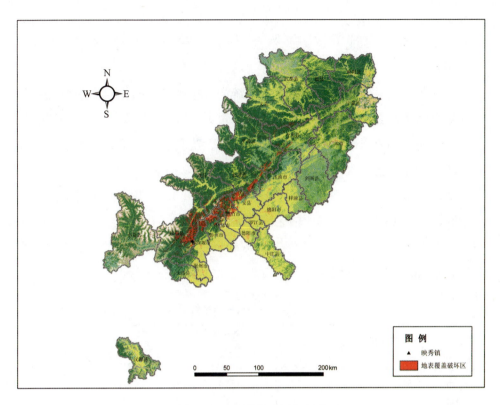

图 8-3　地表覆盖破坏分布图

**表 8-1　主要县、市滑坡、崩塌泥石流破坏地表覆盖面积**

| 县、市 | 国土面积/hm² | 地震破坏面积/hm² | 比例/% |
|---|---|---|---|
| 汶川县 | 408258 | 27979 | 6.85 |
| 绵竹市 | 124558 | 10420 | 8.37 |
| 安县 | 139898 | 8336 | 5.96 |
| 彭州市* | 137367 | 6282 | 4.57 |
| 北川县 | 286205 | 6225 | 2.17 |
| 什邡市 | 81990 | 5862 | 7.15 |
| 都江堰市* | 120665 | 3623 | 3.00 |
| 平武县 | 594615 | 3244 | 0.55 |
| 茂县 | 389566 | 2505 | 0.64 |
| 青川县 | 320574 | 2165 | 0.68 |
| 江油市 | 271662 | 670 | 0.25 |
| 文县 | 499878 | 562 | 0.11 |
| 总计 | 3532260 | 77873 | 2.20 |

* 该县有云层覆盖，遥感影像不全。

## 8.3.2　地震对自然生态系统的破坏与影响

地震及其次生地质灾害导致生态系统的严重破坏。根据生态系统受损面积、受损比例和受损程度，生态遭破坏的重灾区有 12 个县市，包括汶川县、绵竹市、安县、彭州市、都江堰市、什邡市、茂县、平武县、北川县、青川县、江油市和文县，占评估区面积的 47.2%。

受损生态系统的类型及面积为：森林 51709hm²，占评估区森林面积的 1.99%；灌丛 4802hm²，占评估区灌丛面积的 0.64%；草地 5398hm²，占评估区草地面积的 1.52%；河流与湿地 374hm²（表 8-2，表 8-3）。受损最严重的生态系统是森林、草地、河流与湿地。

**表 8-2　地震导致的各县生态系统受损面积**　　　　　（单位：hm²）

| 县、市 | 生态系统面积 | 各类生态系统受损面积 | | | | | | |
|---|---|---|---|---|---|---|---|---|
| | | 合计 | 森林 | 灌丛 | 草地 | 裸岩 | 冰雪带 | 水域 |
| 汶川县 | 385091 | 24714 | 21953 | 1126 | 1037 | 224 | 181 | 194 |
| 绵竹市 | 51507 | 8425 | 6332 | 184 | 1191 | 137 | 504 | 77 |
| 彭州市 | 53196 | 6051 | 4049 | 224 | 1401 | 227 | 147 | 3 |
| 安县 | 41626 | 5789 | 5039 | 473 | 3 | 39 | 169 | 66 |
| 什邡市 | 30264 | 5227 | 3757 | 158 | 1073 | 118 | 110 | 11 |
| 北川县 | 228031 | 4274 | 2831 | 1436 | 1 | 0 | 0 | 6 |
| 都江堰 | 54913 | 3505 | 3054 | 93 | 266 | 40 | 52 | 0 |
| 茂县 | 342226 | 2112 | 1659 | 52 | 341 | 33 | 9 | 18 |
| 平武县 | 508830 | 1679 | 1221 | 428 | 10 | 19 | 0 | 0 |
| 青川县 | 181316 | 1424 | 984 | 386 | 33 | 21 | 0 | 0 |
| 江油市 | 119286 | 561 | 323 | 238 | 0 | 0 | 0 | 0 |
| 文县 | 331501 | 555 | 507 | 4 | 44 | 0 | 0 | 0 |
| 合计 | 2327787 | 64316 | 51709 | 4802 | 5400 | 858 | 1172 | 375 |

生态重灾区自然生态系统总受损面积为 64314hm²，分别占生态重灾区国土和自然生态系统面积的比例为 1.8% 和 2.8%。其中汶川县、绵竹市受破坏生态系统面积最大，分别为 27979hm² 和 10419hm²（图 8-4）。若按生态系统受损比例统计，则什邡市、安县、绵竹市和彭州市损失最重，仅森林生态系统受损面积就分别高达 18.13%、18.07%、16.57% 和 10.28%（图

8-5～图 8-7）。受损生态系统的空间分布与地震烈度的分布高度相关，主要分布在地震烈度Ⅹ度及以上区域。

表 8-3　地震导致的各县各类型自然生态系统受损面积比例　（单位：%）

| 县、市 | 森林 | 灌丛林 | 草地 | 裸岩 | 冰雪带 | 水域 | 总受损比例 |
|---|---|---|---|---|---|---|---|
| 汶川县 | 9.08 | 4.62 | 1.55 | 1.00 | 0.64 | 13.53 | 6.4 |
| 绵竹市 | 16.57 | 20.14 | 23.32 | 9.23 | 10.01 | 10.09 | 16.4 |
| 什邡市 | 18.13 | 19.62 | 26.24 | 5.83 | 4.56 | 5.19 | 17.3 |
| 青川县 | 0.69 | 1.11 | 1.18 | 1.30 | — | 0 | 0.8 |
| 平武县 | 0.33 | 0.52 | 0.03 | 0.12 | — | 0.01 | 0.3 |
| 彭州市 | 10.28 | 6.51 | 33.84 | 5.91 | 6.88 | 1.07 | 11.4 |
| 都江堰市 | 6.61 | 2.89 | 11.15 | 2.76 | 6.95 | 0.04 | 6.4 |
| 北川县 | 1.45 | 5.88 | 0.01 | 0.06 | 0 | 1.89 | 1.9 |
| 安县 | 18.07 | 4.11 | 6.15 | 12.91 | 12.83 | 11.40 | 13.9 |
| 江油市 | 0.68 | 0.33 | — | — | — | — | 0.5 |
| 茂县 | 0.71 | 0.31 | 0.52 | 0.22 | 0.09 | 1.89 | 0.6 |
| 文县 | 0.21 | 0.01 | 0.26 | 0 | 0 | 0 | 0.2 |
| 总受损比例 | 1.99 | 0.64 | 1.52 | 0.57 | 1.21 | 1.82 | 2.8 |

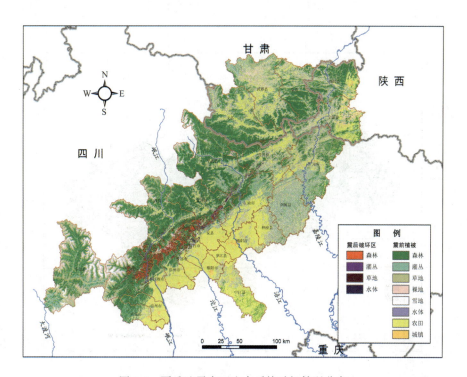

图 8-4　严重地震灾区生态系统破坏情况分布

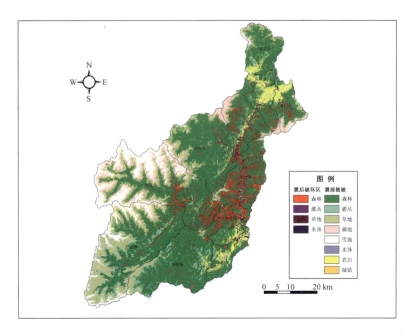

图 8-5　汶川县生态系统破坏分布图

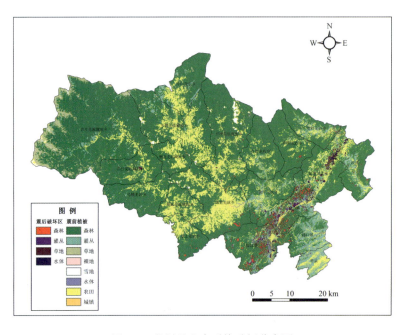

图 8-6　北川县生态系统破坏分布图

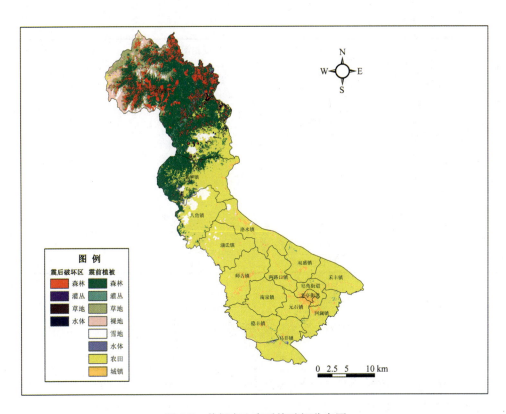

图 8-7　什邡市生态系统破坏分布图

## 8.3.3　地震对耕地的影响

地震及其次生灾害造成大面积的耕地被毁坏，受损耕地面积达13466hm²，占重灾区耕地面积的0.6%。其中，耕地损失最严重的有汶川、安县、绵竹市、北川、平武、青川与什邡等县市。其中，汶川县损失耕地3264hm²，占全县耕地面积的14.1%（表8-4）。

表 8-4　地震导致的各县耕地受损面积及比例

| 县、市 | 耕地面积/hm² | 受损面积/hm² | 受损比例/% |
|---|---|---|---|
| 汶川县 | 23167 | 3264 | 14.1 |
| 安县 | 96653 | 2547 | 2.6 |

续表

| 县、市 | 耕地面积/hm² | 受损面积/hm² | 受损比例/% |
|---|---|---|---|
| 绵竹市 | 70850 | 1994 | 2.8 |
| 北川县 | 57980 | 1940 | 3.3 |
| 平武县 | 84866 | 1523 | 1.8 |
| 青川县 | 137908 | 732 | 0.5 |
| 什邡市 | 49772 | 608 | 1.2 |
| 茂县 | 47340 | 393 | 0.8 |
| 彭州市 | 81507 | 232 | 0.3 |
| 都江堰市 | 62510 | 118 | 0.2 |
| 江油市 | 148399 | 107 | 0.1 |
| 文县 | 168123 | 7 | 0 |
| 绵阳市 | 140489 | 0 | 0 |
| 总计 | 1169564 | 13465 | 0.6 |

## 8.3.4 野生动植物栖息地的破坏与影响

此次地震灾区是大熊猫、金丝猴和羚牛等珍稀濒危物种的集中分布区，地震对这些物种的栖息地造成严重破坏，野生动植物受到威胁。

### 1. 大熊猫栖息地的破坏与影响

以大熊猫栖息地为例，评估地震对珍稀濒危物种栖息地的影响。评估区大熊猫栖息地面积 115.26 万 hm²，占全国大熊猫保护栖息地的 60%；野外大熊猫数量约 1000 只，占全国大熊猫总数 70%。地震及其次生地质灾害，导致 37015hm² 大熊猫栖息地丧失，损失 3.8%；111405hm² 大熊猫栖息地受到影响（图 8-8），占重灾区大熊猫栖息地面积的 11.5%。其中，自然保护区内栖息地丧失面积为 17622hm²，自然保护区外栖息地丧失面积为 19393hm²，分别为大熊猫栖息地面积的 4.3% 与 3.4%（表 8-5）。

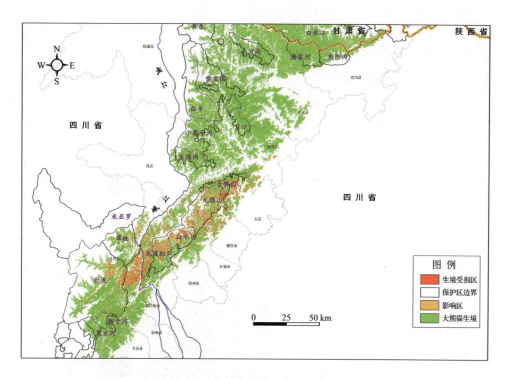

图 8-8　受损大熊猫栖息地分布图

### 表 8-5　汶川地震对大熊猫栖息地的影响

| 名称 | 生境面积/hm² | 评估区生境面积/hm² | 损失面积/hm² | 损失比例/% | 影响面积/hm² | 影响比例/% |
|---|---|---|---|---|---|---|
| 九顶山 | 33056.5 | 26445.2 | 5988.1 | 22.6 | 15966.5 | 60.4 |
| 卧龙 | 93479.2 | 93479.2 | 3385.0 | 3.6 | 12774.7 | 13.7 |
| 白水河 | 16676.3 | 8338.1 | 2711.8 | 32.5 | 6366.9 | 76.4 |
| 龙溪-虹口 | 21026.8 | 9462.1 | 2372.9 | 25.1 | 7836.0 | 82.8 |
| 千佛山 | 15509.3 | 15509.3 | 1915.4 | 12.4 | 4941.5 | 31.9 |
| 草坡 | 24171.2 | 24171.2 | 525.0 | 2.2 | 2220.6 | 9.2 |
| 白水江 | 132466.7 | 132466.7 | 387.2 | 0.3 | 2127.1 | 1.6 |
| 唐家河 | 28463.2 | 28463.2 | 141.5 | 0.5 | 867.0 | 3.0 |
| 东阳沟 | 16383.3 | 16383.3 | 86.9 | 0.5 | 506.1 | 3.1 |
| 鞍子河 | 8736.9 | 8736.9 | 79.3 | 0.9 | 418.1 | 4.8 |
| 黑水河 | 9607.7 | 9607.7 | 13.5 | 0.1 | 90.8 | 0.9 |
| 小河沟 | 19308.4 | 19308.4 | 10.6 | 0.1 | 67.6 | 0.4 |
| 片口 | 12875.0 | 12875.0 | 5.5 | 0 | 41.2 | 0.3 |
| 保护区内总和 | 431760.4 | 405246.3 | 17622.6 | 4.3 | 54223.9 | 13.4 |
| 保护区外总和 | 720822.0 | 567336.1 | 19393.0 | 3.4 | 57181.3 | 10.1 |
| 合计 | 1152582.4 | 972582.4 | 37015.6 | 3.8 | 111405.2 | 11.5 |

　　大熊猫栖息地受损最严重的自然保护区依次有九顶山自然保护区、卧龙自然保护区、龙溪-虹口自然保护区、白水河自然保护区和千佛山自然保护区等 8 个。卧龙自然保护区和九顶山自然保护区栖息地丧失面积分别达 5988hm$^2$ 和 3385hm$^2$（图 8-9，图 8-10）。

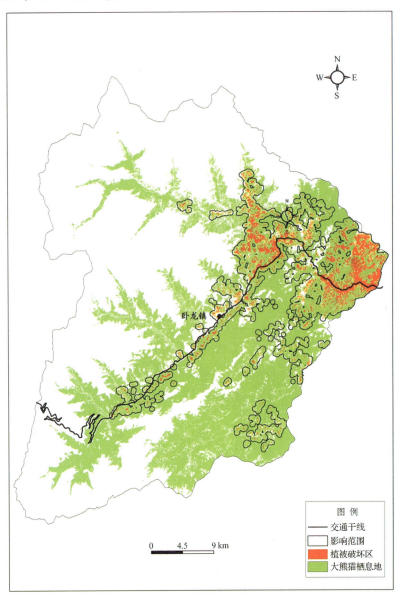

图 8-9　卧龙自然保护区大熊猫受损栖息地分布

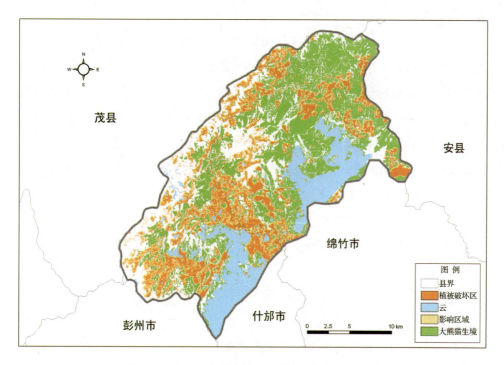

图 8-10　九顶山自然保护区大熊猫受损栖息地分布

## 2. 野生动物正常生活受到严重干扰

　　由于地震及其次生地质灾害的影响，野生动物的生活与生存受到严重干扰。一是地震造成野生动物死伤或受到惊吓。例如，造成大熊猫等动物住宿的洞穴受损或坍塌，或造成野生动物居住的干树斜倒，或使其活动路线遭到不同程度的阻隔或破坏；二是影响了大熊猫等野生动物的食源。例如，大熊猫赖以生存的箭竹被埋没或砸毁，将威胁到大熊猫的食物安全；三是干扰了野生动物的正常生活。大面积、大区域的山体垮塌，给大熊猫等野生动物的迁移造成自然阻隔，也使很多地方的野生动物个体之间失去相互联系的通道，形成"生殖孤岛"，进一步加剧了大熊猫等野生动物的濒危现状。

　　截至 2008 年 6 月 5 日，四川省自然保护区内野生动物受伤 3600 余头（只），死亡 800 余头（只）。位于卧龙国家级自然保护区的中国大熊猫保护研究中心人工圈养的 63 只大熊猫中重伤、轻伤各 1 只，已有 1 只死亡，仍有 1 只失踪。

四川卧龙国家级自然保护区受灾最重，各项基础设施遭到严重破坏。所属的 9 个电站有 8 个瘫痪，输电线路 90％毁损，供水系统全部被毁。公路大面积垮塌，所有通信全部中断。卧龙特区和保护区管理局机关、大熊猫研究中心、两乡镇、学校、医院、基层保护站点的办公楼、职工住宅、民房和职工后勤基地等建筑物大量倒塌、开裂、断柱和断梁，绝大部分丧失使用功能。倒塌民房 1109 户，损毁民房 28 万 m²，倒塌桥梁 20 座，毁坏机耕道 72km，掩埋土地 712 亩，死亡牲畜 501 头。大熊猫科研设施严重受损，32 套大熊猫圈舍有 14 套被毁，已不能使用，18 套圈舍受损严重，大熊猫医院成为危房，一批科研仪器毁坏。

## 8.3.5　生态影响评估主要结论

### 1. 地震严重影响区是重要生态安全屏障

该区具有重要生态服务功能，是岷江、涪江、沱江和白水江的主要水源区。岷山与邛崃山系还是我国生物多样性保护的关键区域，是我国大熊猫、川金丝猴等珍稀濒危物种的主要栖息地。同时区内自然景观独特，风景名胜分布集中，历史文化遗产丰富，是我国乃至国际旅游的重要目的地，是水源涵养和生物多样性保护的国家重要生态功能区。

### 2. 生态系统破坏严重，损失巨大

生态系统受损面积为 64314hm²，占生态破坏重灾区自然生态系统面积的 2.8％，其中森林、草地和河流湿地，受损面积分别为 51709hm²、5398hm² 与 374hm²。是有资料记载以来，对生态系统破坏最为严重的地震灾害之一。

从空间分布上，地震生态环境破坏的重灾区有 12 县，面积 338.6 万 hm²，包括汶川县、绵竹市、安县、彭州市、都江堰市、什邡市、北川县、茂县、平武县、青川县、江油市与文县。受损生态系统的空间分布与地震烈

度的分布高度相关，主要分布在地震烈度 $X$ 度及以上区域。

### 3. 生态功能受到严重损害，威胁地区生态安全

生态系统严重受损对地区生态安全带来巨大风险和威胁。一是该区域每年为成都平原及长江流域提供水资源近 250 亿 m³，森林生态系统的破坏直接削弱了水源涵养能力，增加了山洪爆发的风险；二是森林、灌丛、草地生态系统的破坏，削弱了土壤保持能力，可能因此年增加土壤侵蚀量数百万吨；三是由于地震导致地表的破坏，滑坡和泥石流风险增加，威胁居民的生命财产安全，并对岷江、沱江、涪江以及长江上游的河道和水利工程的安全带来严重威胁。

### 4. 珍稀濒危动植物栖息地严重破坏，大熊猫保护面临巨大挑战

地震主要影响区是大熊猫主要栖息地和大熊猫野生种群的分布区，分布有全国大熊猫种群 70%。地震及其次生地质灾害，导致大熊猫栖息地丧失 3.8%；受到影响的栖息地面积占 11.5%，加剧了栖息地的隔离，使得原已严重破碎化的大熊猫栖息地雪上加霜，局部被隔离的种群由于不能交流，可能面临灭绝。同时栖息地的进一步隔离，会大大增加竹子开花等对大熊猫的危害和风险，大熊猫保护面临新的巨大挑战。

### 5. 土地资源承载力下降，人地矛盾加剧

地震及其次生地震灾害造成的大面积的耕地毁坏，受损耕地面积达 13466hm²，占生态破坏重灾区耕地面积的 0.6%。位于地震中心的汶川耕地损失为 3264hm²，占全县耕地面积的 14.1%。由于重灾区的地形条件制约，后备可用耕地资源几乎没有，地震导致生态破坏，重灾区耕地面积减少，土地资源承载力下降，加上恢复重建将占用耕地，将进一步加剧人与土地的矛盾。

### 6. 自然保护区基础设施损失严重，监管能力严重下降

地震导致重灾区自然保护区的管护、科研监测、宣传教育及办公等基础

设施设备遭受巨大破坏。自然保护区的办公用房毁坏达 11 万余 m², 管护站点倒塌损毁达 4 万 m², 瞭望塔毁坏 110 座, 防火道路毁坏 664km, 自然保护区内道路严重受损。如卧龙、九顶山等自然保护区的基础设施几乎全部丧失。基础设施的破坏, 降低了保护区的保护与监管能力, 给重灾区生物多样性的保护带来巨大风险。

**7. 生态破坏容易恢复难, 灾后生态恢复与重建任务艰巨**

地震导致的 1 万余处、近 8 万 hm² 滑坡、泥石流、崩塌等地质灾害整治难度大, 将对灾区生态环境产生长期的影响, 其产生的次生地质灾害将直接威胁灾区人民群众的生产和生活。地震导致的 6 万余 hm² 生态系统的破坏直接削弱了生态系统的服务功能, 对生态安全造成了严重的威胁, 对灾区经济社会可持续发展将产生深远的影响, 其生态恢复与重建时间长、难度大, 不仅要治理各种地质灾害, 还要恢复生态系统及其服务功能, 不断提高生态环境承载能力, 任务十分艰巨。同时, 近年来在重灾区安排大量的退耕还林、长江防护林、小流域治理和天然林保护工程等生态保护工程项目多在沿河谷的坡耕地, 在地震中受到的损失难以估计。

# 8.4　生态恢复与重建对策和建议

生态环境是人类活动的基础和保障, 事关经济社会可持续发展。灾后生态恢复与重建是建设安居乐业、生态文明、安全和谐新家园的重要任务, 应当摆在重要的议事日程。

**1. 高度重视地震导致的生态破坏和严重影响**

本次基于遥感数据进行的地震灾区生态影响评估尽管是初步的, 但评估的结果表明, 地震对生态环境的影响是严重的, 对经济社会可持续发展将产生长期的、广泛的影响。由于生态破坏效应的滞后性, 对生态环境影响的认识还需进一步地评估和研究。为此建议, 在本次初步评估的基础上, 进一步全面开展生态环境影响和生态风险评估，编制生态恢复与重建规划，加强生态破坏重灾区生态环境监测，保障灾后恢复重建的顺利进行。

要加强研究与预测森林、草地和河流等生态系统破坏的生态长期效应，如研究与监测生态破坏所导致的水土流失、河道淤积和生物多样性丧失的影响等，以及对大型水利工程、滑坡崩塌和泥石流的影响，进一步评价地震导致的生态破坏对成都平原、长江中下游生态安全的影响。为灾区重建的总体规划提供基础。

### 2. 以生态评估为基础，科学规划灾后恢复与重建总体布局

党中央、国务院高度重视灾区恢复重建工作，明确提出要全面贯彻落实科学发展观，坚持以人为本，科学重建的方针。要根据地质、地理条件和资源环境承载能力，以及生态功能保护的要求，科学确定总体布局，重塑灾区主体功能，促进人与自然和谐相处。为此建议，在自然保护区和生物多样性保护极重要区应当明确为禁止建设区，在重要水源涵养区和重要土壤保持区应当作为限制建设区，防止恢复重建造成新的生态破坏，以及预防次生地质灾害造成新的损失。在适宜建设区，要以生态环境承载力评估为基础，以规划环评为手段，确定合理的重建规模、重建方式和产业发展方向与布局。

### 3. 以生态功能区保护为重点，有效开展生态恢复与重建

根据评估结果，该区域具有重要生态功能的区域有 1.95 万 $km^2$，包括适合建成国家重要生态功能区。借灾后恢复重建之机，引导区内人口适当集中、跨区转移、产业结构调整和布局、合理开发自然资源、减轻人口和经济社会发展对生态的压力。在生态恢复重建中，应当尊重自然规律，以生态系统自然恢复为主，适当人工生态建设为辅，把有限的资金用于减少人口压力和产业调整上。

### 4. 以生物多样性保护为核心，加大自然保护区的建设与整合

应当在现有自然保护区建设的基础上，针对大熊猫、金丝猴和羚牛等珍

稀濒危物种保护的要求，通过新建、扩大、整合自然保护区和建设物种迁移廊道，形成有机的珍稀濒危物种栖息环境，以消除物种保护中种群孤岛、生殖隔离的障碍。新建和重建的自然保护区应当严格按照自然保护区的相关要求建设，实行生态移民，尽量减少人对自然保护区的干扰。同时，应将自然保护区基础设施和管护能力建设纳入灾后恢复重建总体规划，作为公共服务设施和基础设施建设的内容。

### 5. 以生态补偿为保障，建立生态保护和恢复重建的长效机制

该地区生态环境脆弱、生态服务功能重要，退耕还林、天然林保护、长江防护林和小流域治理等生态工程受到破坏。应尽快建立生态补偿机制，促进该区域灾后生态恢复重建。要继续实施退耕还林还草、天然林保护工程，促进当地居民生态保护和建设的积极性。要按"开发者付费、保护者获益"的原则，通过价格杠杆，制定科学合理的矿产、水、生物等资源开发生态收费制度，增加生态保护的投入。要加大财政转移的支付力度，保障该地区从事生态保护工作必要的经费，以及保障必要的公共基础设施建设的费用。

### 6. 农村居民点布局与重建要充分考虑该区域生态保护的要求

目前已开始从救灾转入灾后重建，应尽快开展重灾区农村居民点与城镇重建的生态规划，将灾后重建与该地区的生态安全、生态保护与生态恢复有机结合，在农村、城镇与道路重建中，要重视生态环境保护，既要避免建设中破坏环境，还要为建设优美的乡村和城镇环境提供指导。

在农村居民点与城镇建设布局与选址中应考虑滑坡泥石流等生态地质灾害风险、水土保持与水源涵养等生态服务功能保护的要求，以及大熊猫、金丝猴等重要保护物种栖息地分布和生物多样性保护的要求。

在农村建设规划中，要结合清洁能源使用、面源污染控制、生态清洁小流域的建设等方面的要求，鼓励发展沼气、卫生厕所、农村废水和垃圾处理设施。

**7. 以提高灾区人口承载力为目标，加强灾区被毁耕地恢复和中低产田改造**

　　针对灾区人均耕地少、耕地质量差、耕地毁损严重，应尽快启动灾区被毁耕地恢复和中低产田改造工程，对可以恢复的河谷和平坝耕地，实施耕地恢复。对被毁严重的坡耕地，实施生态恢复。同时加强对灾区的中低产田的改造，提高土地生产力和人口承载能力，以避免新开垦土地，预防生态再遭破坏。

# 第9章  灾区农田损毁与影响评估<sup>*</sup>

汶川地震极重灾区多分布在高山峡谷区，地层结构以疏松的千枚岩和片麻岩为主，地质条件差，生态环境脆弱。地震严重损毁了灾区的耕地资源，直接影响了农民的灾后生活、生产与恢复重建。本章以地震烈度在Ⅸ度以上的极重灾区为核心研究范围（图 9-1）。在行政上涉及四川省的汶川县、绵

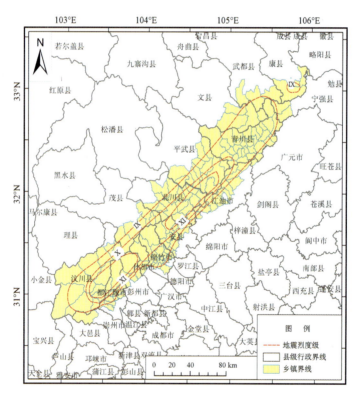

图 9-1  汶川地震极重灾区位置与范围图

---

※ 执笔人：中国科学院地理科学与资源研究所的张镱锂、王兆锋、刘林山、庄大方、丁明军、聂勇、冉圣宏、朱会义。

竹市、北川县、什邡市、安县、彭州市、都江堰市、平武县、青川县、江油市，甘肃省的文县、武都区、康县，陕西省宁强县共 14 个县市，148 个乡镇；截至 2007 年末，极重灾区 148 个乡镇的户籍总人口为 204.24 万人，其中农业人口 154.23 万人，占总人口的 75.51%。

## 9.1　极重灾区土地利用特点与农业基本情况

### 9.1.1　土地利用结构特点

从土地利用结构上看，耕地、林地和草地是极重灾区 148 个乡镇主要的土地利用类型，这三种土地利用类型占极重灾区总面积的 98.79%，其中耕地占极重灾区面积的 18.40%（表 9-1）。

**表 9-1　汶川地震极重灾区土地利用结构**

| 土地利用类型 | 耕地 | 林地 | 草地 | 水域 | 建设用地 | 未利用地 | 合计 |
| --- | --- | --- | --- | --- | --- | --- | --- |
| 面积/hm² | 382599 | 1151533 | 520077 | 9528 | 11270 | 4461 | 2079468 |
| 比例/% | 18.40 | 55.37 | 25.01 | 0.46 | 0.54 | 0.21 | 100 |

注：据中国科学院地理科学与资源研究所数据中心提供的 2000 年土地利用数据整理。

### 9.1.2　耕地分布与坡度

极重灾区的 148 个乡镇中，60% 以上的耕地分布在坡度大于 15° 的高坡度区（表 9-2）。由于地震极重灾区处于平原与山区的交界地带，各乡镇的坡耕地面积比例差别很大，极重灾区西部的坡耕地所占比重较大，其中，甘肃省陇南市武都区的枫相乡、三仓乡和文县的玉垒乡 94% 以上的耕地分布在高坡度区（坡度大于 15°），四川省绵阳市北川县马槽羌族乡、阿坝州汶川县草坡乡和甘肃文县范坝乡也有 90% 以上的耕地坡度在 15° 以上。

表 9-2　汶川地震极重灾乡镇不同坡度耕地统计表

| 坡度/(°) | 0~3 | 3~7 | 7~15 | 15~25 | 25~35 | >35 | 总计 |
|---|---|---|---|---|---|---|---|
| 耕地面积/hm² | 76358 | 25575 | 50280 | 81821 | 81258 | 67307 | 382599 |
| 百分比/% | 19.96 | 6.68 | 13.14 | 21.39 | 21.24 | 17.59 | 100 |

### 9.1.3　产业结构特点

地震极重灾区的产业结构中，农业占有重要的地位，农业人口占极重灾区总人口的 75.51%。人均耕地面积为 3.72 亩；但其中有大量耕地属于陡坡耕地。虽然农业产值在总产值中所占份额不大，但由于地震灾害对土地资源的破坏很难在近期得以恢复，耕地资源会更显紧缺，其影响的人口范围将非常广泛，在时间上也具有长期性。

## 9.2　极重灾区遥感样区耕地损毁评估

### 9.2.1　遥感样区范围

根据地震烈度资料，结合已获得的有效遥感数据与极重灾区范围，选定了研究样区范围，具体包括甘肃省的文县和四川省的青川县、平武县、北川县、汶川县、茂县、安县、都江堰市、江油市、绵竹市、彭州市、什邡市和崇州市等 13 县市的 98 个乡镇，面积 1.38 万 km²，地震烈度Ⅸ度范围占全部乡镇面积的 66.60%（图 9-2）。研究样区内耕地面积为 328.11 万亩，占样区范围内乡镇总面积的 15.79%。

### 9.2.2　数据来源与评估方法

#### 1. 数据来源

遥感数据包括 2008 年 5 月 1 日，15 日和 16 日的多种高分辨率卫星数

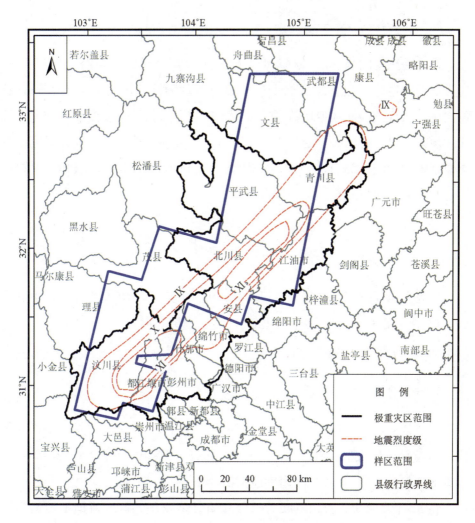

图 9-2　"5·12"汶川地震重灾样区位置图

据，包括 SPOT5、北京 1 号小卫星数据等多种光学和雷达数据，以及航空遥感数据（5 月 16 日）。地形与基础地理数据和各县市内的乡界数据源自国家测绘局 1∶5 万地形数据库，2000 年土地利用数据由中国科学院地理科学与资源研究所数据中心提供，地震频次数据由中国地震局信息中心网获得，气象数据由中国气象局网站获得，乡镇人口农普数据由民政部国家减灾中心提供。

**2. 评估方法与技术处理**

采用遥感空间采样法，对典型试验样区（每个样区采样面积约 80km² ）地震前后的遥感影像进行解译对比，获取典型区耕地损毁情况，计算耕地损毁比例，结合试验样区地形数据，分析不同坡度上耕地的损毁率，构建预测评估预案；引用中国科学院地理科学与资源研究所数据中心庄大方研究组解译样带内的滑坡、泥石流及崩塌矢量数据，利用 ArcGIS 软件和统计软件，结合地形数据对耕地损毁进行综合分析。

## 9.2.3　评估结果分析

研究表明，样区内地震烈度为 IX 度的乡镇，滑坡泥石流面积为 13004hm²（图 9-3），占土地面积的 0.94%，其中损毁农地 2891hm²，林地 7809hm²，草地 1828hm²。

**1. 耕地损毁的基本特征**

截至 2008 年 5 月 16 日，样区内 98 个乡镇中有 55 个乡镇发生了耕地损毁，损毁面积为 2890.56hm²，占 98 个乡镇样区范围内耕地的 1.32%，占发生耕地损毁的 55 个乡镇样区内耕地面积的 2.04%（图 9-4）。

在 55 个乡镇中，汶川县映秀镇和北川县陈家坝羌族乡耕地损毁最为严重，损毁率分别达到 19.86% 和 13.67%。本样区研究结果远低于 2008 年 5 月 23 日有关报道（北川县和汶川县山区损毁耕地 50% 以上）和四川省国土资源厅 5 月 27 日的报告数字（全省损毁耕地面积达 161 万亩）。

**2. 耕地损毁的坡度特征**

滑坡、坍塌、泥石流等造成耕地的掩埋、滑塌、冲蚀等构成了地震耕地损毁的主体。地震造成的损毁耕地主要分布在高坡度区，样区内坡度大于 15° 坡耕地损毁 2367hm²，占损毁耕地的 4/5 以上（81.92%），占 55 个乡镇

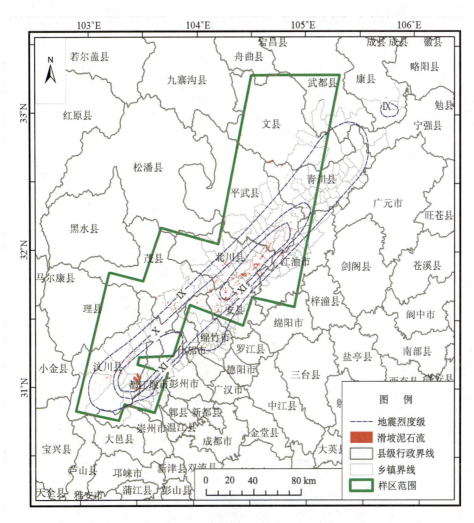

图 9-3　样区涉及的地震烈度Ⅸ度区内各乡镇滑坡、泥石流分布

注：基于中国科学院地理科学与资源研究所数据中心庄大方研究组解译结果分析。

样区内该坡度耕地总量的 2.36%。随着坡度的增加，耕地的损毁程度加剧，样区内 55 个乡镇 15°~25°、25°~35°和大于 35°三个坡度级别的耕地损毁率分别为 1.86%、2.04%和 3.28%。

样区地处山区，其自然条件复杂，相同坡度下其耕地的损毁情况也不尽相同，区域差异明显。耕地损毁最为严重的汶川县映秀镇（耕地损毁率为 19.86%），其 93.33%的损毁耕地坡度大于 15°，该坡度区的耕地损毁率达

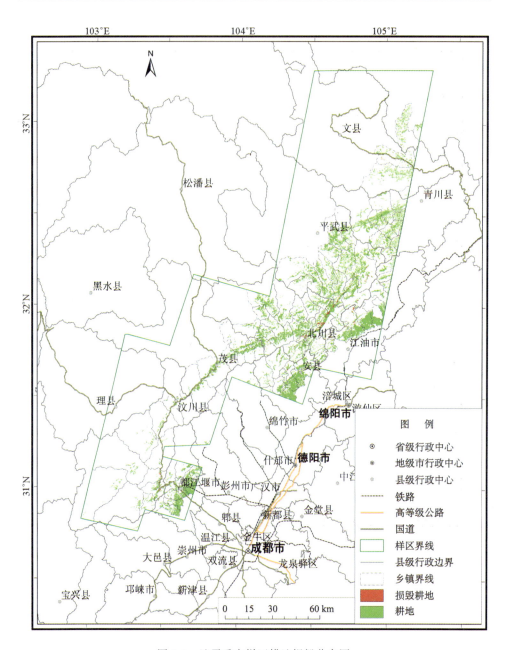

图 9-4　地震重灾样区耕地损毁分布图

到 21.16%。其中坡度大于 35°的区域耕地损毁率最高，达 28.67%。

总之，坡度越大，耕地损毁率越高；样区内各县耕地损毁率差异明显（图 9-4）。

坡耕地高损毁率案例区举例：通过地震前后影像对比分析和电话访问，证实汶川县（图 9-5）、北川县和茂县的县城附近耕地损毁主要发生在高坡度区，且空间差异明显。例如，在北川县城附近空间采样区（80.81km²），15°～25°、25°～35°和大于 35°坡度区的耕地损毁率分别为 7.99％、13.08％和 15.86％，该范围内总损毁率达 10.89％。而在文县内部空间差异更大，县城附近（采样区面积 80.81km²）相对破坏较小，北部破坏较大。

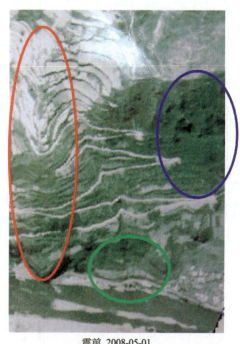

震前 2008-05-01　　　　　　　　　　　　　　　　震后 2008-05-15

图 9-5　汶川县城附近样区滑坡导致的坡地损毁遥感影像示意图

注：地震后导致部分坡耕地和园地损毁，有些区域出露母岩或短期内已无使用价值。

### 3. 耕地损毁与地震烈度

耕地损毁程度与地震烈度直接相关。样区内耕地的损毁主要集中在地震烈度Ⅹ度以上的区域（图 9-6），耕地损毁最严重的地区也是地震烈度最高的地区。

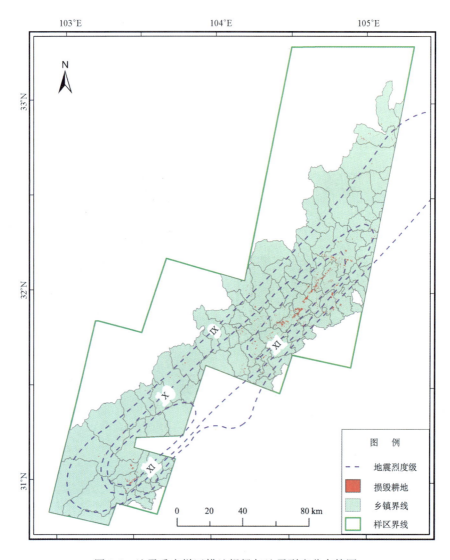

图 9-6　地震重灾样区耕地损毁与地震烈度分布简图

# 9.3　主 要 结 论

（1）地震烈度在Ⅸ度以上的极重灾区涉及四川、甘肃、陕西三省 14 个县市的 148 个乡镇。面积达 2.08 万 km²，其中耕地 38.26 万 hm²。148 个乡镇总人口为 204.24 万人，农业人口占 75.51%；人均耕地面积为 3.72 亩，

60%以上的耕地分布在坡度大于15°的高坡度区。

（2）截至 2008 年 5 月 16 日，地震已造成样区 98 个乡镇中 55 个乡镇 2890.56hm² 耕地被损毁，损毁率达 2.04%。样区范围内 98 个乡镇耕地平均损毁率为 1.32%，其中最严重的汶川县映秀镇和北川县陈家坝羌族自治乡，耕地损毁率分别达到 19.86%和 13.67%。

（3）灾区耕地损毁主要集中在高坡度区，耕地损毁随坡度的增加而加剧。截至 2008 年 5 月 16 日，样区内近 4/5 的耕地损毁发生在坡度大于 15°的地区；15°~25°、25°~35°和大于 35°三个坡度级别的耕地损毁率分别为 1.86%、2.04%和 3.28%。地震烈度强和耕地坡度大是造成耕地损毁的主要直接原因。

（4）为维持灾区居民震前的生产水平，建议将耕地损毁情况作为灾区农业人口转产或迁移的依据之一；建议恢复重建中严格限制高坡度区土地开垦，并逐步落实高坡度区农地的退耕还林还草，建立保护机制。

本研究采用的遥感影像数据采集时间截至 2008 年 5 月 16 日，滑坡泥石流的解译结果基于该时点，研究中某些乡镇的耕地在该时段内未遭受滑坡泥石流损毁。但在 5 月 15 日以后发生了大量的余震，加之近期降水频繁，这些区域在 5 月 15 日至今可能也发生了滑坡泥石流。研究结果中未发生滑坡损毁的耕地不代表现在仍没有损毁。本研究结果反映出了灾区耕地损毁的空间分异特征，以及最低限度的损毁程度。

# 第10章  灾区经济损失及影响评估[*]

汉川地震除造成大量人员伤亡外，经济损失也比较严重。目前，灾后救援工作基本结束，灾后重建工作已经展开。对汉川地震的经济损失及其影响进行评估，是进行灾后重建的重要基础。2008 年 5 月 27 日，我们对灾后损失进行了初步估计，当时不完全估计的结果是超过 4000 亿元。随着相关信息的增多，对灾害损失进行相对比较科学估计的可能性提高了。本章根据有关方面提供的较新资料，就汉川大地震造成的经济损失、损失对全国经济的影响、重建投入等进行了修正性评估，为党和政府决策提供可以参考的较为准确的依据。

地震造成的经济损失可以分为直接损失和间接损失。直接损失主要包括城乡居民财产损失、基础设施损失、企业损失、农业损失、行政事业机构损失、社会公益事业损失和文物损失。间接损失主要包括因救灾过程的各种直接投入，救援、安置和重建而投入的各种资源，以及地震对经济增长的负面影响。准确的损失只能依靠相关统计数据或损失普查才能确定。本章运用总体推算法和分类加总法，初步评估了地震对以上各部分造成的经济损失，在此基础上，对地震造成的总体经济损失、损失对全国经济的影响以及重建投资进行了估算。

结果表明，汉川地震给四川省造成的直接损失约 6000 亿元，给四川、陕西、甘肃等地造成的损失超过 7000 亿元，其中固定资产的损失为 5000 亿元左右。这次估计是对我们第一次损失估计的进一步修正。在第一次估计中，预估灾害的损失超过 4000 亿元。这次修正的数字比第一次高出了很多，

---

    \* 执笔人：中国社会科学院的张其仔、刘戒骄、金碚、吕政、李维民、陈耀、吕铁、刘勇、朱彤、杨丹辉、李晓华、原磊、贺俊等。

高出的部分主要是三方面：城乡居民财产损失，甘肃和陕西农业、服务业的损失，抗震救灾的直接投入。这次修正后的估计数，虽然比起第一次要更加准确些，但仍然是预估，且从总体看，汶川地震给四川省存量财富虽造成了较大损失，但由于受灾地区主要经济指标占全国的比重较低，只要政策措施得当，地震对四川和全国经济增长的负面影响就能被控制在十分有限的范围内。

# 10.1　地震损失估算方法

本次地震造成四川、陕西、甘肃、重庆、云南 5 个省（市）受灾。由于四川受灾最为严重，本章重点评估四川省地震灾区的损失。

地震灾害损失评估是在现场通过科学调查进行的，地震灾害损失评估主要包括人员伤亡和地震造成的经济损失的评估。

地震造成的经济损失包括直接经济损失、间接经济损失和救灾直接投入费用。直接经济损失是指由地震灾害造成的物质形态的破坏，包括基础设施、房屋建筑、机器设备、存货等。直接经济损失可以用标准的资产评估方法评估，也可以运用有关统计数据推算。间接经济损失是由于受地震灾害影响而造成的损失，它具有不确定性。本报告评估的重点是地震造成的直接经济损失。

直接经济损失的估算主要有成本法、市场法和收益法。成本法是指在评估损失资产时按估测被评估资产的现时重置成本扣减其各项损耗价值来确定资产价值的方法，地震所损失的资产大多可以采用这种方法进行评估。市场比较法是以同类资产的现行市场价格为基础来确定资产价值的一种评估方法，工商企业库存和存货可以采取这种方法进行评估。收益法是通过估算资产的未来预期收益，并折算成现值，借此来确定资产价值的一种评估方法。收益法与资产的效用、获利能力密切相关，企业因为地震造成的潜在损失可以采取这一方法进行评估。

采取何种评估方法，取决于评估目的。地震灾害损失评估目的是为采取紧急救灾措施、制定恢复生产、地震灾区重建规划提供决策依据。鉴于本次评估涉及的资产类别十分广泛，本章采取总体推算法和分类加总法评估经济损失。分类加总法是在对损失资产进行分类的基础上，以重置成本法为主、市场法和收益法为辅的方法估算直接经济损失。在分类加总法，由于部分资产的单价难以确定，我们利用了部分政府部门公布的信息。总体推算法是根据近几年受灾地区固定资产投资等数据及损失程度，来确定经济损失。

资产的重置成本就是资产的现行再取得成本。重置成本法根据重新购建与被评估资产相同或类似的全新资产的现行市价费用，并在此基础上扣除被评估资产因为使用、存放和技术进步及社会经济环境变化而对资产价值的影响，从而得出被评估资产按现行市价及其新旧程度计算的重估价值。其优点是能够比较准确地确定损失资产的实际价值。对于能够确定历史成本的资产，首先确定历史成本，然后再利用与资产有关的价格指数将其调整为现行重置成本。对于不能确定历史成本的资产，利用现行市场价格确定损失值。

## 10.2　四川省损失的总体推算

用分类数据汇总受到资产价格的影响较大。总体推算法需要的信息量不大，但所能提供的信息量有限。地震造成的损失主要由房屋设备等固定资产损失和各单位商品物资库存等流动资产损失构成。本次地震造成四川省六个州市严重受灾，即成都市（都江堰、彭州、崇州）、绵阳市、德阳市、广元市、阿坝州和雅安市。

### 10.2.1　固定资产损失

固定资产无论类别和隶属单位如何，均由既往固定资产投资形成。固定资产损失可以根据既往一个时期固定资产投资和损失程度来推算。

四川省全社会固定资产投资 1997 年以前在 1000 亿元以下，1998 年达到 1000 亿元，2000 年后增长幅度较大。固定资产投资具有替代和累计效应。

替代效应即用新资产取代原有资产，固定资产存量等于新形成的固定资产。累积效应即固定资产投资形成的新资产与原有资产同时存在，同时发挥作用。鉴于这两个效应，以及 2000 年前固定资产投资绝对规模较小且容易为 2000 年以后的固定资产所替代，2000 年以来的固定资产主要体现为累积效应，可以假设本次地震造成的固定资产损失主要是 2000 年以来形成的。因此，本报告使用 2000～2007 年的固定资产投资数据和损失程度进行推算。

四川省全社会固定资产投资为：2000 年 1404 亿元，2001 年 1574 亿元，2002 年 1805 亿元，2003 年 2158 亿元，2004 年 2649 亿元，2005 年 3462 亿元，2006 年 4525 亿元，2007 年 5842 亿元（四川省统计局，1995～2007 年）。考虑价格，不考虑折旧因素，8 年累计的固定资产大致为 23000 亿元。六个重灾州市全社会固定资产投资约占四川全省的 45%，为 10350 亿元。本次地震造成的损失较严重，四川省六个重灾州市固定资产损失程度按 60% 估算，固定资产损失约为 6210 亿元，考虑到固定资产折旧，总体估算法推算的四川固定资产损失约 5000 亿。

## 10.2.2　潜在损失

2007 年四川省地区生产总值为 10505.3 亿元，规模以上工业企业实现主营业务收入 10490 亿元。重灾六州市地区生产总值和规模以上工业企业实现主营业务收入大体占全省的 50%。重灾六州市 2007 年规模以上工业企业实现主营业务收入 5245 亿元，增加值按 35% 计算为 1836 亿元。2008 年主营业务收入和增加值按 20% 增长率计算，分别为 6394 亿元和 2203 亿元。假设地震影响相当于减少企业 3 个月的销售收入和增加值，则造成的主营业务收入损失为 1599 亿元，增加值损失为 551 亿元。

2007 年四川省第一产业和第三产业增加值与第二产业大体相当，据此推算其他部门的潜在损失大致与第二产业相当。三种产业潜在损失加起来约 1000 亿元。

## 10.2.3　总体推算法的结论

固定资产损失加上潜在损失，总体推算四川的总体损失大致在 6000 亿元，考虑到其中未含流动资产，以 1.1 的系数进行修订，修订后的数据大致在 6600 亿元。加上甘肃、陕西两省初步公布的损失，三省的经济损失约 7200 亿元左右。

# 10.3　地震损失的分类加总法估算

## 10.3.1　汶川地震经济损失的分类

汶川地震除造成的经济损失可以进行多种分类。目前，有关部门主要按着以下几种类别统计直接损失。为了便于计算，本研究也按着这个类别进行加总。具体加总范围包括：①城乡居民财产损失，包括城乡居民房屋损失和非房屋类财产损失；②基础设施损失，包括公路及相关设施、电力供应设施、通信设施、水利设施、城镇基础设施、邮政公共设施、铁路运输设施；③企业损失，包括采掘业、制造业、服务业；④农业损失，包括种植业、林业、畜牧业、渔业损失；⑤行政事业机构损失；⑥社会公益事业损失，包括教育、卫生、计划生育、文化、体育、宗教、广播电视；⑦生态、资源与环境损失；⑧文物损失。

根据以上分类，运用分类加总法评估的损失，不包括抗震救灾的直接投入，合计超过 6000 亿元。考虑到漏报，灾后损失评估，都要进行修正，修正系数一般在 1～1.3 范围内，本书取 1.1 为修正系数。经过修正，加上救灾直接投入，汶川地震造成的经济损失超过 7000 亿元。各类损失的不完全估计如表 10-1 所示。

**表 10-1 汶川地震损失分类加总法评估结果**

| 损失类型 | 损失金额/亿元 |
| --- | --- |
| 城乡居民财产损失 | 1740 |
| 基础设施损失 | 940 |
| 企业损失 | 2147 |
| 农业损失 | 494 |
| 行政事业机构损失 | 204 |
| 社会公益事业损失 | 210 |
| 生态、资源和环境损失 | 暂无法估算 |
| 文物损失 | 82 |
| 四川损失 | 5817 |
| 甘肃损失 | 400 |
| 陕西损失 | 242 |
| 小计 | 6459 |
| 修正后的损失 | 7103 |
| 抗震救灾直接投入 | 536 |
| 总计 | 7639 |

注：①具体评估依据详见下文；②甘肃、陕西的估计源于当地政府相关部门的资料。

## 10.3.2 城乡居民财产损失

居民财产损失包括房屋损失和房屋内各类用品损失。城乡居民房屋造价差异较大，损失应该分别计算。城乡居民财产损失合计约 1740 亿元。

### 1. 城乡居民房产损失

城乡居民房产损失受损毁面积、损失比和单位面积造价的影响。这次地震属特大型地震，大量房屋倒塌或严重损毁。根据我国过去地震灾害评估的经验，毁灭性破坏的损失比约为 70%～100%，严重破坏的损失比约为 40%～70%。本报告取 80% 进行估计。房屋造价因房屋的类型不同和地区不同，有所差异。我国过去在评估地震灾害损失时，房屋的造价在 250～

1200 元/m² 不等（表 10-2），综合考虑，本报告房屋造价农村按 400 元/m²、城镇按 800 元/m² 估计。

表 10-2　我国地震灾害损失的评估标准举例　　　　（单位：元/m²）

| 项目 | 框架结构 | 多层砌体 | 砖木结构 | 土木结构 | 室内财产损失 |
|---|---|---|---|---|---|
| 2000 年 10 月 6 日云南省陇川西中缅边境 5.8 级地震灾害（国内Ⅵ度区）损失评估（云南地震局） | 1200 | 750 | 500 | 300 | — |
| 2000 年 8 月 21 日云南省武定 5.1 级地震灾害损失评估 | 910 | 750 | 520 | 300 | — |
| 2000 年 6 月 6 日甘肃省景泰 5.9 级地震灾害损失评估 | | 580（砖混结构） | 400 | 250 | 20（毁坏房屋室内财产损失率为 100%，严重破坏房屋室内财产损失率为 60%） |
| 2000 年 1 月 15 日云南省姚安 5.9 级、6.5 级地震灾害损失评估 | 1000 | 750 | 450 | 250 | — |
| 1999 年 11 月 30 日四川省绵汉旺 5.0 级地震灾害损失评估 | 800 | 500 | 300 | 250（七孔砖砌体） | — |
| 1999 年 9 月 14 日四川省绵竹清平 5.0 级地震灾害损失评估 | — | — | — | 约为 300 | — |
| 1999 年 4 月 15 日甘肃省文县—武都 4.7 级地震灾害损失评估 | — | — | — | 100 | 20（毁坏房屋室内财产损失率 100%，严重破坏房屋室内财产损失率为 60%） |
| 1997 年 10 月 23 日云南省丽江 5.3 级地震灾害损失评估 | — | — | — | 330 | |
| 1997 年 8 月 13 日重庆市荣昌 5.3 级地震灾害损失评估 | — | — | 500 | 300 | 一般房屋为 30，多层房屋为 100 |
| 1996 年 2 月 3 日云南省丽江 7.0 级地震灾害损失评估 | 1200 | 700 | 500 | 县城 380村镇 330 | 轻微损坏 1，中等破坏 4，严重破坏 12，部分倒塌 35，全毁倒平 80 |

资料来源：中国地震局。

根据有关统计，地震造成农房倒塌 164.2 万户，严重损毁 173.7 万户，合计受灾 337.9 万户，总面积 41007 万 $m^2$。按造价 400 元/$m^2$ 计算，房产损失比 80% 计算，农村居民房产损失合计 1312 亿元。城镇居民住房倒塌和毁损 153.22 万户，总面积 2649.97 万 $m^2$。按造价 800 元/$m^2$、损失比 80% 计算，城镇房屋损失约 170 亿元。城乡居民房屋损失合计 1482 亿元。

**2. 城乡居民室内财产损失**

居民房屋室内财产主要有家用电器、家具、炊具、日用品、粮油等，农村居民还包括部分农机具。过去我国地震灾害对室内财产损失的估计为农村按损毁面积约 30 元/$m^2$。城镇高于农村，约为农村的 2 倍，为 60 元/$m^2$。那么，城乡居民的室内财产损失约 260 亿元。

## 10.3.3　基础设施损失

**1. 公路及相关设施**

根据四川省交通厅的不完全统计，地震灾害造成 21 条高速公路、15 条国道与省道、2756 条农村公路的路基路面、桥梁隧道等结构物受损，受损里程约 2.2 万 km，损毁桥梁 2924 座。四川省因地震造成交通基础设施损失达 580 亿元，已接近前三年该省交通建设完成投资的总和。

**2. 电力供应设施**

根据国家电网抗震救灾指挥部的不完全统计，"5·12"地震灾害已给四川电网造成约 67 亿元的资产损失。电网设施受损主要集中在变电站和输变电线路。36kV 及以上交电站受损 171 座，其中，500kV 变电站停运 1 座，220kV 变电站停运 13 座，110kV 变电站停运 68 座，35kV 变电站停运 85 座。四川电网供电范围内共计 14000 个配电台区停电，农网中共计 9880 行政村停电，阿坝州处于震中的地区电网几乎损失殆尽。

### 3. 通信设施

根据工业化与信息产业的不完全统计，截至 2008 年 5 月 29 日下午 3 点，受强地震和随后屡次余震影响，四川、甘肃、陕西三省累计受灾电信局（所）3897 个，移动通信、小灵通基站累计损毁 28714 个，光电缆损毁 28765 皮长 km，累计通信电杆倒断 142078 根。四川重灾区 8 个县与外界的通信联系一度完全中断，初步测算直接经济损失 67.2 亿元。

### 4. 水利设施

水利设施损失主要包括水库、农村供水设施、水文设施和水土保持设施等方面的损失。其中，水库受损 1848 座，其中大型 4 座、中型 57 座。平均每座毁损水库修复成本按 500 万元计算，水库损失约为 90 亿元。根据国家水利部的估计，水利设施灾后的修复重建，包括应急除险在内，共需资金 360 亿元左右。

### 5. 城镇公用基础设施

城镇公用基础设施损失主要包括水厂、供水管道、排水管道、燃气管道和市政道路等方面的损失。其中，受损水厂 156 个，供水、排水管道 9628.6km，燃气管道 2892.6km，市政道路 2585km。经济损失合计约 50 亿元。

### 6. 邮政设施

邮政设施损失主要包括邮政局（所）房屋、设备、邮件以及现金等方面的损失。其中，受损邮政局（所）1130 个，受损设备 3282 件，邮件赔偿 110 万元，损失现金 210 万元。经济损失合计约 10 亿元。

### 7. 铁路运输设施

铁路运输设施损失主要包括线路、路基、车站及设备、桥梁、隧道等方面的损失。其中，受损铁路干线和支线 2500km，路基 669km，桥梁 236 座，隧道 98 座。报废铁路线路 29km，报废车站信息设备 53 个。受损线路和路基各按 300 万元/km、损失比按 80% 估计，合计约损失 76 亿。

基础设施损失不完全估计约 940 亿元。

## 10.3.4 企 业 损 失

企业损失包括既往投资损失和潜在收入损失。既往投资损失，主要包括厂房、设备等固定资产损失，可以根据近几年工业累计固定资产投资测算。地震一般不会造成取得土地的损失，应该从中扣除。潜在收入损失，指由于地震灾害而减少的企业销售收入和增加值。

企业损失由采掘业、制造业等工业企业损失和服务业企业损失两部分构成。根据工业和信息化部的统计，四川省有 21180 户工业企业受灾，约占全省工业企业的 1/3，工业企业直接经济损失 1974 亿元。其中，财产损失 1090.3 亿元，停产及在建项目受阻损失 882.2 亿元。

服务业企业损失由商贸企业、粮食企业、金融系统等企业损失构成。其中，商贸系统营业房损毁 972.08 万 $m^2$，按 1000 元/$m^2$ 计算，损失为 97.2 亿元。损毁商品 32.4 亿元，损失现金 1663.7 万元。商贸系统损失合计为 129.8 亿元。粮食系统受损仓房 18162 栋，损毁仓罐 583.52 万 t，军粮供应网点 16 家，损失合计 36 亿元。金融系统损毁营业网点 6330 个，损毁营业及办公用房 92.6 万 $m^2$，损毁设备 4682 件，损失合计约 8 亿元。服务业企业损失合计约 173.8 亿元。

企业损失合计约 2147 亿元。

## 10.3.5 农 业 损 失

农业损失包括种植业、林业、畜牧业、渔业。农业损失合计约 494 亿元。

### 1. 种植业损失

种植业损失包括农作物、农田、沼气池、大棚等方面的损失。其中，农作物受损 355.84 万亩，考虑到受损程度不同，平均按 500 元/亩计算，损失为 17.8 亿元。农田受损 101.16 万亩，平均按 1000 元/亩计算，约 10.1 亿元。损毁沼气池 53.04 万口，按 4000 元/口计算，约 21.2 亿元。损毁大棚 5.29 万个，平均按 1 万元/个计算，损失约 5.3 亿元。损毁种田 4 万亩，损失约 2 亿元。种植业损失合计为 56.4 亿元。

### 2. 林业系统损失

据国家林业局最新统计，2008 年 5 月 12 日以来，汶川地震共造成林业系统 230 人遇难，646.2 万亩林地被毁，直接经济损失达 230 亿元。

### 3. 畜牧业损失

畜牧业损失主要包括牲畜、圈舍、饲料等方面的损失。其中，生猪死亡 406.29 万头，牛马等大牲畜死亡 33.43 万头，羊死亡 62.94 万头，禽、兔死亡 3847 万只。生猪按 1500 元/头计算，损失为 60.9 亿元。牛马按 1 万元/头计算，损失为 33.4 亿元。羊按 1000 元/只计算，损失为 6.3 亿元。禽、兔按 50 元/只计算，损失为 19.2 亿元。牲畜损失合计为 119.8 亿元。圈舍倒塌 1658.26 万 m²，按 100 元/m² 计算，损失为 16.6 亿元。饲料损失 25.79 万 t，按 2500 元/t 计算，损失为 6.4 亿元。畜牧业损失合计约 142.8 亿元（四川省畜牧厅估计，畜牧业直接经济损失 183.82 亿元）。

### 4. 渔业

渔业受灾面积 34.4 万亩，损失成鱼 2.24 万 t，鱼种 355t，损毁生产用房 16 万 m²，直接经济损失 8.4 亿元。

## 10.3.6　党政机关损失

行政事业机构损失包括办公用房及办公设备损失。其中，党政机关房屋损失 3208 万 m²，平均损失按 800 元/m² 计算、损失比按 80％ 计算，行政事业机构房屋损失为 204 亿元。

## 10.3.7　社会公益事业损失

社会公益事业损失包括教育、卫生、计划生育、文化、体育、宗教、广播电视等部门的损失。

### 1. 教育部门损失

教育部门损失主要集中在教学办公用房倒塌和损毁，教学仪器和设备损毁。四川省学校受损 12253 所，倒塌校舍 171.8 万 m²，形成危房 1892.4 万 m²，损毁教学仪器和设备 347.3 万件。房屋损失按 800 元/m²、损失比 80％ 计算，约 132 亿元。

### 2. 卫生部门损失

卫生部门损失集中在卫生系统房屋、设备、库存药品损失。四川省受灾卫生院所 8330 个，受损房屋 622.5 万 m²，倒塌 35.4 万 m²，形成危房 208.8 万 m²。倒塌和形成危房损失按 800 元/m² 计算、损失比 80％ 计算，仅房屋损失约 55 亿元。

### 3. 计划生育部门损失

计划生育部门主要集中在房屋和办公设备。四川省受灾计划生育指导站 2391 个，房屋受损 85.6 万 m²，损失按 800 元/m²、损失比按 80％ 计算，房屋损失为约为 5.4 亿元。

### 4. 文化部门损失

文化部门损失由文化站馆、图书馆、影剧院房屋和设备损失构成。四川省文化站馆、图书馆、影剧院受损数量分别为 1126 个、38 个、147 个，合计房屋受损 27.9 万 m²。受损房屋损失按 800 元/m²、损失比按 80%估计，损失为 1.8 亿元。

### 5. 体育部门损失

体育部门损失包括公共比赛场馆、训练场馆、运动员生活设施、办公管理等房屋损失和设施损失。四川省比赛和训练场馆受损面积 103.4 万 m²，办公管理、教学科研等用房受损面积 23.6 万 m²，平均以 800 元/m²、损失比 80%计算，房屋损失合计约 8 亿元。比赛设施和训练设备损失按房屋损失的 20%计算，为 2.2 亿元。体育损失合计约 13.4 亿元。

### 6. 宗教部门损失

宗教场所全部垮塌 106 个，严重垮塌 140 个，部分垮塌 363 个。全部和严重垮塌场所损失平均按 30 万元/个计算，损失为 7380 万元。部分垮塌场所损失按 10 万元/个计算，损失为 3630 万元。宗教场所损失合计约 1.1 亿元。

### 7. 广播电视部门损失

广播电视部门损失由广播站台、房屋和设备构成。四川省广播站台损毁 600 个，受损房屋 25.2 万 m²，损毁广播电视设备 15.3 万件。受损房屋按 800 元/m²、损失比重 80%计算，损失为 1.6 亿元。

社会公益事业房屋损失合计约 210 亿元。

## 10.3.8　生态、资源与环境损失

本次地震造成的生态、资源和环境损失十分严重，其影响将在较长时期

对灾区及周边地区存在（详见第 8 章）。

## 10.3.9　文物损失

四川省全国重点保护文物受损 71 处，其中倒塌 16 处，危房 28 处，受损 27 处；省级重点文物保护单位受损 152 处，危房 99 处，受损 37 处；市县重点保护文物受损 800 余处。文物是无价之宝，其损失难以用货币衡量。在经济学上，其损失可以用复原和修复成本来衡量。全国重点保护文物复原和修复成本平均每处按 5000 万元计算，损失为 35.5 亿元。省级重点保护文物复原和修复成本平均每处按 2000 万元计算，损失为 30.4 亿元。市县重点保护文物复原和修复成本平均每处按 200 万元计算，损失为 16 亿元。文物复原和修复成本合计约 82 亿元。

## 10.4　其他地区的经济损失

除四川外，这次受灾较重的主要是甘肃、陕西二省。当地政府部门或相关机构已做了损失评估。本报告直接采用他们的数据。

## 10.4.1　甘肃的经济损失

甘肃是除四川省之外受灾最重的省份，有 11.35 万 $km^2$ 成为灾区，几乎相当于全省面积的 1/4，涉及陇南、甘南、天水、平凉、庆阳、定西、白银、临夏等 8 市州、46 县区、600 多个乡镇。地震波及市州则达到 10 个。受灾最重的文县、武都区和康县南部，面积约 $5000km^2$，人口 43 万。根据甘肃灾区联合地震现场工作队的初步统计，地震对甘肃省造成的直接经济损失已超过 400 亿元。

## 10.4.2　陕西的经济损失

汶川特大地震灾害使陕西省 10 个市不同程度受灾，其中汉中、宝鸡两市灾情严重。地震灾害波及陕西省 92 个县（区）、1022 个乡（镇）、9357 个行政村。根据陕西省政府的估计，地震造成的直接经济损失约 242 亿元。

# 10.5　总体经济损失

固定资产损失加上潜在损失，总体推算四川的总体损失约为 6000 亿元，考虑到流动资产没有包括，以 1.1 的系数进行修订，修订后的数据在 6600 亿元左右。

四川省的损失加上甘肃、陕西两省初步公布的损失，四川、陕西、甘肃三省的经济损失约 7200 亿元左右。

对以上各项分类加总，四川省的经济损失约 5800 亿元，考虑到部分损失没有计入，如仪器设备，因规格、型号等不详，前面分类估计中没有计入。所以，对分类加总后数据进行修正是必要的，本章取 1.1 为修正系数。经过修正，经过分类加总法估算的四川省经济损失约 6380 亿元。根据甘肃灾区联合地震现场工作队的初步统计，地震对甘肃省造成的直接经济损失已超过 400 亿元。根据陕西省政府的估计，地震造成的直接经济损失约 242 亿元。三个省加起来，总计 7022 亿元。分类推算法与我们运用总体推算法估算的损失相差 200 亿元左右。所以，汶川大地震给四川、陕西、甘肃等省造成的经济损失大致在 7000 亿元左右。如果加上抗震救灾直接投入和其他地区的一些损失，预估这次地震造成的经济损失在 8000 亿元左右。

# 10.6　汶川地震的经济影响

从存量方面讲，地震造成财富损失，包括直接损失和间接损失。这次地震中造成的建筑物、基础设施、库存商品、牲畜等损失就是存量财富的灭失。从增量方面讲，主要是地震损害生产能力，减少当前和未来产出，对经济增长带来负面影响。地震灾害对经济增长的影响比较复杂。一方面它破坏社会生产力，削弱经济增长的能力，并因而降低经济增长速度；另一方面地震发生后的救治、安置和恢复重建可以形成较大的投资需求，在这些投资需求得到满足的条件下，又会对经济增长产生正的拉动效应。从国内外一些灾害的经验看，灾害对大国和小国的影响有很大差别。对于小国来讲，大灾害的影响一般是全局的、长期的。对于大国来讲，大灾害的影响多是局部的和短期的。只要措施得当，灾区生产和生活秩序逐步恢复，局部性灾害不但不影响经济增长，反而会加速经济增长，即存量财富的损失反而刺激增量财富的加速增长。

汉川地震涉及四川省 18 个市（州）和重庆、陕西、甘肃、云南部分地区，受灾面积超过 10 万 km²，受灾人口相当于四川人口的一半多。这次地震是新中国成立以来破坏性最强、波及范围最广的一次地震。但是，从波及范围看，汉川地震受灾面积和人口分别占全国的 1.04% 和 3.5%。综合起来看，本次地震的经济影响具有局部较大、全局较小、绝对量较大、相对量能够承受的特点。

## 10.6.1　对全国经济增长的影响

从全国的情况来看，这次受灾 5 省市 2007 年 GDP 合计 27407.9 亿元，占全国 GDP 的 11.1%。受灾地区除重灾地区外，其他地区生产基本上未受到严重影响。重灾地区生产在逐步恢复。目前，损失主要表现为人力资本与物质资本存量的损失，GDP 反映的是经济的流量。汉川地震对受灾地区第二季度的经济增长会有一定负面影响，但从中长期来看，对全国 GDP 增长不会造成大的负面影响。

当前我国在经济、社会等众多领域还面临许多困难，不少问题亟待解决。原本可用于解决诸如改善民生等问题的资源，由于这突如其来的自然灾难，只能被用于应对这场危机，进行救援、灾民安置和灾区重建，由此可能增加我国经济社会发展成本。

## 10.6.2　对主要工农业产品供给的影响

四川是我国重要的农业省和工业基地之一。从肉类和粮油供给看，四川是我国第 3 大肉类生产省份、第 1 大猪肉生产省份、第 2 大油菜籽生产省份、第 5 大粮食生产省份。2007 年四川省粮食、油料、猪肉产量占全国的比重分别为 6.88%、9.28%、10.89%。四川省工业以机械冶金、电子信息、饮料食品、医药化工、建筑材料为主，其中机械、电子、冶金、化工、建筑材料、食品、丝绸、医药、皮革等行业在中国西部地区占有重要地位。但是，其工业和制造业的产值占全国的比重不超过 3%。从结构上看，四川的地位比较重要。但是，根据四川省、全国乃至国际情况来分析，这次地震对工农产品供给及其价格的影响不大。

第一，从四川本省的情况来分析。从时间上看，地震发生时受灾地区粮食种植的主体工作尚未展开。本次地震造成四川省农作物受灾面积 355.84 万亩，占全省耕地总面积的 6%。损毁农田 101.16 万亩，占全省耕地总面积的 1.7%。生猪死亡 406.29 万头，占 2007 年末全省生猪存栏量的 6.5%。从总体看，农作物受灾、农田毁损和生猪死亡都是局部的。从这个角度来看，除非接下来的粮食种植受到实质性影响，否则地震不会对四川省的粮食产量构成大的影响。

第二，地震对工业生产能力的损失具有局部和暂时性。虽然四川天然气的储量占到全国的 40%，产量占到 22%，但是，地震并没有对天然气产地造成大的影响。受汶川地震灾害影响的主要是有色金属行业。锌矿、铅矿和铝矿及其冶炼厂受到了直接影响。2007 年，四川省铅精矿产量占全国总量的 10.01%；锌精矿约占全国总产量的 5%～10%。电解铝产量约占全国总产量的 3.9%。短期内可能对全国金属材料价格产生一定影响。地震本质上本没有造成自然资源的损失，厂房、机器设备、存货、电力及交通基础设施破坏均可以恢复。

第三，灾区大多数产能减少可以由其他地区的产能利用率提升来弥补，其不可替代的产能损失极小。因而可以推定，这次地震对全国经济的即期增长几乎没有负面影响。这次地震在相当一段时间内削弱的是灾区在全国经济中的地位和竞争能力，对灾区本地部分企业呈现负面影响，而对其他地区的企业总体呈现正面影响。

但是，地震对工农业产品供给的下列影响更值得重视。一是心理层面的影响，由于一些人不了解真实情况，担心地震减少工农业产品的市场供应，一些中间商人可能趁机囤积居奇，抬高食品价格；二是交通受阻导致工农业产品供应的暂时性减少。地震导致部分道路交通受阻，相关产品不能及时地运入可能加大部分产品尤其是食品类价格上行的压力；三是投资方面的影响，地震可能使非政府、非国有企业的投资动力受到一定影响，从而影响本地工农业产品供给能力。

## 10.7　重建投入的初步估算

据我们估算，汶川地震造成的直接和间接损失的不完全估计超过 7000 亿元，其中属于固定资产的部门约 5000 亿元。如果重建只是简单的恢复，全社会需要投入 5000 亿元左右。但重建不仅是简单恢复而是在发展中的重建，需要提高建筑的抗震标准和企业的技术水平，还要考虑到物价上涨的因素，因此重建成本会高于地震造成的实际损失额。由于本章损失估算主要采取重置成本法，历史物价上涨因素已经包括在损失估算中。因此，重建投入包括两部分，一是直接经济损失；二是由于重建水平高于地震前导致的投入增加。后者约按提高 20% 的标准计算，则重建成本约为 6000 亿元。

如果按国家负担大头的原则进行重建安排，如政府负担 60%～70% 的固定资产建设，那么，政府就需负担 4000 亿元左右固定资产存量建设任务。为了恢复原来的资本存量国家需要投入多少资金呢？简单的估计是投入的资金量应等同于固定资产的损失量。但投资会拉动当地的 GDP 增长，而新增

GDP 中又有一部分会转化为投资。因而依据经济学原理，为了恢复原来的资本存量国家需要投入的资金会小于固定资产的损失量。

假设通过三年的时间使新增固定资产达到 4000 亿元，这三年国家投入的资金分别为 $I_1$、$I_2$、$I_3$。由于新增投资所拉动的 GDP 为 $Y_1$、$Y_2$、$Y_3$。假设投资乘数为 $k$。则有

$$Y_1 = k \times I_1 \qquad\qquad (10\text{-}1)$$

假设当地的储蓄率为 $s$，储蓄全部转化为下一年度的投资，则有第二年新增投资所拉动的 GDP 为

$$Y_2 = k \times s \times Y_1 + k \times I_2 = k \times s \times k \times I_1 + k \times I_2 = k \times (s \times k \times I_1 + I_2)$$

$$(10\text{-}2)$$

第三年新增投资所拉动的 GDP 为

$$\begin{aligned}
Y_3 &= k \times s \times Y_2 + k \times I_3 = k \times s \times (k \times s \times k \times I_1 + k \times I_2) + k \times I_3 \\
&= k \times [s \times (k \times s \times k \times I_1 + k \times I_2) + I_3] \\
&= k \times [s_2 \times k_2 \times I_1 + s \times k \times I_2 + I_3] \qquad (10\text{-}3)
\end{aligned}$$

根据式（10-1）～式（10-3）可以看出，政府投入的资金及其拉动的投资分别为：第一年，$I_1$；第二年，$s \times k \times I_1 + I_2$；第三年，$s_2 \times k_2 \times I_1 + s \times k \times I_2 + I_3$。

则有

$$\begin{aligned}
4000 &= I_1 + s \times k \times I_1 + I_2 + s_2 \times k_2 \times I_1 + s \times k \times I_2 + I_3 \\
&= I_1 + I_2 + I_3 + s \times k \times I_1 + s_2 \times k_2 \times I_1 + s \times k \times I_2 \quad (10\text{-}4)
\end{aligned}$$

假设政府三年的投入量相同，则应有

$$I_1 = I_2 = I_3 = I$$

将式（10-4）变形为

$$\begin{aligned}
4000 &= I + s \times k \times I + I + s_2 \times k_2 \times I + s \times k \times I + I \\
&= 3 \times I + 2 \times s \times k \times I + s_2 \times k_2 \times I \qquad (10\text{-}5)
\end{aligned}$$

要想用式（10-5）进行估计还应知道 $k$ 及 $s$ 大小。根据四川省 2006 年统计数据，计算出四川省储蓄率为 0.46。不同的学者对中国投资乘数估计相差较大，从我们掌握的文献看，最低为 1.53，最高为 5.3，大部分学者的估计在 2 左右。不同的投资乘数所需的政府投入估计结果见表 10-3。

表 10-3　不同投资乘数下所需政府投资量　　（单位：亿元）

| 投资乘数 | 1.53 | 2 |
|---|---|---|
| 每年投资 | 816 | 430 |
| 三年共需投资量 | 2448 | 1291 |
| 考虑投资漏出后三年共需要投资 | 3224 | 2646 |

　　上述计算过程中假设地震灾区是封闭体系，投资所需均由封闭体系内部供给。但实际情况是地震灾区建设所需物资必然有一部分是由其他地区供应的。如果地震灾区建设所需物资全部是由其他地区供应的，则政府投资量大体相当于固定资产的损失量。如果地震灾区建设所需物资由 50% 是由其他地区供应的，那么政府需投入 2600 亿～3200 亿元。按这个数字安排，政府除了负担基础设施、公益事业、行政事业单位等建设（这方面恢复重建所需投入大体在 2000 亿元左右），还可以用几百亿元用来对居民和企业的固定资产恢复进行补贴。当然，这里不包括抗震救灾的直接投入。即便是包括抗震救灾的直接投入，政府的投入也大致可以控制在 4000 亿元以下。

参 考 文 献

四川省统计局. 四川省统计年鉴（1995～2007）. 北京：中国统计出版社

# 第11章　灾区灾害损失综合模型评估[*]

## 11.1　基于脆弱性模型的居民住房损失评估

### 11.1.1　损失评估方法

根据国家地震局汶川地震烈度区划图，对Ⅵ度以上烈度区的灾区基于县级行政单元进行居民住房损失评估。所用公式为

$$住宅损失 E = \sum (各县平均损失率 \times 各县居民住宅价值)$$

$$= \sum (MDF_k \times VUL_k)$$

$$= \sum [MDF(I_k) \times POP_k \times AREA_k \times HV_k] \quad (11\text{-}1)$$

式中，平均损失率 $MDF(I_k)$ 为指 $I$ 级烈度下房屋的平均地震损失与重置价值的比例；$POP_k$ 为指 $k$ 县年末总人口；$AREA_k$ 为指 $k$ 县年末人均住房面积，$HV_k$ 为指 $k$ 县年末单位面积房屋价值。

### 11.1.2　资　料　来　源

**1. 统计年鉴、国家统计局**

$POP_k$ 使用了四川省各县 2007 年末总人口，甘肃、陕西两省部分县使用了 2007 年末总人口，其他县通过 2006 年数据×年均人口增长率得到。

$AREA_k$ 使用了各省 2006 年末人均农村居民住房面积（$k$ 为县或县级

＊ 执笔人：北京师范大学的王瑛、方伟华、刘吉夫、徐国栋、武建军、闫峰、郭虎。

市)；2006 年末人均城镇居民家庭住房面积（$k$ 为地级市辖区)。

$HV_k$ 使用了 "5·12" 震后国家地震局在当地的调查结果。

**2. 大陆地震灾害损失评估报告**

$MDF(I_k)$ 通过分析《中国大陆地震灾害损失评估报告汇编（1990～1995）、（1996～2000)》中记录的 1993～2000 年共 111 份地震灾害损失评估报告得到。根据震害资料分别建立我国居民现有的土木结构、砖木结构、砖混结构、框架结构四类住房类型的破坏概率矩阵。再结合四类房屋的房产损失率，得到四类房屋的平均损失率。最后根据各省四类房屋面积的比例、造价，得到各省不同地震烈度下的房屋平均损失率曲线。如图 11-1 所示。由于本次地震较复杂，次生灾害较严重，故四川省选择了三种损失率分别进行计算。

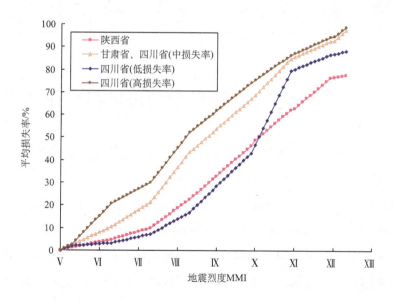

图 11-1　各省居民住房震害平均损失率曲线

## 11.1.3　居民住宅损失评估

损失模拟结果见表 11-1。根据本次震害特点，建议四川省地级市辖区的房屋损失采用中损失率评估结果，四川省各县采用高损失率评估结果。

地震共造成地震烈度Ⅵ度以上的居民住宅损失共计 3861 亿元，其中四川省 3549 亿元。

**表 11-1 四川、陕西、甘肃省居民住房损失汇总** （单位：亿元）

| | 房屋损失 | | | 总计 |
|---|---|---|---|---|
| | 低 | 中 | 高 | 建议值（范围） |
| 四川各县（县级市） | 576 | 1495 | 2339 | 3549（983~4354） |
| 四川地级市辖区（包括成都） | 407 | 1210 | 2014 | |
| 陕西各县（县级市） | 85.1 | | | 96 |
| 陕西地级市辖区 | 11.1 | | | |
| 甘肃各县（县级市） | 198.9 | | | 216 |
| 甘肃地级市辖区 | 17.3 | | | |
| 总计 | | | | 3861（1295~4667） |

## 11.2 基于易损性模型的房屋损失评估

本章采用基于历史震害资料的经验统计评估方法，具体过程如下：首先，由地震灾区的分县人口数据（包括城市人口和乡村人口），结合地震灾区县级地理单元人均住房面积，得到县级地理单元总住房面积数据；然后，根据城市和乡村的房屋结构类型抽样调查数据，获得城市和乡村不同住房类型（钢筋混凝土房屋、砖混结构房屋、一般民房）的比例；最后，根据汶川地震烈度图，计算县级行政单元不同烈度区的人口分布情况和不同类型的住房面积，再根据房屋易损性矩阵、不同类型住房的建造单价、不同破坏状况的损失比等，进行震后损失快速评估。

**1. 住宅建筑类型的划分**

由于救灾工作的需要，震害评估工作进行的越快越好，因此，建筑物的类别不能分的过细，只要用途、结构类型相近的建筑可划为同类建筑进行评估。本章将住宅建筑大体划分为钢筋混凝土结构（包括框架和剪力墙结构）、砖混结构房屋和一般民房（包括砖木结构、木结构和砖柱土坯房等）。

### 2. 所采用的社会经济数据

县级地理单元人口及城乡人口比例，四川省采用 2007 年四川统计年鉴数据，甘肃省和陕西省采用 2006 年统计年鉴数据；县级地理单元人均住房面积采用 2000 年人口普查数据；城市和乡村不同结构类型住房的比例：采用 2005 年全国 1% 抽样调查数据。

### 3. 住房破坏程度、单位造价及损失比

按照《地震现场工作第 4 部分：灾害直接损失评估》（GB/T 18208.4－2005），将住宅房屋的破坏程度分为五种：基本完好、轻微破坏、中等破坏、严重破坏和完全破坏（表 11-2）。

表 11-2　住宅建筑不同破坏程度的损失比平均值

| 建筑破坏程度 | 基本完好 | 轻微破坏 | 中等破坏 | 严重破坏 | 完全破坏 |
|---|---|---|---|---|---|
| 损失比平均值 | 0 | 0.15 | 0.40 | 0.70 | 1.00 |

建筑物的不同破坏程度，相对于不同的损失比。根据《地震现场工作第 4 部分：灾害直接损失评估》（GB/T 18208.4－2005）和现场损失情况调查，本章中的损失比见表 11-2。钢筋混凝土结构房屋的单位价值按 1200 元/m² 计算，砖混结构房屋的单位造价按 800 元/m² 计算，一般民房的单位价值按 600 元/m² 计算。

### 4. 无家可归（灾后安置）人员

在估计无家可归人数时，把毁坏、严重破坏房屋的居住者与中等破坏房屋居住者的一半定为无家可归人员，其他居民不属无家可归。无家可归人数可用下式估计：

$$M_n = \frac{A_5 + A_4 + A_3/2}{\overline{A}} - M_d \tag{11-2}$$

式中，$M_n$ 为无家可归人数；$A_3$、$A_4$、$A_5$ 分别对应中等、严重、完全破坏的住宅面积；$\overline{A}$ 为人均住房面积；$M_d$ 为地震死亡人数。

**5. 易损性矩阵**

四川"5·12"汶川 8.0 级地震给四川、甘肃和陕西三省造成了严重损失。三省不同结构住宅的易损性矩阵见表 11-3～表 11-6。四川省不同建筑的易损性矩阵参考了文献（何玉林等，2002）中成都及盆周地区的易损性矩阵。由于陕西省在 1996～2000 年中没有发生破坏性地震，《中国大陆地震灾害损失评估汇编》中没有对陕西省的记载，对陕西省的易损性矩阵也采用成都及盆周地区的易损性矩阵；甘肃省钢筋混凝土结构和多层房屋的易损性矩阵见表 11-3 和表 11-4，而一般房屋的易损性矩阵则根据 1995 年 7 月 22 日甘肃永登 5.8 级地震、1999 年 4 月 15 日甘肃文县—武都 4.7 级地震、2000 年 6 月 6 日甘肃省景泰 5.9 级地震的损失评估结果确定，见表 11-5。

**表 11-3　四川省、陕西省和甘肃省的混凝土结构易损性矩阵**

| 烈度 | 基本完好 | 轻微破坏 | 中等破坏 | 严重破坏 | 完全破坏 |
|---|---|---|---|---|---|
| Ⅵ度 | 100 | 0 | 0 | 0 | 0 |
| Ⅶ度 | 100 | 0 | 0 | 0 | 0 |
| Ⅷ度 | 76.42 | 20.26 | 3.32 | 0 | 0 |
| Ⅸ度 | 0.90 | 25.04 | 47.36 | 21.30 | 5.40 |
| Ⅹ度 | 0.01 | 2.29 | 28.41 | 44.56 | 24.73 |
| Ⅺ度 | 0 | 0 | 15 | 35 | 50 |

**表 11-4　四川省、陕西省和甘肃省的多层砖房易损性矩阵**

| 烈度 | 基本完好 | 轻微破坏 | 中等破坏 | 严重破坏 | 完全破坏 |
|---|---|---|---|---|---|
| Ⅵ度 | 51.29 | 30.32 | 12.95 | 5.14 | 1.30 |
| Ⅶ度 | 40.16 | 25.30 | 17.64 | 11.63 | 5.47 |
| Ⅷ度 | 24.29 | 20.84 | 22.11 | 19.85 | 12.91 |
| Ⅸ度 | 10.64 | 14.82 | 21 | 27.68 | 25.86 |
| Ⅹ度 | 1.77 | 5.44 | 13.91 | 27.99 | 50.79 |
| Ⅺ度 | 0 | 0 | 5 | 15 | 80 |

表 11-5 四川省、陕西省的一般房屋易损性矩阵

| 烈度 | 基本完好 | 轻微破坏 | 中等破坏 | 严重破坏 | 完全破坏 |
|------|----------|----------|----------|----------|----------|
| Ⅵ度 | 61 | 28 | 10 | 1 | 0 |
| Ⅶ度 | 24 | 46 | 13 | 11 | 6 |
| Ⅷ度 | 0 | 16 | 49 | 20 | 15 |
| Ⅸ度 | 0 | 5 | 17 | 45 | 33 |
| Ⅹ度 | 0 | 0 | 2 | 10 | 88 |
| Ⅺ度 | 0 | 0 | 0 | 5 | 95 |

表 11-6 甘肃省一般房屋易损性矩阵

| 烈度 | 基本完好 | 轻微破坏 | 中等破坏 | 严重破坏 | 完全破坏 |
|------|----------|----------|----------|----------|----------|
| Ⅵ度 | 24.80 | 40 | 25 | 10 | 0.20 |
| Ⅶ度 | 10 | 31 | 35 | 20 | 4 |
| Ⅷ度 | 2 | 14 | 20 | 35 | 29 |
| Ⅸ度 | 0 | 5 | 17 | 40 | 38 |
| Ⅹ度 | 0 | 0 | 2 | 10 | 88 |
| Ⅺ度 | 0 | 0 | 0 | 5 | 95 |

## 6. 评估结果

根据县级行政单元中乡镇在不同烈度区的个数和不同类型房屋易损性矩阵，进行震后损失快速评估。评估结果见表 11-7。

表 11-7 各省住房破坏、经济损失、无家可归人数评估表

| 省份 | 住房严重破坏/万 m² | 住房完全破坏/万 m² | 经济损失/亿元 | 无家可归人口/万人 |
|------|------------------|------------------|--------------|------------------|
| 四川省 | 6513 | 4050 | 2123.2 | 1004 |
| 甘肃省 | 1881 | 347 | 280.1 | 307 |
| 陕西省 | 383 | 153 | 214.5 | 121 |

可以看出四川省、甘肃省和陕西省仅住房的经济损失就可能分别高达 2123.2 亿元、280.1 亿元和 214.5 亿元，需要安置的人口数分别高达 1004

万人、307 万人和 121 万人。

　　基于历史震害的经验统计评估方法是一种较早运用且比较有效准确的震后损失快速评估方法，评估结果的精度与承灾体类型划分、承灾体数据、易损性矩阵、地震烈度图等的合理性、详细程度和准确程度有很大关系。本章采用的承灾体数据是根据中国社会经济统计年鉴得出的，易损性矩阵也没有充分考虑地区差异性，因此本章给出的震后损失评估结果与实际情况可能有较大偏差。作者比较了中国有关部门公布的一些损失数据，认为评估结果还是比较令人满意的，基本给出了地震损失大小分布的趋势。

　　汶川地震给了我们大量的经验和教训，一个详细的承灾体分类、分布及数量等详细资料，不仅为经济建设发展提供重要的基础信息数据，而且在破坏性地震等巨灾发生后，是进行灾后快速损失评估的重要基础性资料，一个即使比较粗糙但合理的损失快速评估结果，将在抗震救灾部署中起到重要的指导作用。

## 11.3　基于宏观易损性模型的直接经济损失评估

### 11.3.1　资　料　来　源

　　（1）人口和地区生产总值数据：四川省的数据来源于《2008 年四川省领导干部经济手册》，属于 2007 年的统计数据；甘肃和陕西省的数据来源于《2007 年中国统计年鉴》，属于 2006 年的统计数据。

　　（2）地震烈度等震线图：根据 2008 年 6 月 7 日中国地震局提供的资料，地震烈度从Ⅵ～Ⅺ度，一些位于地震烈度Ⅵ度等震线边缘的县（市）由于受影响范围太小没有进行评估。

　　（3）行政区划：根据中国区划网的数据，对并入城区变为市辖区的县（市）进行了归并处理，如成都市温江区、陇南市武都区等，原先称作温江县和武都县。总共 207 个县（市）和市辖区。

## 11.3.2　模型原理

收集了 1989 年以来的地震灾害评估数据，根据陈颙等（1991）提出的宏观易损性方法，以人口密度、按 2000 年不变价格计算的人均 GDP 和单位面积 GDP 等 3 个指标为参数，依据上述 1989 年以来的地震灾害评估数据，分别研究地震烈度与地震经济损失率和人员死亡率的影响情况，以确定宏观易损性的最佳分类指标。通过多种方案的分析对比，从分类指标的客观性和合理性与结果的科学性考虑，结合我国区域社会经济发展不平衡的特点，最终确定采用以 2000 年不变价格表示的人均 GDP 作为地震宏观易损性的分类指标。以人均 $GDP_{2000}$ 值 2700 元（国家扶贫开发工作重点县划分标准）和 10000 元为分类阈值，分类建立不同社会经济情况下的地震宏观易损性关系。

**1. GDP 易损性模型**

以 2000 年不变价格计算的人均 GDP 值 2700 元、10000 元为分类阈值，确定 GDP 损失率与地震烈度的关系（图 11-2）：

$$MDF = C \cdot A \cdot I^B \tag{11-3}$$

式中，$MDF$ 代表 GDP 损失率；$I$ 为地震烈度；$A$、$B$ 为系数；$C$ 为修正系数。$A$、$B$ 值直接从回归关系式获得（图 11-2），修正系数 $C$ 一般取 1.0。各系数取值以及不同地震烈度下的 GDP 损失率如表 11-8。

表 11-8　以宏观经济指标（GDP）表征的地震经济易损性分析结果

| 人均 GDP（2000 年可比价） | 不同地震烈度时的 GDP 损失比 | | | | 易损性统计参数 | |
|---|---|---|---|---|---|---|
| | Ⅵ | Ⅶ | Ⅷ | Ⅸ | $A$ | $B$ |
| ≥10000 元 | 0.03 | 0.20 | 1.10 | 4.88 | $4×10^{-12}$ | 12.67 |
| 2700~10000 元 | 0.26 | 1.27 | 4.95 | 16.50 | $3×10^{-9}$ | 10.21 |
| <2700 元 | 0.47 | 1.75 | 5.50 | 15.10 | $1×10^{-7}$ | 8.57 |

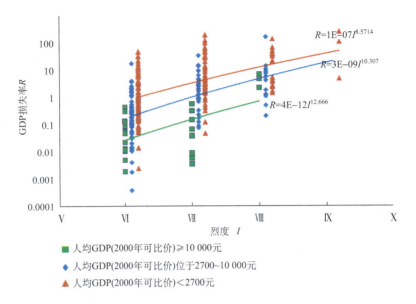

图 11-2　GDP 损失率与地震烈度的关系图

### 2. 生命易损性模型

在分析的基础上，以人均 GDP（2000 年可比价）2700 元为分类阈值，确定人员死亡率与地震烈度的关系（图 11-3）：

$$R = C \cdot A \cdot I^B \tag{11-4}$$

式中，$R$ 为地震人员死亡率；$I$ 为地震烈度；$A$、$B$ 为系数；$C$ 为修正系数。根据实际资料统计，可得到 $C = 0.26$。

按照上述生命地震易损性统计的思路，统计获得的系数取值以及不同地震烈度下的地震人员死亡率易损性矩阵见表 11-9。

表 11-9　以人口数为基础的死亡率 $R$

| 人均 GDP | 不同烈度生命损失率 | | | | 易损性统计参数 | |
| （2000 年不变价） | VI | VII | VIII | IX | $A$ | $B$ |
|---|---|---|---|---|---|---|
| ≥2700 元 | $4.06 \times 10^{-5}$ | $4.09 \times 10^{-4}$ | $3.02 \times 10^{-3}$ | $1.76 \times 10^{-2}$ | $9 \times 10^{-15}$ | 14.98 |
| <2700 元 | $2.76 \times 10^{-5}$ | $1.26 \times 10^{-4}$ | $4.71 \times 10^{-4}$ | $1.50 \times 10^{-3}$ | $6 \times 10^{-11}$ | 9.85 |

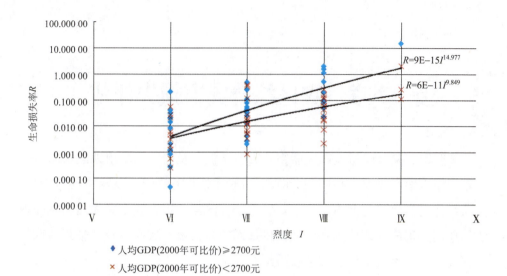

图 11-3　地震人员死亡率的易损性关系图

经过初步计算，四川、甘肃、陕西三省直接经济损失总计为 9785.5 亿元。

## 参 考 文 献

陈颙，朱宏任. 1991. 地震灾害定量化研究. 国际地震动态，(5)：5～9

何玉林等. 2002. 四川省房屋易损性研究. 中国地震，18 (1)：52～58

# 第12章　灾区综合灾害损失评估*

按照国务院《汶川地震灾后恢复重建条例》及《国家汶川地震灾后重建规划工作方案》要求，在四川、甘肃、陕西省人民政府，以及中国地震局、国家统计局等部门的大力支持下，民政部、国家汶川地震专家委员会在完成汶川地震灾害范围评估的基础上，依据四川、甘肃、陕西三省评估报告和统计报表，进行了汶川地震灾害损失综合评估。

## 12.1　评　估　原　则

（1）科学、客观、公正，满足国家汶川地震灾后重建工作规划要求；

（2）以行政县为评估基本单元，重点对四川、甘肃和陕西三省灾害损失进行评估，同时兼顾其他受灾省（自治区、直辖市）的受灾情况；

（3）综合考虑受灾省（自治区、直辖市）和行业主管部门统计上报的灾害损失数据，科学分析和参考有关单位灾害损失估算，对城乡住房、基础设施、公共服务设施、农业生态、工商企业等灾害损失进行全面、系统的评估；

（4）综合评估和重要灾情指标评估相结合，充分考虑固定资产具有累计性和可替代性的特点。

---

\* 执笔人：民政部国家减灾中心的邹铭、李保俊、张晓宁、李仪、张云霞、范一大、杨思全、聂娟、刘三超、王薇；北京师范大学的方伟华、史培军、武建军、王瑛、刘吉夫、徐国栋、唐迪、徐伟、汪明、杨赛霓、徐宏、陈波、刘婧、何飞、周美琴、程鸿、杨曦、黄庆旭、王志强、钟兴春、赵林。

## 12.2　评 估 依 据

（1）四川、甘肃和陕西省人民政府提交的汶川地震灾害损失评估报告和统一填报的"汶川地震灾害损失统计报表"；

（2）有关部门向民政部通报的本系统灾害损失报告及国家统计局提供的相关数据；

（3）重庆、云南等其他受灾省（自治区、直辖市）依据民政部"自然灾害情况统计制度"上报的汶川地震灾情数据；

（4）民政部、中国地震局、国家汶川地震专家委员会在《汶川地震灾害范围评估报告》中提出的"综合灾情指数"；

（5）专业人员、工作组人员赴灾区实地了解、核查所提交的现场评估报告。

## 12.3　评 估 方 法

### 12.3.1　汶川地震灾害损失统计结果汇总与校核

针对国家汶川地震灾后重建规划对灾害损失评估的要求，民政部与国家汶川地震专家委员会对灾害损失评估工作进行了研究。在征求四川、甘肃和陕西省人民政府和发展改革委员会等 20 个部门意见的基础上，2008 年 6 月 7 日民政部下发《关于开展汶川地震灾害损失评估工作有关事项的紧急通知》（民函〔2008〕154 号），印发了"汶川地震灾害损失统计表"（共计 13 类、25 张报表，229 个统计指标）。四川、甘肃、陕西省地震灾区县（市、区）政府认真及时组织了填报，并以省政府文件方式向民政部报送了汶川地震灾害损失评估报告和统计结果。根据四川、甘肃、陕西三省人民政府的评估报告，汶川地震因灾直接经济损失合计为 11948.1 亿元，其中，四川 11109.9 亿元，甘肃 593.5 亿元，陕西 244.7 亿元（表 12-1）。

表 12-1　　川甘陕地震损失调查统计表（三省人民政府填报）　　（单位：亿元）

| 项目 | 四川 | 甘肃 | 陕西 | 合计 |
|---|---|---|---|---|
| 1. 农村住房受损 | 2674.4 | 276.1 | 53.4 | 3003.9 |
| 2. 城镇居民住宅及非住宅用房受损 | 3070.6 | 104.1 | 52.7 | 3227.4 |
| 2.1 城镇居民住宅受损 | 1464.1 | 36.8 | 15.3 | 1516.2 |
| 2.2 城镇非住宅用房受损 | 1606.5 | 67.3 | 37.4 | 1711.2 |
| 3. 农业损失 | 356.8 | 5 | 1.2 | 363.0 |
| 4. 工业（含国防工业）损失 | 998 | 20.1 | 19.6 | 1037.7 |
| 5. 服务业损失 | 658.6 | 14.1 | 5.8 | 678.5 |
| 6. 基础设施损失 | 1979.7 | 115.5 | 66.5 | 2161.7 |
| 6.1 基础设施（交通设施）损失 | 583.4 | 63.5 | 5.1 | 652.0 |
| 6.2 基础设施（市政公用设施）损失 | 408.4 | 11.7 | 2.7 | 422.8 |
| 6.3 基础设施（水利、电力设施）损失 | 523.6 | 22.4 | 14.7 | 560.7 |
| 6.4 基础设施（广播通信设施）损失 | 19.5 | 2.9 | 0.4 | 22.8 |
| 6.5 基础设施（铁路设施）损失 | 107.8 | 0 | 39.2 | 147.0 |
| 6.6 基础设施（政权设施）损失 | 300 | 3.5 | 4.4 | 307.9 |
| 6.7 基础设施（通信）损失 | 37 | 11.5 | 0 | 48.5 |
| 7. 社会事业损失 | 578.6 | 23.3 | 29.6 | 631.5 |
| 7.1 社会事业经济损失（教育系统） | 280.5 | 10 | 22.7 | 313.2 |
| 7.2 社会事业经济损失（卫生系统） | 117.1 | 9.9 | 4.8 | 131.8 |
| 7.3 社会事业经济损失（文化系统） | 24.6 | 0.9 | 0.6 | 26.1 |
| 7.4 社会事业经济损失（科技系统） | 5.1 | 0.1 | 0 | 5.2 |
| 7.5 社会事业经济损失（社会福利系统） | 27 | 2 | 1.1 | 30.1 |
| 7.6 社会事业经济损失（环保系统） | 124.3 | 0.4 | 0.4 | 125.1 |
| 8. 居民财产损失 | 344.9 | 19.4 | 12.8 | 377.1 |
| 9. 土地资源损失 | 260.2 | 8.2 | 1 | 269.4 |
| 10. 自然保护区损失 | 51.3 | 1.3 | 0.2 | 52.8 |
| 11. 文化遗产损失 | 84.2 | 4 | 0.8 | 89.0 |
| 12. 生物多样性损失 | — | — | · | — |
| 13. 矿山资源损失 | 52.6 | 2.4 | 1.1 | 56.1 |
| 直接经济损失总计 | 11109.9 | 593.5 | 244.7 | 11948.1 |

　　对三省上报统计数据以县级为单元分项加总纠正填报错误，进行了校核。对有关部门通报的本系统地震灾害损失情况，地方无法填报的，采用部门数据；地方填报数据与部门通报数据不一致的，以地方填报数据为主，分析采纳部门数据。汇总校核后，三省总损失为 12398.3 亿元，其中四川 11537.4 亿元，甘肃 611.8 亿元，陕西 249.1 亿元（表 12-2）。我们以此结果为评估依据。

**表 12-2　校核后的川甘陕三省地震损失调查统计表**　（单位：亿元）

| 项目 | 四川 | 甘肃 | 陕西 | 合计 |
|---|---|---|---|---|
| 1. 农村住房受损 | 2674.4 | 276.1 | 53.4 | 3003.9 |
| 2. 城镇居民住宅及非住宅用房受损 | 3476.0 | 122.0 | 52.7 | 3650.7 |
| 　2.1 城镇居民住宅受损 | 1869.5 | 36.8 | 15.3 | 1921.6 |
| 　2.2 城镇非住宅用房受损 | 1606.5 | 85.2 | 37.4 | 1729.1 |
| 3. 农业损失 | 356.8 | 5.0 | 1.2 | 363.0 |
| 4. 工业（含国防工业）损失 | 998.0 | 25 | 20 | 1043.0 |
| 5. 服务业损失 | 658.6 | 14.1 | 5.8 | 678.5 |
| 6. 基础设施损失 | 2001.8 | 111.0 | 70.5 | 2183.3 |
| 　6.1 基础设施（交通设施）损失 | 583.4 | 63.5 | 5.1 | 652.0 |
| 　6.2 基础设施（市政公用设施）损失 | 408.4 | 11.7 | 2.7 | 422.8 |
| 　6.3 基础设施（水利、电力设施）损失 | 523.6 | 22.4 | 14.7 | 560.7 |
| 　6.4 基础设施（广播通信设施）损失 | 19.5 | 2.9 | 0.4 | 22.8 |
| 　6.5 基础设施（铁路设施）损失 | 107.8 | 1.3 | 39.3 | 148.4 |
| 　6.6 基础设施（政权设施）损失 | 300 | 3.5 | 4.4 | 307.9 |
| 　6.7 基础设施（通信）损失 | 59.1 | 5.7 | 3.9 | 68.7 |
| 7. 社会事业损失 | 578.6 | 23.3 | 29.6 | 631.5 |
| 　7.1 社会事业经济损失（教育系统） | 280.5 | 10 | 22.7 | 313.2 |
| 　7.2 社会事业经济损失（卫生系统） | 117.1 | 9.9 | 4.8 | 131.8 |
| 　7.3 社会事业经济损失（文化系统） | 24.6 | 0.9 | 0.6 | 26.1 |
| 　7.4 社会事业经济损失（科技系统） | 5.1 | 0.1 | 0 | 5.2 |
| 　7.5 社会事业经济损失（社会福利系统） | 27 | 2 | 1.1 | 30.1 |
| 　7.6 社会事业经济损失（环保系统） | 124.3 | 0.4 | 0.4 | 125.1 |
| 8. 居民财产损失 | 344.9 | 19.4 | 12.8 | 377.1 |
| 9. 土地资源损失 | 260.2 | 8.2 | 1.0 | 269.4 |
| 10. 自然保护区损失 | 51.3 | 1.3 | 0.2 | 52.8 |
| 11. 文化遗产损失 | 84.2 | 4.0 | 0.8 | 89.0 |
| 12. 生物多样性损失 | — | — | — | — |
| 13. 矿山资源损失 | 52.6 | 2.4 | 1.1 | 56.1 |
| 直接经济损失总计 | 11 537.4 | 611.8 | 249.1 | 12398.3 |

# 12.3.2　汶川地震灾害损失综合评估

**1. 四川、甘肃、陕西三省房屋损失评估**

汶川地震导致房屋受损严重，在直接经济损失中，四川、甘肃和陕西三省房屋损失占总损失的比例分别达到 50.28%、62.80%、36.04%。因此，我们依照民政部门掌握的因灾毁损房屋的建房成本和国家统计局提供的房屋类型数据，对农村和城市居民住宅及非住宅用房受损进行了重点评估。

在农村房屋损失方面：按照三省上报分县农村倒塌、严重受损房屋间数，按平均 15m²/间计算倒损房屋总面积。依据国家统计局提供的 2006 年农业普查数据，将农村住房划分为钢混、砖混与砖木、竹草土坯三种类型。由于农村钢混结构房屋比例很低，将其与砖混和砖木结构合并，平均按 800 元/m² 估算，竹草土坯结构房屋按平均 300 元/m² 估算，一般损坏房屋按每间 1000 元估算（表 12-3）。

**表 12-3　农村房屋损失评估标准**

| 项目 | 房屋类型所占比例 | | | 倒塌及严重受损房屋 | | | 一般损坏房屋 |
| | 钢混结构所占比例 /% | 砖混与砖木结构所占比例 /% | 竹草土坯结构所占比例 /% | 钢混、砖混与砖木结构原值 /(元/m²) | 竹草土坯结构原值 /(元/m²) | 单间面积 /(m²/间) | 房屋 (元/间) |
| --- | --- | --- | --- | --- | --- | --- | --- |
| 四川 | 4 | 64.5 | 31.5 | 800 | 300 | 15 | 1000 |
| 甘肃 | 3 | 48.3 | 48.7 | 800 | 300 | 15 | 1000 |
| 陕西 | 4.9 | 63.8 | 31.3 | 800 | 300 | 15 | 1000 |

在城市房屋损失方面：对三省因灾造成的城市居民住宅及非居民住宅的倒塌房屋、严重受损房屋、一般损坏房屋，依据《2005 年全国 1% 人口抽样调查资料》（北京：中国统计出版社，2006），将其合并为钢混结构和非钢混结构两大类。各类型住房所占比例及评估标准见表 12-4。

**表 12-4　城镇居民住宅及非居民住宅房屋损失评估标准**

| 项目 | 房屋类型所占比例 | | 倒塌及严重受损房屋 | | 一般损坏房屋 | |
| | 钢混结构所占比例 /% | 非钢混结构所占比例 /% | 钢混类结构原值 /(元/m²) | 非钢混类结构原值 /(元/m²) | 钢混类结构原值 /(元/m²) | 非钢混类结构原值 /(元/m²) |
| --- | --- | --- | --- | --- | --- | --- |
| 四川 | 30.0 | 70.0 | 1200 | 800 | 600 | 100 |
| 甘肃 | 48.3 | 51.7 | 1200 | 800 | 600 | 100 |
| 陕西 | 33.3 | 66.7 | 1200 | 800 | 600 | 100 |

依据上述评估标准计算，三省房屋总损失为 3831.6 亿元，其中，城乡住宅损失 2738.1 亿元，城镇非住宅损失 1093.5 亿元。在房屋损失中，四川损失 3492.3 亿元，占房屋总损失的 91.1％；甘肃损失 267.7 亿元，占房屋总损失的 7.0％；陕西损失 71.6 亿元，占房屋总损失的 1.9％。

**2. 四川、甘肃、陕西三省非房屋部分损失评估**

对非房屋部分的损失评估，采取对分县综合灾情指数和因灾损失数量两个变量进行相关分析和累积差异分析方法。根据《汶川地震灾害范围评估报告》（民发［2008］87 号）中给出的汶川地震综合灾情指数排序表，将表中 194 个受灾县（包括极重灾区、重灾区和一般灾区）的综合灾情指数，与相应受灾县的上报灾害损失数，进行线性相关分析，在显著水平为 0.0001 的假设检验下，相关系数达到 0.8138。这说明，综合灾情指数可以比较客观地反映受灾县因灾损失的相对大小。选择综合灾情指数和因灾损失数量，对两个变量的总体大小分布进行累积分析。按 194 个县的综合灾情指数和因灾损失数量占总体百分比的大小进行排序，计算得到综合灾情指数和因灾损失数量的两条累积曲线（图 12-1）。对比两条累积曲线，综合灾情指数累积曲线总体上低于因灾损失累积曲线，取二者最大差值（11％）作为核减标准，

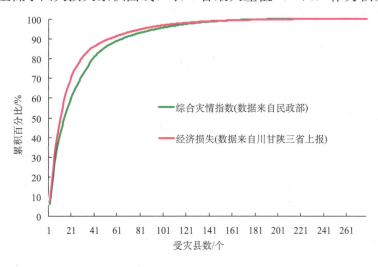

图 12-1　川甘陕综合灾情指数与经济损失累计分布图

得到川、甘、陕三省区非房屋损失为 5112.1 亿元。其中，四川 4794.6 亿元，占三省非房屋总损失的 93.8%；甘肃 190.2 亿元，占三省非房屋总损失的 3.7%；陕西 127.3 亿元，占三省非房屋总损失的 2.5%。

### 3. 评估结果

依据房屋和非房屋部分损失评估结果，给出了川、甘、陕三省最终评估结果（表 12-5）。三省直接经济损失总计 8943.7 亿元，其中，四川省 8286.9 亿元，甘肃省 457.9 亿元，陕西省 198.9 亿元，分别占三省总损失的 92.7%、5.1% 和 2.2%。

表 12-5　汶川地震灾害直接经济损失综合评估结果　（单位：亿元）

| 项目 | 四川 | 甘肃 | 陕西 | 合计 |
| --- | --- | --- | --- | --- |
| 1. 农村住房受损 | 1447.0 | 197.7 | 37.3 | 1682.0 |
| 2. 城镇居民住宅及非住宅用房受损 | 2045.3 | 70.0 | 34.3 | 2149.6 |
| 2.1 城镇居民住宅受损 | 1025.9 | 20.3 | 9.9 | 1056.1 |
| 2.2 城镇非住宅用房受损 | 1019.4 | 49.7 | 24.4 | 1093.5 |
| 3. 农业损失 | 317.6 | 4.5 | 1.1 | 323.1 |
| 4. 工业（含国防工业）损失 | 888.2 | 22.3 | 17.8 | 928.3 |
| 5. 服务业损失 | 586.2 | 12.5 | 5.2 | 603.9 |
| 6. 基础设施损失 | 1781.6 | 98.8 | 62.7 | 1943.0 |
| 6.1 基础设施（交通设施）损失 | 519.2 | 56.5 | 4.5 | 580.3 |
| 6.2 基础设施（市政公用设施）损失 | 363.5 | 10.4 | 2.4 | 376.3 |
| 6.3 基础设施（水利、电力设施）损失 | 466.0 | 19.9 | 13.1 | 499.0 |
| 6.4 基础设施（广播通信设施）损失 | 17.4 | 2.6 | 0.4 | 20.3 |
| 6.5 基础设施（铁路设施）损失 | 95.9 | 1.2 | 35.0 | 132.0 |
| 6.6 基础设施（政权设施）损失 | 267.0 | 3.1 | 3.9 | 274.0 |
| 6.7 基础设施（通信）损失 | 52.6 | 5.1 | 3.5 | 61.1 |
| 7. 社会事业损失 | 515.0 | 20.8 | 26.3 | 562.1 |
| 7.1 社会事业经济损失（教育系统） | 249.6 | 8.9 | 20.2 | 278.7 |
| 7.2 社会事业经济损失（卫生系统） | 104.4 | 8.8 | 4.3 | 117.3 |
| 7.3 社会事业经济损失（文化系统） | 21.9 | 0.8 | 0.5 | 23.2 |
| 7.4 社会事业经济损失（科技系统） | 4.5 | 0.1 | 0 | 4.6 |
| 7.5 社会事业经济损失（社会福利系统） | 24.0 | 1.8 | 1.0 | 26.8 |
| 7.6 社会事业经济损失（环保系统） | 110.6 | 0.4 | 0.4 | 111.3 |
| 8. 居民财产损失 | 307.0 | 17.3 | 11.4 | 335.7 |
| 9. 土地资源损失 | 231.6 | 7.3 | 0.9 | 239.8 |

续表

| 项目 | 四川 | 甘肃 | 陕西 | 合计 |
|---|---|---|---|---|
| 10. 自然保护区损失 | 45.7 | 1.2 | 0.2 | 47.0 |
| 11. 文化遗产损失 | 74.9 | 3.6 | 0.7 | 79.2 |
| 12. 生物多样性损失 | — | — | — | — |
| 13. 矿山资源损失 | 46.8 | 2.1 | 1.0 | 49.9 |
| 直接经济损失总计 | 8286.9 | 457.9 | 198.9 | 8943.7 |

为了验证综合评估结果的可靠性，国家汶川地震专家委员会基于脆弱性模型和宏观易损性模型分别对居民住宅损失和灾害总损失进行了验证分析。

脆弱性模型针对灾区Ⅵ度以上烈度区，估算四川、甘肃、陕西房屋损失分别为 2680 亿元、216 亿元和 96 亿元，与综合评估结果（表 12-5）相比，数据量级相当，数量接近。

宏观易损性模型估算四川、甘肃、陕西三省直接经济损失为 9786 亿元，其中四川损失 8824 亿元。与综合评估结果相比（表 12-5），从三省总量来看，二者相差 9.72%，其中四川省相差 6.73%。说明综合评估结果与宏观易损性模型评估结果可以互为印证。

# 12.4　结　　论

综上所述，汶川地震造成的四川、甘肃、陕西三省直接经济损失总数为 8943.7 亿元。另据民政部统计，汶川地震灾害还造成重庆、云南等省（自治区、直辖市）直接经济损失 20.6 亿元，即此次地震造成总的直接经济损失为 8964.3 亿元，其中，四川省 8286.9 亿元，甘肃省 457.9 亿元，陕西省 198.9 亿元，其他受灾省（自治区、直辖市）20.6 亿元，分别占总损失的 92.4%、5.1%、2.2% 和 0.3%。

在四川、甘肃、陕西三省因灾直接经济损失中，城乡住宅损失 2738.1 亿元，占三省总损失的 30.6%；城镇非住宅损失 1093.5 亿元，占三省总损失的 12.2%；农业损失 323.1 亿元，占三省总损失的 3.6%；工业（含国防工业）损失 928.3 亿元，占三省总损失的 10.4%；服务业损失 603.9 亿元，占三省总损失的 6.8%；基础设施损失 1943.1 亿元，占三省总损失的 21.7%；社会事业损失 561.9 亿元，占三省总损失的 6.3%；居民财产损失 335.5 亿元，占三省总损失的 3.8%；土地资源损失 239.9 亿元，占三省总损失的 2.7%；自然保护区损失 46.9 亿元，占三省总损失的 0.5%；文化遗产损失 79.2 亿元，占三省总损失的 0.9%；矿山资源损失 49.8 亿元，占三省总损失的 0.6%。

# 第三篇　灾区恢复重建承载力分析与评估

# 第13章 灾区断层"避让带"的划定*

此次"5·12"汶川地震中，龙门山断裂带的前山断裂与中央断裂为地震断层，在极震区如映秀镇、北川县，断层所过处房屋尽毁。在200km余长的极震区，断层破裂带以断层面、线性陡坎、鼓包隆起、跌水、裂缝等形式——显现。

在断裂带分布区，灾后重建首先要考虑避开地震断层，最小避让距离需要依此次强震的实际调查结果以及以往历史地震的调查结果来确定。

《建筑抗震设计规范》（GB50011—2001）规定丙类建筑（一般工业、民用建筑）在抗震设防烈度为Ⅷ度时，发震断裂的最小避让距离为200m；设防烈度为Ⅸ度时，发震断裂的最小避让距离为300m。显然该规范适合于土地资源丰富的平原区，对于此次汶川地震所在的龙门山断裂带通过地区，由于可用于重建的土地资源极其有限，建设用地只能安排在山谷坡地之上，除地震断层之外，还要考虑山洪、滑坡、泥石流、崩塌等其他灾害，上述最小避让距离显然是不合适的。

## 13.1 汶川地震断层地表破裂带调查

在"5·12"汶川地震之后，中国地震局地质研究所与各相关单位就开始了震区的大震科学考察，对5月12日汶川地震地表破裂进行抢救性和保护性科考。现场发现以下典型的地表破裂出露点。

---

* 执笔人：中国地震局地质研究所的周庆、徐锡伟、于贵华、陈献程、何宏林、尹功明。

**1. 彭州白鹿镇白鹿中学**

龙门山断裂带的前山断裂通过该中学。学校有两幢教学楼，均为砖混结构，西北楼（靠山坡）有 3 层，东南楼（近河谷）4 层。断层在上述两幢楼之间通过，地震后两楼之间的水泥地面被挤压形成一个斜坡，经测量，西北楼被抬高了约 2m；水泥地板被挤，在下坡处重叠，二楼之间水平距离最大缩短估计有 2m，从实测水泥板宽度可知原来两楼相距约 30m（图 13-1）。

图 13-1　彭州白鹿镇断层在白鹿中学两幢教学楼间通过（镜向 SW）

实测断层形变带宽约 20m、断层走向 NE55°，沿断层两侧追索，西南部学生宿舍倒塌，东北侧民房全倒。在学校东北 500m 山顶观察，断层经过处民房均损毁。

**2. 白鹿镇关沟王家坎**

位于白鹿西南约 2km 关沟王家坎，见 3 处水泥路面被断层挤压后裂缝、倾斜、鼓起（图 13-2），其中一处实测变形带宽约 20m、抬高 2.2m；附近玉米地、草药地也被抬高形成高地，两侧高差为 1.9m（图 13-3）；田间小路右旋位错 0.8m，沿断层延伸方向树木倾斜。

图 13-2　白鹿镇王家坎水泥路面倾斜（镜向 SW）

图 13-3　白鹿镇王家坎玉米地、草药地抬升（镜向 SW）

### 3. 通济镇双阳村

在距白鹿镇西南直线距离约 7km 处,香樟坡双阳村又见水泥路面被破坏(图 13-4),实侧变形带宽 12.9m,垂直抬高 2.8m;断层走向 NE70°。断层在半山腰穿过双阳村四组马良民家,房屋全塌,但无人伤亡。

图 13-4　通济镇香樟坡双阳村水泥路面破坏(镜向 NW)

### 4. 通济镇涧安村

至涧安村,村民朱杨书家房屋未倒,其后的水渠变窄,地面隆起处有垂直张裂缝,断层通过附近另一农户的宅基地,平地隆起 0.5m,两侧房屋倒塌,断层使树倾斜。

### 5. 北川县城

龙门山断裂带的中央断裂从映秀、北川到南坝镇全线逆冲破裂,北川灾情最重。在北川县城断层通过处建筑物基本倒塌,加上周边山体滑坡、崩塌,造成全城毁坏。在北川大酒店之南，湔江江边公路支离破碎，护坡堤明显右旋位错（图 13-5），实测水泥路面变形带宽 27m，垂直抬升 3.05m（图 13-6）。

图 13-5　北川县湔江边公路防护堤破坏（镜向 NW）

图 13-6　北川县湔江江边公路破坏（镜向 NW）

在县城东北山上见两处断层出露，其中一处（31°49′50.3″N，104°27′49.7″E）断层面长 20 余 m，走向 60°，倾向东南、倾角 75°，上、下盘垂直位错 1.7m，断面上见新鲜擦痕，侧伏角为 24°，反映了较大的右旋水平走滑量（图 13-7）。

图 13-7　北川县城东北山上断层露头（镜向 N，擦痕清晰）

### 6. 都江堰市虹口镇深溪沟

该点为中央断裂实测地表位错量最大处，断层作用在深溪沟河谷地带形成一条 15～20m 宽的大沟，走向 NE60°。此沟最深达 5m，路面错断点显示断层最大水平位移 5.4m（图 13-8）；一段水泥路面遇断层倾斜，一辆奥拓车在路面上（∠26°）未翻倒，断层上盘距小汽车 20m 远，一户农家乐房基本完好。

### 7. 汶川地震地表形变带宽度

此次"5·12"汶川地震，地震断层规模巨大，龙门山断裂带的前山断

图 13-8　虹口镇深溪沟断层破裂带（镜向 NW）

裂与中央断裂均发生了地表破裂，自北向南的野外调查结果表明，断层引起的强地表形变带宽度大部分小于 40m，半数以上为 10～30m。当然也有个别观察点形变带宽度大于 40m，甚至达到 60～70m（表 13-1）。

表 13-1　汶川地震地表形变带宽度统计表

| 序号 | 断裂名称 | 地点 | 水平位移量 /m | 垂直位移量 /m | 地表强形变带 宽度/m | 走向 |
|---|---|---|---|---|---|---|
| 1 | | 平通镇 | 3.7 | 3.66 | 36 | 60° |
| 2 | | 北川县城东北山 | 3.8 | 1.7 | — | 55° |
| 3 | | 北川县城沿河公路 | 2.6 | 3.05 | 27 | — |
| 4 | | 擂鼓镇石岩村一组 | — | 3.24 | 41 | |
| 5 | | 擂鼓镇石岩村 | 1.88 | 3.69 | 39 | |
| 6 | 中央断裂 | 高川镇泉水村村南 | — | 3.19 | 30 | 65° |
| 7 | | 高川镇泉水村村东 | | 2.2 | 67 | |
| 8 | | 龙门山镇 | 1.0～2.5 | 0.8～2.0 | 10～20 | |
| 9 | | 彭州小鱼洞镇 | — | 1.1～3.4 | 29 | |
| 10 | | 都江堰虹口镇深溪沟 | — | 5.0～6.2 | 15～20 | 60° |
| 11 | | 汶川映秀镇 | — | 1.75 | 30.4 | 70° |

| 序号 | 断裂名称 | 地点 | 水平位移量/m | 垂直位移量/m | 地表强形变带宽度/m | 走向 |
|---|---|---|---|---|---|---|
| 12 | | 彭州白鹿镇中学 | 2 | 2 | 18 | 55° |
| 13 | 前山断裂 | 彭州白鹿镇关沟村 | — | 3.65 | 25.8 | 50° |
| 14 | | 彭州关沟王家坎 | — | 2.2 | 19.8 | 55° |
| 15 | | 通济镇双阳村 | — | 2.8 | 12.9 | 70° |

资料来源：陈桂华等，2008。

上述地表形变带宽度并未考虑由于逆断层作用产生的"地壳缩短"。在野外陈桂华等（2008）在各观察点用全站仪测量了断裂地表变形带的各个参数，计算得到的水平缩短量大部分小于1m，只有虹口深溪沟倾向水平缩短量最大，达 2.13m；在汉旺清水河东岸通往清平乡的公路上（31.46°N，104.17°E），可见废弃公路在破裂带上的重叠量——"地壳缩短量"为1.5±0.2m（徐锡伟等，2008）；而作者在白鹿中学由水泥地面重叠观察到的水平缩短量约2m。

徐锡伟等（2008）假定灌县—江油断裂（前山断裂）整体走向N45°E、倾向NW、倾角约35°，由 NW—SE 方向最大垂直位移3.5m，估计地壳缩短量约5m。根据矢量合成原理推测汶川地震两条叠瓦状逆断层同时破裂引起的最大"地壳缩短量"约为11m。此处估算的"地壳缩短量"大于各个观察点的实测计算数据，可以解释为：①各观察点实测地表断层倾角多数在70°～80°，因此由垂直位移计算倾向水平缩短量必定较小；而宏观估算"地壳缩短量"用的是断层在较深部位的假定倾角（35°），从而使二者之间出现了较大的偏差；②如每条断裂5～6m的"地壳缩短量"属实，则推断"缩短量"一部分隐伏于地下，在深部以隐伏断层、褶曲的形式被"消化"了，另一部分则表现在地表形变带上。

出于对未来建筑安全的考虑，在确定前山断裂及中央断裂地表形变带宽度时，应将上述"地壳缩短量"同时计算在内。虽然有一定的误差，每条断裂的最大"地壳缩短量"本书暂时定为5m。

# 13.2　历史地震断层地表破裂带宽度

以往地震地质调查表明，地表活断层线及其邻近地段是断层错动直接产生位移的地带，其地表破裂带宽度大部分≤30m（表 13-2）。

**表 13-2　大陆地震地表破裂（带）宽度统计表**（徐锡伟等，2002）

| 序号 | 地点 经度 $\lambda_E$ | 地点 纬度 $\varphi_N$ | 水平位移量 /m | 垂直位移量 /m | 地表破裂带 宽度/m | 单断层破裂 宽度/m | 走向 | 参考文献 |
|---|---|---|---|---|---|---|---|---|
| | 1 | 94°32.520 | 35°35.165 | 0.4～1.7 | | | 12 | 275°～280° | |
| | 2 | 94°13.010 | 35°38.151 | 2.1～2.5 | 0.5～0.6 | 23 | | 275°～280° | |
| | 3 | 94°08.707 | 35°38.971 | | | 21 | 8.5～10.5 | 285° | |
| | 4 | 94°07.453 | 35°39.287 | | | 15.5 | | 287° | |
| | 5 | 94°03.043 | 35°40.343 | 4 | | 23 | | | |
| | 6 | 94°02.991 | 35°40.357 | 4 | | 7.9 | | 275° | |
| | 7 | 94°02.856 | 35°40.379 | 3.8～3.9 | | 15 | | 280° | |
| | 8 | 93°48.729 | 35°41.882 | 2.1 | 0.3 | 12～13 | | 280° | |
| 2001 年 11 月 14 日昆仑山库赛湖地震（$Ms=8.1$）走滑断层 | 9 | 93°38.534 | 35°43.771 | 2.2～2.3 | 0.7 | 19.5 | 9 | 282°～295° | 徐锡伟等，2002 |
| | 10 | 93°36.956 | 35°43.966 | 2.2～2.3 | | 15.5 | | 275° | |
| | 11 | 93°36.368 | 35°44.070 | | | 90 | 9.4 | 265°～268° | |
| | 12 | 93°08.509 | 35°47.000 | 5.8 | | 74 | 11.3～14 | 275°～290° | |
| | 13 | 93°05.384 | 35°47.623 | 6.0 | | | 12.5 | 275° | |
| | 14 | 92°51.362 | 35°49.163 | | | 28.5 | | 280° | |
| | 15 | 92°51.679 | 35°49.174 | | | 100.6 | | | |
| | 16 | 92°51.019 | 35°49.137 | 3.9～4.0 | | 68.3 | 12.5，23.8 | 275° | |
| | 17 | 92°50.462 | 35°49.249 | | | 70～75 | 4.8 | 280° | |
| | 18 | 92°45.534 | 35°49.595 | >3.5 | | | 20，8，11 | | |
| | 19 | 92°47.182 | 35°49.365 | 4.7 | | | 12～14 | | |
| | 20 | 92°37.618 | 35°50.308 | 2.2～2.3 | | | 17 | | |
| | 21 | 92°28.772 | 35°51.081 | 2.7 | | | 6.5 | 270° | |
| | 22 | 92°26.050 | 35°51.350 | 1.4 | | 19.5 | | | |
| | 23 | 91°21.900 | 36°00.600 | 4.8 | | 80～100 | | | |
| 1999 年 8 月 17 日伊兹米特地震（$Ms=7.4$）走滑断层 | 24 | 伊兹米特~格尔居克公路 | | | | 8.5 | | 80° | 韩竹君等，2000 |
| | 25 | 3 号点东 1km | | 2.1 | 0.5 | | 51 | 88° | |
| | 26 | 奥居尔小学 | | 1.4 | 0.6 | | 27 | 95° | |
| | 27 | 格尔居克兵营 | | 3.8 | | | 22 | 75° | |

续表

| 序号 | 地点 | | 水平位移量 /m | 垂直位移量 /m | 地表破裂带 宽度/m | 单断层破裂 宽度/m | 走向 | 参考文献 |
|---|---|---|---|---|---|---|---|---|
| | 经度 λE | 纬度 φN | | | | | | |
| 1975 年海城 地震（Ms= 7.3）新生断 层（破裂） 走滑断层 | 28 | 丹东九连城马村 | | 非构造裂缝 | 0.7 | | 80°，20° | 钟以章 等，1988 |
| | 29 | 岫岩小偏岭关家堡 | | | | 0.2 | | |
| | 30 | 辽阳周家堡 | | | | 0.4 | 330° | |
| | 31 | 辽中花家坊 | | | | 0.2～2 | 315° | |
| 1932 年昌马 地震（Ms= 7.6）逆走滑 断层 | 32 | 西水峡东 | 0.2 | 0.1 | | 5 | 80° | 国家地震 局兰州地 震研究所 等，1992 |
| | 33 | 大泉口 | 1.5～3 | 1～2 | 30 | 15 | 80° | |
| | 34 | 白杨河—雅尔河 | 1.7～5.5 | 0.5～1.8 | 30 | 3～7 | 80° | |
| | 35 | 桌子山—月牙大坂 | 2.2～4.5 | 1.1～2.0 | 10～20 | 2～4 | 280° | |
| | 36 | 大豹子沟 | 2.9～4.0 | 0.7～2.5 | | 3.6 | 300° | |
| | 37 | 白疙瘩沟 | 2.0 | 1.0 | | 2 | 276° | |
| | 38 | 大黑沟 | 1.5～2.0 | 1.0 | | 5 | 80° | |
| | 39 | 朱家戈壁 | 0.5 | 0.8～1.9 | | 60 | 280° | |
| | 40 | 鲁家湾 | | | | 50 | 340° | |
| 1927 年古浪 地震（Ms= 8）逆断层 | 41 | 下方寨—寺尔塔 | | 0.6～1.5 | | 10～20 | 290° | 国家地震 局地质研 究所， 1993 |
| | 42 | 皇城—塔尔庄—双塔 | | 2～4 | 500 | 7～15 | 300° | |
| | 43 | 磨嘴子—中坝 | | 2～4 | | 6 | 340° | |
| | 44 | 古浪—双塔 | | | 500 | | 340° | |
| 1833 年嵩明 地震（Ms= 8）走滑断层 | 45 | 小碑当 | 5.0 | 2.0 | | 29 | NS | 张受生 等，1988 |
| | 46 | 老虎篝 | | 2.0～2.5 | | 15 | 50° | |
| | 47 | 南冲南 | | 1.5～2.0 | | 38 | 10° | |
| | 48 | 南冲西南 | | 3.0 | | 10 | 20° | |
| | 49 | 南冲西南 | | 3.0 | | 19 | 10° | |
| | 50 | 南冲南 3km | | 1.7 | | 13 | NS | |
| | 51 | 新村河北 | | 4.0 | | 20 | 30° | |
| | 52 | 中稀西 | | 1.0 | | 100 | 15° | |
| | 53 | 前所东 | | 4.0 | | 30 | 10° | |
| | 54 | 前所东 | | 2.0 | | 7.5 | 10° | |
| | 55 | 阳宗海东北 | | 3.0 | | 23 | 20° | |
| | 56 | 杨林 | | 4.0 | | 3 | 50° | |
| 1515 年永胜 地震（Ms= 8）正走滑 断层 | 57 | 洪水塘南（三刀山） | | 10（地堑） | 30 | | | 张受生 等，1988 |
| | 58 | 龙潭东 | | 3.5 | 30 | 2～3 | | |
| | 59 | 柄官东北 | | 4.0 | 30～40 | | | |

## 13.3  建筑物的抗震标准问题

在野外调查中我们发现，极震区地震断层通过处及附近大部分房屋倒塌、倾斜，但也有建筑物在距离断层 10～20m 处结构并未破坏，只是墙面出现裂缝等。如在白鹿中学，两幢砖混结构教学楼距离断层约 15m，震后安然无恙，该校无一师生死亡；在虹口深溪沟，该点是断层位错最大的地方，垂直与水平位移均在 5m 左右，在距断层破裂带 20 余 m 处，一户二层的农家乐小楼基本完好。即使在灾害最重的北川县城，还是有不少楼房未倒，从而挽救了许多人的生命。

此次地震的极震区大部在中国地震动参数区划图（2000）上位于地震动峰值加速度 0.10g 区，相当于基本烈度Ⅶ度。按规范此区各类建筑在地震影响烈度为Ⅷ度时，应达到"大震不倒"。此次汶川地震极震区烈度达到Ⅸ～Ⅺ度，大大超出了该地原有的设防烈度，多数建筑物倒塌是不可避免的。因此在"5·12"汶川 8 级地震中，地震断层经过处及附近一些建筑物未倒塌，验证了这些建筑物具有较高的抗震性能。

可以得出如下结论：当建筑物达到一定的抗震水平时，如遇大震，即使处于地震断层破裂带附近，建筑物仍可以不发生倒塌，从而保护人的生命、达到减少人员伤亡的目的。

## 13.4  地震断层地表破裂带的识别

此次地震的地表破裂带从西南向北东延伸达 240km，而地震断层的地表形变带宽度最大处只有 60～70m，无法用一张大图清楚表述；有些地方由于交通阻断，一直无法到达，在地图上不可能全线精确标记断层破裂带的位置。因此有必要在本节交待如何识别此次地震的断层地表破裂带。

在地表位移显著地带，当地老百姓对于地形变化印象深刻。原为平直或坡度较低的水泥路面忽然隆起、倾斜或被错断；路面被挤压、破裂呈"人"

字形，汽车无法通行；断层经过田地，往往在平地处形成地表褶皱隆起，或
为一个个鼓包，或平地形成一条深沟；经过河流、小溪，形成跌水。树木在
断层经过处均统一倾斜，反映了断裂北西盘向南东盘逆冲兼走滑的破坏后
果。在断层破裂带的尾部，表现更多的是一组 NE 向的裂缝，以及幅度较小
的水泥路面破坏及其他小变形（如石块被扰动等）。

大部分地表破裂现象均呈 NE 50°～70°线性展布，突现出此次 NE 向龙
门山断裂在此次地震中的控制作用。

# 13.5 结　　论

无论中央断裂还是前山断裂，在此次汶川地震中沿断层地表破裂带宽度
自北向南大部分小于 40m，大形变处多数变形带在 20～30m；以往的研究表
明，历史强震地表破裂带宽度大部分≤30m（表 13-2）。

结合逆断层作用产生的"地壳缩短量"，考虑到未来地震形成的地表破
裂带宽度的不确定性以及此次现场调查测量的误差，初步确定地震断层"避
让带"宽度为单条断层两侧各 25m。该宽度值对于两条断层总长为 300km
余的地表破裂带而言是一个上限值，因此在一定程度上可以认为是保守的。
上述"避让带"宽度远远小于《建筑抗震设计规范》（GB50011—2001）规
定的Ⅷ度区、Ⅸ度区 200～300m 发震断裂的最小避让距离。需要特别指出
的是：在"避让带"之外所建各类建筑均应达到新的抗震设防标准；在其他
灾害可避免的情况之下（如山洪、滑坡、泥石流、崩塌等），在断裂两侧
25m 之内，只能建造高于抗震设防标准的 2 层以下建筑物，但在此范围内应
明确禁止兴建学校、医院等公共建筑。

## 参 考 文 献

陈桂华，徐锡伟，郑荣章等. 2008. 2008 年汶川 M8.0 级地震地表破裂变形定量分析——北川-映秀断裂地
　表破裂带. 地震地质，30（3）

国家地震局地质研究所，国家地震局兰州地震研究所. 1993. 祁连山-河西走廊活动断裂系. 北京：地震出
　版社. 340

国家地震局兰州地震研究所. 1992. 昌马活动断裂带. 北京：地震出版社. 207

韩竹军, 苗崇刚. 2000. 伊兹米特地震地表破裂带和发震构造特点. 国际地震动态, 1：7~13

徐锡伟, 陈文彬, 于贵华等. 2002. 2001 年 11 月 14 日昆仑山库赛湖地震 ($M_S$8.1) 地表破裂带的基本特
　征. 地震地质, 24 (1)：1~13

徐锡伟, 闻学泽, 于慎鄂等. 2008. 汶川 M8.0 地震地表破裂的发现及其发震构造. 地震地质, 30 (3)：
　598~629

徐锡伟, 杨晓平, 杨忠东. 1996. 城市地震地质灾害及其预测问题初论. 水文地质工程地质, 23 (3)：32~
　35

徐锡伟, 于贵华, 马文涛等. 2002. 活断层地震地表破裂"避让带"宽度确定的依据与方法. 地震地质,
　24 (4)：470~483

张受生, 皇甫岗. 1988. 1833 年云南嵩明 8 级地震破裂带的研究. 中国地震断层研究. 乌鲁木齐：新疆
　人民出版社. 25~31

中华人民共和国建设部, 国家质量监督检验检疫总局. 2001. 建筑抗震设计规范 (GB 50011—2001), 北
　京：中国建筑工业出版社

钟以章, 丛传喜. 1988. 从海城地震裂缝特征讨论 1975 年海城 7.3 级地震的发震构造. 中国地震断层研
　究. 乌鲁木齐：新疆人民出版社. 163~171

# 第 14 章　灾区自然灾害综合危险度评价[*]

## 14.1　自然灾害综合危险度评价目的及范围

根据历史灾害资料，主要是地震灾害、滑坡/崩塌灾害、水灾灾害资料，构建汶川震区县级自然灾害综合危险度指标，对各县的自然灾害情况进行宏观评价，了解地震灾区各县的历史灾害情况，为震区的恢复重建提供依据。

研究区根据 2008 年 6 月 7 日国家地震局提供的 "5·12" 汶川地震烈度区划图（国家减灾中心提供）划定。根据研究需要，只选择了四川、陕西、甘肃三省的 6 度以上区域，分别包括四川省 125 个县（市）、陕西省 43 个县（市）、甘肃省 44 个县（市），共计 212 个县（市）。

## 14.2　数　据　来　源

地震灾害数据来源：《中国历史强震目录（公元前 23 世纪～公元 1911年）（$Ms \geqslant 4.0$)》（中国地震局震害防御司，1995 年）；《中国近代地震目录（公元 1912～1990 年，$Ms \geqslant 4.7$)》（中国地震局震害防御司，1999 年）；《中国地震年鉴》（1992～2006 年）（中国地震局，1992～2007 年）；《曲靖市地震局信息系统》（2007～2008 年，http://www.qjeq.qj.gov.cn/)。

水灾灾害数据来源：环境演变与自然灾害教育部重点实验室建设的中国省级报刊灾情库（1950～2005 年），根据全国 32 个省（直辖市、自治区）级报刊公布的洪水灾情信息收集整理建库。其中的水灾包括：暴雨、洪水、涝

---

　　* 执笔人：北京师范大学的王瑛、王静爱、贾慧聪、徐伟、方伟华、徐宏、岳耀杰、刘静、周洪建、郭虎。

灾、阴雨等引发的洪涝灾害。

滑坡、崩塌灾害数据来源：①环境演变与自然灾害教育部重点实验室建设的中国省级报刊灾情库（1950～2005 年），根据全国 32 个省（直辖市、自治区）级报刊公布的滑坡、崩塌等地质灾害灾情信息收集整理建库。其中的滑坡、崩塌灾害包括：滑坡、泥石流、塌方等地质灾害。②国土资源部提供"5·12"汶川大地震滑坡、崩塌点位分布图。

## 14.3　数　据　处　理

### 1. 地震灾害

各县的地震危险度$(E) = T_5 + T_6 \times 2 + T_7 \times 4 + T_8 \times 8$　(14-1)

式中，$T_5$ 为 $Ms5$ 级地震震中位于该县境内的次数；$T_6$ 为 $Ms6$ 级地震震中位于该县境内的次数；$T_7$ 为 $Ms7$ 级地震震中位于该县境内的次数；$T_8$ 为 $Ms8$ 级地震震中位于该县境内的次数。

$T_5$、$T_6$、$T_7$、$T_8$ 基于地震灾害库，运用 GIS 计算得到。

根据数据 $E$ 的直方图分布，采用断点分级法，将各县划分为地震危险度极高、高、中、低四个等级（表 14-1），结果如图 14-1 所示。

表 14-1　地震危险度等级划分表

| 地震危险度 | 极高 | 高 | 中 | 低 |
| --- | --- | --- | --- | --- |
| $E$ | 7～32 | 3～6 | 1～2 | 0 |

由图 14-1 可以看到，本次灾区属于地震活动频发区，尤其沿龙门山断裂带以西地区的各县历史上都有强震发生，公元前 78 年至 2008 年 5 月该区发生的 5 级以上强震 212 次（包括本次地震），8 级以上大地震除本次汶川地震外，历史上还发生过 2 次。

以本文所定义的地震危险度而言，汶川、理县、茂县、松潘、平武、文县、天水、宝鸡都属于地震高危险地区。

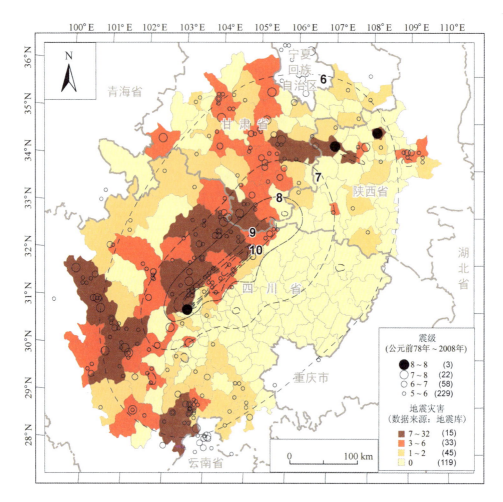

图 14-1　灾区历史地震灾害危险度分布

## 2. 滑坡泥石流等地质灾害

各县的地质灾害危险度($S_1$) = 各县 1950 ~ 2005 年发生地质灾害次数

(14-2)

根据数据 $S_1$ 的直方图分布，采用断点分级法，将各县划分为滑坡泥石流等地质灾害危险度极高、高、中、低四个等级（表 14-2），结果如图 14-2 所示。

**表 14-2 地质灾害危险度等级划分表**

| 滑坡泥石流危险度 | 极高 | 高 | 中 | 低 |
|---|---|---|---|---|
| $S_1$ | 5～10 | 3～4 | 1～2 | 0 |

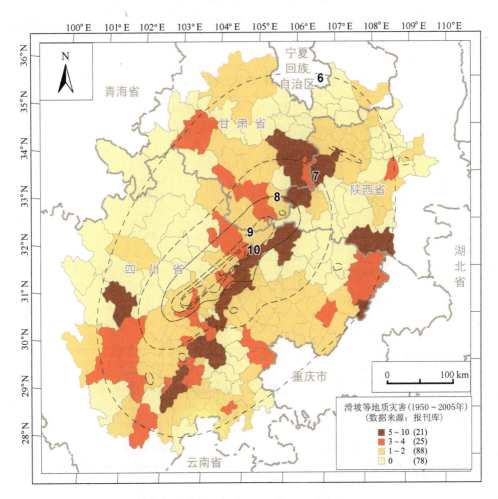

图 14-2 灾区历史滑坡等地质灾害危险度分布

由于地理环境的原因，滑坡、崩塌等地质灾害也一直是本次灾区的主要自然灾害之一，其中平武、广元、江油、安县、绵阳、德阳、彭山、都江堰、略阳等县市出现次数较多，都属滑坡崩塌高发区。

本次大地震后，由于灾区降雨较多，滑坡、崩塌灾害成为灾区的最主要次生灾害，10 多个县都有大面积的滑坡、崩塌发生。根据遥感卫星资料，对"5·12"汶川地震震后滑坡崩塌也进行评估，采用下式：

各县的滑坡崩塌危险度（$S_2$）＝"5·12"地震中滑坡崩塌发生点数 （14-3）

"5·12"汶川地震中滑坡崩塌发生点数根据震后遥感解译成果得到。汶川大地震部分重灾县沿主要干道和河流崩塌和滑坡点个数如表 14-3 所示（国家减灾中心提供）。

表 14-3　汶川大地震部分重灾县沿主要干道和河流崩塌和滑坡点个数

| 县（市） | 崩塌和滑坡点个数/个 |
| --- | --- |
| 北川县 | 约 460 |
| 汶川县 | 约 450 |
| 安县 | 约 230 |
| 茂县 | 约 120 |
| 平武县 | 约 100 |
| 青川县 | 约 80 |
| 绵竹市 | 约 80 |
| 江油市 | 约 60 |
| 理县 | 约 60 |
| 什邡市 | 约 20 |
| 松潘县 | 约 20 |
| 略阳县 | 约 20 |
| 文县 | 约 20 |

根据 $S_2$ 数据，将各县划分为滑坡和崩塌灾害危险度极高、高、中、低四个等级（表 14-4），结果如图 14-3 所示。

表 14-4　滑坡和崩塌灾害危险度等级划分表

| 滑坡和崩塌危险度 | 极高 | 高 | 中 | 低 |
| --- | --- | --- | --- | --- |
| $S_2$ | ≥120 | 60～119 | 20～59 | <20 |

由图 14-3 可知，"5·12"汶川地震滑坡、崩塌点次数较多的县（市）有历史上的滑坡高发区：江油市、平武县、安县、略阳县，但本次滑坡、崩塌灾害较多是由于地震引起的，所以本次地震的高烈度区内各县（市）：北川县、汶川县、茂县、青川县、绵竹市、理县等的滑坡、崩塌也极为严重。

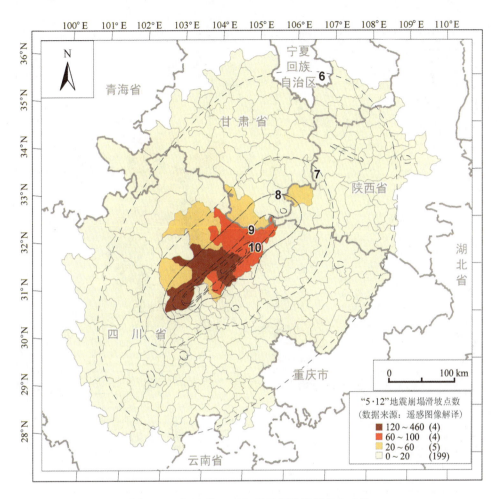

图 14-3　灾区 "5·12" 震后滑坡崩塌各县点数

### 3. 水灾灾害

各县的水灾危险度 ($F$) = 各县 1950 ～ 2005 年发生水灾次数　　（14-4）

根据数据 $F$ 的直方图分布，采用断点分级法，将各县划分为水灾灾害危险度极高、高、中、低四个等级（表 14-5），结果如图 14-4 所示。

表 14-5　水灾灾害危险度等级划分表

| 水灾危险度 | 极高 | 高 | 中 | 低 |
|---|---|---|---|---|
| $F$ | 16～26 | 14～15 | 7～13 | 0～6 |

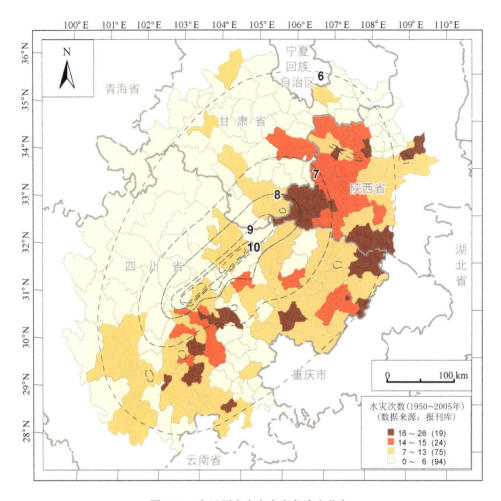

图 14-4　灾区历史水灾灾害危险度分布

由图 14-4 可知，由于四川省属长江流域上游，历史水灾发生次数相对较少，而陕西省各县水灾多发，其中略阳县、宁强县、勉县尤为多发。

## 14.4　灾区各县自然灾害综合危险度

构建自然灾害综合危险度 $D$ 指标来综合评估灾区各县自然灾害危险程度的高低。由于考虑因素不同，分别有综合危险度 $DI$、综合危险度 $DII$。

自然灾害综合危险度 $D$ 的计算公式为

$$D = \sum (f_k \times D_k) \tag{14-5}$$

式中，$D_k$ 为归一化的单项指标：$D_k = [D_k - \min(D_k)] / [\max(D_k) - \min(D_k)]$；$f_k$ 为各项指标的权重。

经过专家打分，选取地震权重为 0.4，滑坡、泥石流等次生地质灾害权重为 0.4，水灾权重为 0.2。最终得到综合危险度 $DI$，根据数据 $DI$ 的直方图分布，采用断点分级法，将各县划分为极高、高、中、低（（0.6～0.3]、（0.3～0.17]、（0.17～0.1]、（0.1～0]）四个等级，结果见图 14-5 所示。

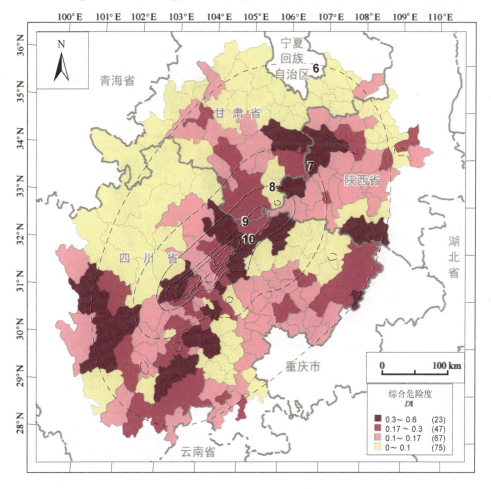

图 14-5　地震灾区自然灾害综合危险度 $DI$ 分布

考虑"5·12"汶川地震震后崩塌、滑坡点位分布的综合危险度，选取地震权重为0.4，历史滑坡等地质灾害权重为0.3，"5·12"汶川地震震后次生地质灾害权重为0.1，最终得到自然灾害危险度DII。根据数据DII的直方图分布，采用断点分级法，将各县划分为极高、高、中、低（（0.6～0.25]、（0.25～0.15]、（0.15～0.1]、（0.1～0]）四个等级，结果见图14-6。

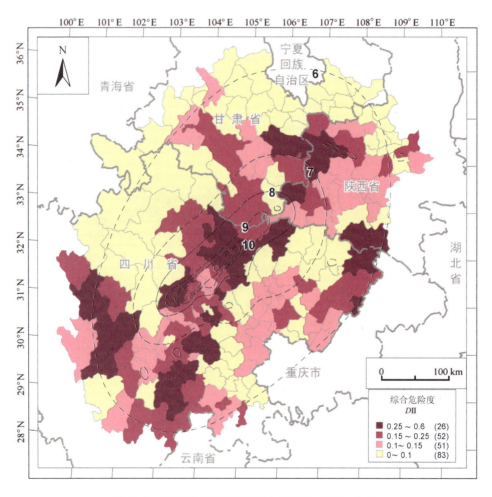

图 14-6　地震灾区自然灾害综合危险度（DII）分布

（考虑"5·12"汶川地震震后滑坡崩塌）

　　分析图 14-5 和图 14-6，可知：汶川县、北川县、平武县、江油市辖区、绵阳市辖区、广元市辖区、天水市辖区、宝鸡县、凤县、略阳县等都属于自然灾害极高危险地区，在未来这些县、市的规划建设时，必须充分考虑自然灾害的风险因素，采取各种备灾、减灾措施：增加对这些地区的灾害监测、加强这些地区房屋的抗震能力等。

# 第15章　灾区水土资源承载力评估<sup>*</sup>

## 15.1　水资源承载力评估

### 15.1.1　基于水资源可利用量的承载力

由于灾区河川径流的季节变化大，季节性缺水较为突出。可利用水资源约占水资源总量的 24.2%，70% 的水量以洪水形式流失，可利用率较低，能直接用于生产和生活上的水量并不多。为计算灾区水资源承载力，我们按 30% 的水资源可开发利用率，计算灾区水资源可开发利用量。灾区需水量的估算分 4 种情形加以考虑，即①仅考虑生活用水；②生活用水＋生产用水恢复到灾前的 60%；③生活用水＋生产用水恢复到灾前的 80%；④生活用水＋完全恢复生产。生活用水按人均 200L/d 的用水水平估算。生产用水根据灾前（2005 年）人均生产用水水平估算。根据计算结果，对于极重灾区的 10 个县市而言，水资源属于比较丰富的地区，除了彭州市、什邡市和绵竹市水资源略微不足以外，其他县市都没有水资源的限制问题（图 15-1）。

### 15.1.2　基于供水能力的承载力评估

水资源保障水平不仅受天然水资源量的影响，同时还限制于实际的供水能力。供水能力不足可引发工程型缺水，特别是在城镇区域。由于地震造成了严重的供水设施的破坏，城镇供水恢复需要较长的一段时间。因此，对灾

---

　＊ 执笔人：中国科学院的葛全胜、杨林生、张镱锂、吴绍洪、王绍强、王英杰、邓祥征、庄大方、郑景云、欧阳志云、席建超、徐新良、郑红星、刘荣高、戴尔阜、吴文祥、董仁才、马克明、王中根。

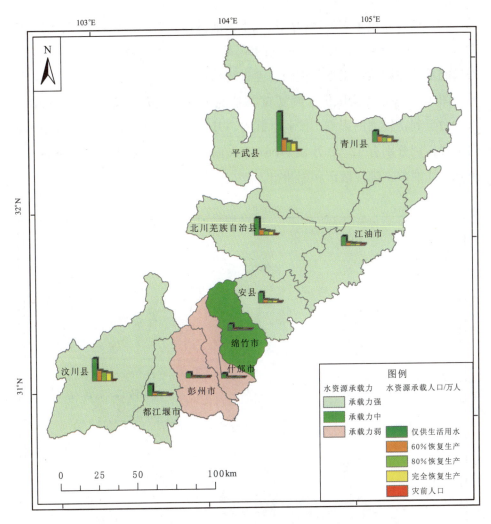

图 15-1　基于水资源可利用量的水资源承载力

区特定供水能力下的承载力水平设定为 3 种情况：①短期内（半年），生活
供水能力恢复 60%；②中期内（1~2 年），生活供水能力恢复 80%；③远期
（2 年以后），生活供水能力完全恢复。此外，由于灾区的集中供水主要集中
于城镇，而农村地区以分散式取水为主，因此，我们只对城镇人口承载力水
平按供水的能力进行评估。通过与灾前城镇人口数量的比较，把受灾县市水
资源承载力划分为 3 个等级：①承载力强：按城镇人口 220L/（人·d）计
算，可承载的城镇人口大于灾前城镇人口；②承载力中：按城镇人口 200L/

（人·d）计算，可承载的城镇人口大于灾前城镇人口；③承载力弱：按城镇
人口 200L/（人·d）计算，可承载的城镇人口小于灾前城镇人口。而对乡村
人口的承载力则按照土地的损毁程度进行估算。

　　图 15-2 显示了全区供水恢复 60％情况下的承载力。极重灾区的城镇供
水能力受到比较大的影响，按弱承载力，基本上可以支撑；但如果按中等到
强承载，则分别有 12.70 万和 17.67 万人面临着缺水的后果，主要分布在汶
川县、江油市、都江堰市和彭州市。

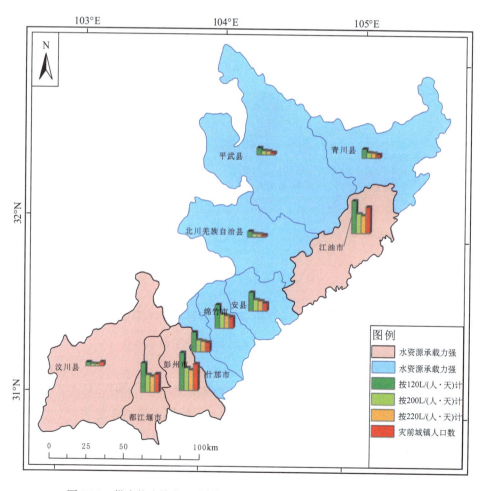

图 15-2　供水能力恢复 60％情况下的城镇人口水资源承载力（万人）

如果全区供水恢复 80％的情况下，极重灾区的城镇供水能力受到一定的影响，弱承载力可以支撑；但中等到强承载，则分别有 1.25 万和 3.70 万人面临着缺水的后果，主要分布在汶川县和江油市。

当全区供水恢复 100％情况下，极重灾区的城镇供水能力仅受到很小的影响，只在中、强承载下，汶川县的一小部分受到影响。

从供水对城镇人口的支撑能力来看，对于极重灾区的十个县市，100％恢复供水，灾区的人口支撑能力基本没有影响；如果恢复能力达到 80％，则会有一定的影响，城镇缺水的人口可能达到 3.70 万人；如果供水恢复只有 60％的情况下，影响将比较严重，城镇缺水的人口可能达到 17.67 万人（表 15-1）。

表 15-1　极重灾区供水恢复对城镇人口的支撑能力缺口　　（单位：万人）

| 县市 | 震前人口/万人 | 100％恢复供水 | | | 80％恢复供水 | | | 60％恢复供水 | | |
|---|---|---|---|---|---|---|---|---|---|---|
| | | 120/(L/人) | 200/(L/人) | 220/(L/人) | 120/(L/人) | 200/(L/人) | 220/(L/人) | 120/(L/人) | 200/(L/人) | 220/(L/人) |
| 汶川县 | 10.60 | — | 0.20 | 0.54 | — | 0.95 | 1.22 | 0.23 | 1.70 | 1.90 |
| 北川县 | 16.00 | — | — | — | — | — | — | — | — | — |
| 平武县 | 18.70 | — | — | — | — | — | — | — | — | — |
| 江油县 | 87.80 | — | — | — | — | 0.30 | 2.48 | — | 6.30 | 7.79 |
| 安县 | 50.30 | — | — | — | — | — | — | — | — | — |
| 青川县 | 24.70 | — | — | — | — | — | — | — | — | — |
| 都江堰市 | 61.00 | — | — | — | — | — | — | — | 0.90 | 2.33 |
| 绵竹市 | 51.40 | — | — | — | — | — | — | — | — | — |
| 彭州市 | 78.40 | — | — | — | — | — | — | — | 3.80 | 5.65 |
| 什邡市 | 43.00 | — | — | — | — | — | — | — | — | — |
| 合计 | 441.90 | — | 0.20 | 0.54 | — | 1.25 | 3.70 | 0.23 | 12.70 | 17.67 |

## 15.2　基于耕地变化的承载力评估

根据耕地损毁研究的结果，我们可以认为，损毁的耕地即为对人口承载的损失，而且主要在农村地区，也相当于对农村人口支撑的损失。折合为农村人口的支撑下降，主要分布在汶川县、北川县和江油市（表15-2）。

**表 15-2　极重灾区耕地损毁抽样结果**

| 县市 | 样区耕地损毁面积/hm² | 样区耕地面积/hm² | 耕地损毁率/% | 县内耕地总面积/hm² | 支撑人口下降/万人 |
|---|---|---|---|---|---|
| 汶川县 | 331.95 | 11385.80 | 2.92 | 12842.57 | 0.3095 |
| 北川县 | 1433.50 | 51086.68 | 2.81 | 53358.64 | 0.4496 |
| 平武县 | 756.41 | 65867.75 | 1.15 | 73282.95 | 0.2151 |
| 江油市 | 380.61 | 81154.54 | 0.47 | 135785.54 | 0.4127 |
| 安县 | 99.08 | 31238.36 | 0.32 | 74127.02 | 0.1610 |
| 青川县 | 43.95 | 16749.43 | 0.26 | 75533.20 | 0.0642 |
| 都江堰市 | 18.07 | 24730.35 | 0.07 | 44129.51 | 0.0427 |
| 绵竹市 | 0 | 195.08 | 0 | 54515.38 | 0 |
| 彭州市 | 0 | 463.24 | 0 | 66624.34 | 0 |
| 什邡市 | 0 | 14.07 | 0 | 35001.99 | 0 |
| 合计 | 3063.57 | 282885.30 | | 625201.10 | 1.6547 |

## 15.3　水土资源承载力的综合分析

对于极重灾区，整体的水资源损失不大，该区水资源丰富，水资源充足与否的区域本身与地震没有关系。但从供水破坏来看，主要影响了城镇人口。如果用水限制在120L/（人·d）以下，恢复60%以上的供水能力，就基本可以提供城镇人口的用水；如果用水为200L/（人·d），即使供水能力恢复到80%，将有1.25万人缺水，而恢复60%供水能力则将有12.70万人缺水；用水为220L/（人·d），供水能力恢复到80%，将有3.70万人缺水，而恢复60%供水能力则将有17.67万人缺水。

从样地调查结果看，耕地、林地的损毁情况并不太严重，总量不会超过8%，主要涉及农业人口的生计问题；目前还无法考虑农用地质量下降和雨季过后的次生灾情。整体上极重灾区的水土资源对人口承载力有一定的下降，两者应该是不重复计算，总和最大达到近20万人（表15-3）。

**表 15-3　极重灾区水土资源人口承载力下降情况**

| 县市 | 耕地损毁率/% | 震前人口/万人 | 影响人口/万人 | 80%恢复供水 | | 60%恢复供水 | | 最少影响人口/万人 | 最多影响人口/万人 |
|---|---|---|---|---|---|---|---|---|---|
| | | | | 200/(L/人) | 220/(L/人) | 200/(L/人) | 220/(L/人) | | |
| 汶川县 | 2.92 | 10.60 | 0.31 | 0.95 | 1.22 | 1.70 | 1.90 | 1.26 | 2.21 |
| 北川县 | 2.81 | 16.00 | 0.45 | — | — | — | — | 0.45 | 0.45 |
| 平武县 | 1.15 | 18.70 | 0.22 | — | — | — | — | 0.22 | 0.22 |
| 江油市 | 0.47 | 87.80 | 0.41 | 0.30 | 2.48 | 6.30 | 7.79 | 0.71 | 8.20 |
| 安县 | 0.32 | 50.30 | 0.16 | — | — | — | — | 0.16 | 0.16 |
| 青川县 | 0.26 | 24.70 | 0.06 | — | — | — | — | 0.06 | 0.06 |
| 都江堰市 | 0.07 | 61.00 | 0.04 | — | — | 0.90 | 2.33 | 0.04 | 2.37 |
| 绵竹市 | 0 | 51.40 | 0 | — | — | — | — | 0 | 0 |
| 彭州市 | 0 | 78.40 | 0 | — | — | 3.80 | 5.65 | 0 | 5.65 |
| 什邡市 | 0 | 43.00 | 0 | — | — | 0 | 0 | 0 | 0 |
| 合计 | — | 441.90 | 1.65 | 1.25 | 3.70 | 12.70 | 17.67 | 2.90 | 19.32 |

# 15.4　基于生态系统服务功能的承载力评估

## 15.4.1　极重灾区不同生态系统目前损毁状况评估

在灾后一周内的遥感影像解译所预估的损毁面积基础上，根据中国地震台网中心记录的极重灾区余震数据（截至 2008 年 6 月 23 日）和四川省气象局发布的极重灾区降水记录数据（2008 年 5 月 20 日至 6 月 18 日），对目前损毁面积进行了进一步评估（图 15-3）。

## 15.4.2　极重灾区不同生态系统服务功能损失评估

根据截至 2008 年 6 月 23 日，极重灾区 10 个县市不同生态系统的损毁面积和国家统计局《中国统计年鉴-2007 年》公布的 2006 年全国粮食作物种植面积和全国粮食作物产值（国家统计局，2007），计算 2008 年极重灾区生态系统服务功能损失的价值。结果表明：截至 2008 年 6 月 23 日，汶川地震

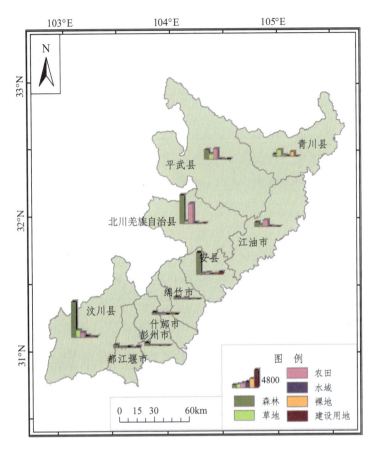

图 15-3　极重灾区 10 个县（市）生态系统损毁状况（截至 2008 年 6 月 23 日）

极重灾区 10 个县市森林、草地、农业用地、水域和未利用地 5 类生态系统
因地震灾难导致的服务功能价值损失约 47.02 亿元/年（图 15-4）。

　　对于联合国千年生态系统评估（MA）所划分的四种生态系统服务功能
（赵士洞等，2007；Costanza，1997）：气体调节、气候调节、水源涵养以及
废弃物处理 4 种调节功能价值损失约为总损失使用价值的 50.10%，总值达
到 22.55 亿元/年；其次是生物多样性和土壤形成两类支持功能价值损失，
相当于总损失使用价值的 33.40%，约 15.70 亿元/年；食品生产以及原材料
的供给服务与人类密切相关，价值损失占总服务价值的 11.90%，约 5.60 亿
元/年；娱乐文化所代表的文化服务功能价值损失比例相对较小（不包括生

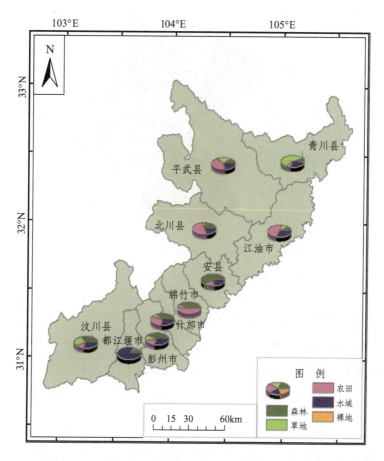

图 15-4　极重灾区 10 个县市生态系统服务功能损失状况（截至 2008 年 6 月 23 日）

态系统所能够提供的旅游服务功能），约为 4.60%，价值为 2.19 亿元/年（图 15-5）。

　　由上述分析可知，地震极重灾区 10 个县市生态系统总服务功能使用价值损失中直接价值（供给服务和文化服务）损失约 7.79 亿元/年，占总使用价值损失的 16.50%；间接使用价值（调节服务和支持服务）损失占到总使用价值损失的 83.50%，高达 39.24 亿元/年，约为直接使用价值损失的 5 倍，尤其是对于水源、土壤、气体和生物资源间接使用价值的影响比较明显。这说明地震导致的生态系统服务功能损失主要是间接使用价值的损失，而非直接使用价值的损失，而生态系统间接服务的功能恢复将会更加困难，

图 15-5　地震灾区主要生态系统服务功能各类使用价值损失比例

需要更长的时间进行重建（谢高地等，2001）。

　　表 15-4 为 10 个极重灾区三种不同情景下的生态系统服务功能损失状况，预计未来 10 个极重灾区的各类生态系统损毁面积可能会达到总面积的 10%，仅平武和汶川两县的损失价值就接近当前的总损失价值，而 10 个极重灾区的总损失价值超过当前损失的两倍，高达 117.55 亿元。

表 15-4　汶川地震 10 个极重灾区三种不同情景下的生态系统服务功能损失状况

（单位：亿元/年）

| 地名 | 遥感解译损失价值<br>（损失比例 1%） | 考虑降水和余震损失价值<br>（损失比例 4%） | 未来预案<br>（损失比例 10%） |
|---|---|---|---|
| 安县 | 0.75 | 3.01 | 7.54 |
| 北川县 | 1.33 | 5.32 | 13.30 |
| 都江堰市 | 0.61 | 2.43 | 6.09 |
| 江油市 | 1.45 | 5.80 | 14.49 |
| 绵竹市 | 0.65 | 2.61 | 6.52 |
| 彭州市 | 0.75 | 3.01 | 7.53 |
| 平武县 | 2.62 | 10.49 | 26.22 |
| 青川县 | 1.40 | 5.61 | 14.02 |
| 什邡市 | 0.44 | 1.77 | 4.42 |
| 汶川县 | 1.74 | 6.97 | 17.44 |
| 总损失 | 11.74 | 47.02 | 117.55 |

## 15.4.3  重灾区不同生态系统服务功能损失评估

据中国气象局成都高原气象研究所对大地震重灾区各年各月泥石流、滑坡日数进行分析发现，重灾区的泥石流、滑坡次数发生最高的月份是 7 月和 8 月，主要发生月份在 6～9 月，受地震强烈影响后，地质灾害的发生范围扩大，出现频率加大，破坏强度上升。因此，未来重灾区各县市的生态系统损毁面积最大可能会达到目前的 10 倍，在此基础上我们评估了各县市的生态系统服务价值损失的最大值（表 15-5）。

**表 15-5　重灾区三种不同情景下生态系统服务功能损失状况**

（单位：亿元/年）

| 生态系统类型 | 情景 1 | 情景 2 | 情景 3 |
|---|---|---|---|
| 森林 | 13.04 | 52.16 | 130.42 |
| 草地 | 1.45 | 5.77 | 14.45 |
| 农田 | 2.54 | 10.14 | 25.36 |
| 水体 | 2.25 | 9.00 | 22.50 |
| 裸地 | 0.02 | 0.52 | 1.29 |
| 总计 | 19.30 | 77.59 | 194.02 |

在情景 1（重灾区 52 个县市生态系统损毁状况在主震发生一周后保持不变，并利用遥感数据对极重灾区损毁状况进行目视解译，进而结合不同县市的灾情状况将生态系统损毁状况外推到其他县市，最后对 52 个县市不同生态系统损毁状况进行预估）模式下，重灾区生态服务功能损失约 19.30 亿元/年，其中森林生态系统损失最为严重，其次是农田和水体。

情景 2 考虑了降水和余震的影响，认为重灾区生态系统损毁程度将为主震发生一周后的 4 倍，进而估计到重灾区生态服务功能损失导致的经济价值损失约 77.59 亿元/年。

如果重灾区生态系统损毁最大达到主震发生一周后的 10 倍（情景 3），所导致的生态服务功能损失价值将高达 194.02 亿元/年。

## 15.4.4　基于不同生态系统服务功能损失的
## 人口承载力分析

根据汶川地震极重灾区遥感解译的震后生态系统损毁面积，评估重灾区地震发生前后人均生态足迹和生态承载力变化。由于地震重灾区生态系统目前还在持续发生变化，依照前文对于生态系统损毁状况的评估方案，将地震灾区生态承载力的分析分为三种情景，情景 1 指重灾区生态系统损毁维持在震后一周的水平；情景 2 指生态系统因为余震和降水的影响损毁程度加剧为震后一周的 4 倍；情景 3 对应生态系统在地震发生基础上，加上汛期来临等其他外在环境因素下可能导致的最大损毁。利用不同情景下生态系统的损毁面积，进行地震重灾区生态承载力变化的分析（表 15-6）。

表 15-6　汶川地震重灾区生态承载能力变化

| 情景 | 项目 | 耕地 | 林地 | 草地 | 水域 | 人均生态承载力总量 |
|---|---|---|---|---|---|---|
| 震前 | 震前面积/hm² | 3787404.03 | 4565895.32 | 3784273.78 | 106481.03 | |
| | 人均面积/(hm²/人) | 0.1650 | 0.1989 | 0.1648 | 0.0046 | |
| | 均衡因子 | 2.80 | 1.10 | 0.50 | 0.20 | |
| | 产量因子 | 1.66 | 0.91 | 0.19 | 1.00 | |
| | 均衡面积/(hm²/人) | 0.7668 | 0.1991 | 0.0157 | 0.0009 | 0.9825 |
| 情景 1 | 震后面积/hm² | 3776589.22 | 4548310.94 | 3778394.67 | 105039.09 | |
| | 震后人均面积/(hm²/人) | 0.1645 | 0.1981 | 0.1646 | 0.0046 | |
| | 均衡面积/(hm²/人) | 0.7646 | 0.1983 | 0.0156 | 0.0009 | 0.9795 |
| 情景 2 | 震后面积/hm² | 3744144.78 | 4495557.81 | 3760757.34 | 100713.28 | |
| | 震后人均面积/(hm²/人) | 0.1631 | 0.1958 | 0.1638 | 0.0044 | |
| | 均衡面积/(hm²/人) | 0.7581 | 0.1960 | 0.0156 | 0.0009 | 0.9705 |
| 情景 3 | 震后面积/hm² | 3679255.89 | 4390051.55 | 3725482.67 | 92061.65 | |
| | 震后人均面积/(hm²/人) | 0.1603 | 0.1912 | 0.1623 | 0.0040 | |
| | 均衡面积/(hm²/人) | 0.7449 | 0.1914 | 0.0154 | 0.0008 | 0.9526 |

三类情景中随着灾区受损面积的不断加大，人均生态承载力也随之下降，从原来的 0.98hm²/人下降到 0.95hm²/人。生态承载力的下降意味着有限的土地利用面积限制着人类对生态环境的需求（靳芳等，2005）。基于此，

本节分析了不同情景下的生态平衡状况，以及在保持震前生态足迹与生态承载力关系的情形下，根据人均生态足迹和人均生态承载力，得到重灾区地震发生前后生态平衡情况；同时计算了在前文所述 3 种损毁情景下，重灾区森林、草地、耕地和水域四类生态系统所能支撑的人口数量减少量（表 15-7）。

表 15-7　汶川地震重灾区生态平衡状况

| 情景 | 项目 | 耕地 | 林地 | 草地 | 水域 | 总量 |
|---|---|---|---|---|---|---|
| 震前 | 人均生态足迹/(hm²/人) | 3.374 | 0.005 | 0.145 | 0.068 | 3.592 |
| | 人均生态承载力/(hm²/人) | 0.767 | 0.199 | 0.016 | 0.0009 | 0.983 |
| | 生态平衡状况/(hm²/人) | −2.607 | 0.194 | −0.129 | −0.067 | −2.609 |
| 情景 1 | 人均生态足迹/(hm²/人) | 3.374 | 0.005 | 0.145 | 0.068 | 3.592 |
| | 人均生态承载力/(hm²/人) | 0.765 | 0.198 | 0.016 | 0.001 | 0.980 |
| | 相对于震前生态承载力变化/% | −0.26 | −0.50 | 0.00 | 11.11 | −0.31 |
| | 生态平衡状况/(hm²/人) | −2.609 | 0.193 | −0.129 | −0.067 | −2.613 |
| | 相对于震前各类生态系统所支撑人口数量减少/万人 | 6.59 | 8.86 | 3.55 | 31.94 | — |
| 情景 2 | 人均生态足迹/(hm²/人) | 3.374 | 0.005 | 0.145 | 0.068 | 3.592 |
| | 人均生态承载力/(hm²/人) | 0.758 | 0.196 | 0.016 | 0.001 | 0.971 |
| | 相对于震前生态承载力变化/% | −1.17 | −1.50 | −2.75 | −2.22 | −1.27 |
| | 生态平衡状况/(hm²/人) | −2.616 | 0.191 | −0.129 | −0.067 | −2.621 |
| | 相对于震前各类生态系统所支撑人口数量减少/万人 | 26.26 | 35.39 | 14.25 | 125.17 | — |
| 情景 3 | 人均生态足迹/(hm²/人) | 3.374 | 0.005 | 0.145 | 0.068 | 3.592 |
| | 人均生态承载力/(hm²/人) | 0.745 | 0.191 | 0.015 | 0.001 | 0.953 |
| | 相对于震前生态承载力变化/% | −2.87 | −3.81 | −3.63 | −11.11 | −3.10 |
| | 生态平衡状况/(hm²/人) | −2.629 | 0.186 | −0.130 | −0.067 | −2.639 |
| | 相对于震前各类生态系统所支撑人口数量减少/万人 | 65.59 | 88.43 | 35.65 | 311.62 | — |

如果人均生态足迹超过了当地生态系统所能提供的人均生态承载力，就出现生态赤字；如果小于人均承载力，就表现为生态盈余（徐中民等，2003）。虽然限于资料情况，评估过程部分数据采用了全球或四川省的平均数据进行代替，可能未能准确反映灾区的实际状况，但重灾区生态赤字的现象是明显存在的（四川省统计局 2007；刘自娟等，2006，2007；张绍修等，

2007)。具体结果显示，汶川地震重灾区地震发生前主要生态系统的承载力已经出现较大的赤字现象，尤其是耕地赤字面积比较大，达到－2.607hm²/人。林地有较小的生态盈余，可能与当地森林覆盖度比较高，而当地居民资源消费又以农产品为主有关。同时，地震导致各类生态系统均受到不同程度的损毁，使得重灾区生态承载力有比较明显的下降。

在情景1模式下，耕地承载力下降了0.26%，林地承载力下降了0.5%，总承载力下降了0.31%。由此导致重灾区生态系统所能支撑人口数量减少了3.55万～31.94万。在情景2模式下，各类生态系统承载能力下降幅度介于1.17%～2.75%，导致支撑人口数量减少达14.25万～125.17万。如果生态系统损毁程度变化为主震发生后一周的10倍（情景3），各类生态系统承载力将下降2.81%～11.11%，届时重灾区因为生态系统受损可能导致支撑人口最低减少35.65万人，最高可达311.62万人。

## 参 考 文 献

国家统计局.2007. 中国统计年鉴. 北京：中国统计出版社

靳芳，鲁绍伟，余新晓等.2005. 中国森林生态系统服务功能及其价值评价. 应用生态学报，16（8）：
　　1531～1536

刘自娟，张文秀，贾林平.2007. 四川省可持续发展的生态足迹研究. 中国生态农业学报，15（2）：
　　155～159

刘自娟，张文秀，戎晓红.2006. 四川省的生态足迹计算与分析. 中国水土保持，8：26～28

欧阳志云，苗鸿.1999. 中国陆地生态系统服务功能及其生态经济价值的初步研究. 生态学报，19（5）：
　　607～613

四川省统计局.2007. 四川统计年鉴. 北京：中国统计出版社

谢高地，鲁春霞，成升魁等.2001. 全球生态系统服务价值评估研究进展. 资源科学，23（6）：5～9

徐中民，张志强，程国栋等.2003. 中国1999年生态足迹计算与发展能力分析. 应用生态学报，14（2）：
　　280～285

许月卿.2007. 基于生态足迹的北京市土地生态承载力评价. 资源科学，29（5）：37～42

张绍修，张建强，李兵.2007. 成都市生态足迹动态分析. 农业现代化研究，2：92～94

赵士洞，张永民，赖鹏飞.2007. 千年生态系统证估报告集一. 北京：中国环境科学出版社

Costanza R. 1997. The value of the world's ecosystem services and natural capital. NATURE, 387：233～
　　240

# 第16章 灾区生态与生产恢复分区*

汉川地震给灾区的人类生产生活和生态环境带来了巨大的破坏，对灾区未来的生态环境保护与建设、农业产业布局带来深远的影响。《国务院关于支持汉川地震灾后恢复重建政策措施的意见》中强调：要调整产业结构、优化产业布局，形成资源集约利用、土地节约使用、环境综合治理、功能有效发挥的产业集中区，并重点恢复重建农牧业。

因此，以乡镇为单元，明确地震灾后各乡的恢复重建发展方向，根据其震前生态环境状态、地震破坏程度和未来发展方向，明确其在生态保护和生产发展上的层次，对地震灾区进行生态保护与恢复、生产发展与恢复区划对生态修复规划、土地利用规划等专项规划具有重要意义。

## 16.1 划分原则与方法

编制地震灾后恢复重建规划，应当全面贯彻落实科学发展观，坚持以人为本，优先恢复重建受灾群众基本生活和公共服务设施；尊重科学、尊重自然，充分考虑资源环境承载能力。因此，对重灾区的生态生产恢复规划分级标准要综合考虑各地区的生态环境保护的重要性、工农业生产恢复与发展的迫切性。这里不是将生态保护与生产发展对立起来，而是在统筹兼顾的基础上，根据原有基础、地震损失和社会需求，对各乡镇的灾后恢复重建方向适度进行分析。

---

\* 执笔人：中国科学院生态环境研究中心的欧阳志云、董仁才、徐卫华、王学志。

## 16.1.1　分　类　层　次

（1）以生态保护为主的乡镇：这一类乡镇，在未来的建设过程中，将主要以加大自然保护区建设与管理力度、实施全面的生态保护恢复工程，重点实施农村居民地异地重建和生态移民工程，做到人类活动让位于各类动植物栖息地保护工作。

（2）以生态保护为主、生产发展为辅的乡镇：这一类乡镇，在未来重建过程中，将主要以实施大型生态保护工程、适度发展生态旅游、农家乐等不对自然环境产生重要影响的生产活动。

（3）以生产发展为主、生态恢复为辅的乡镇：这一类乡镇，在未来重建过程中，将主要发展生态环境承载力限度内的生产活动，如农业、环保产业、低能耗产业等。

（4）以生产发展为主的乡镇：这一类乡镇，在未来重建过程中，将主要在不污染环境和破坏生态的前提下，发展各种产业，以解决生态移民的人口压力。

## 16.1.2　分　类　方　法

根据前期多年对该地区的生态环境研究，尤其是对大熊猫栖息地、生物多样性、干热河谷生态系统的研究积累，本章提出以下对生态保护、生产发展的分类区划方法：

（1）以生态保护为主的乡镇：将生物多样性极重要、水源涵养极重要、水土流失极敏感和自然保护区等面积比例较大的乡镇划定为生态保护与恢复乡镇。具体参数为乡镇面积中含自然保护区与大熊猫栖息地面积的比例大于等于35%，或者"大于等于25°耕地面积"占区域的比例大于等于60%。一般来说，某乡镇内自然保护区的面积比例已经大于等于35%，如果继续开展各类生产活动，必将对自然保护区产生破坏性的影响。例如，人为割裂生境，造成"生殖孤岛"。而坡度在 25°以上的耕地面积较多的乡镇，按照相关规定，本身就要退耕还林，实施天然林保护工程。

（2）以生态保护为主、生产发展为辅的乡镇：坡度大于等于 25°区域的比例 40%～60%或按照生态功能区划的适宜建设区的比例小于 60%或禁止建设区域的比例 20%～35%。

（3）以生产发展为主、生态恢复为辅的乡镇：除 1、2、4 类型以外的所有乡镇。

（4）以生产发展为主的乡镇：坡度大于等于 25°区域的比例小于 5%或者适宜建设区的比例大于等于 95%。坡度小于 5°的耕地比例在 90%以上的区域，适宜发展工农业生产。

# 16.2　分区背景

## 16.2.1　原有生态与生产基础

四川是一个农业大省，地处中国西南内陆，地域辽阔，人口众多，资源丰富，地理环境优越，自然条件较好，农作物种类繁多。四川水稻产量居全国首位，麦、棉、丝、油菜籽、茶、柑橘、桐油、白蜡（产量居全国首位）、猪棕等主要农副产品在全国占重要地位。四川是我国长江沿江地区经济协调发展的重要"龙尾"，幅员面积 48.5 万 km²，占全国的 5.1%，居第五位。境内东部为四川盆地，川西南为山地，西部为高山峡谷高原，其中，平坝（平原）占 7.84%，丘陵占 10.06%，高原（高山）占 32.08%，山地占 49.44%，水面占 0.58%。

人口众多，劳动力资源丰富。2003 年末全省总人口 8700 万人（常住人口），占全国人口的 6.6%，列第三位；占西部总人口的 23.1%，居第一位。其中农业人口 6734.2 万人。乡村劳动力 3935.3 万人，其中从事农林牧渔业的劳动力 2414 万人。现有耕地 5855.5 万亩，占全国耕地总面积的 4.2%，列第二位，占西部耕地的 14.4%，列第一位，其中水田 3132.4 万亩、旱地

2723.1万亩。全省人均耕地0.69亩。耕地中有效灌溉面积3754.7万亩，占64.1%；旱涝保收面积2594.2万亩，占44.3%；中低产田约占耕地总面积的40%。

地震灾区的农业生产气候条件相对较好，灾区东部与西部地区气候差异明显。东部四川盆地，属亚热带湿润气候，气温较高，无霜期长，雨量多，日照少，年均温16℃以上，无霜期240～300天；年降雨量1000～1400mm，为全国多雨区；年日照1000～1600h，为全国最低值区。川西南山地，冬暖夏凉，四季不分明，但干湿季明显，垂直变化大，年均温12～20℃，无霜期220～330天；年降雨量900～1200mm；年日照2200～2700h，超出盆地约1倍以上。种植业以粮食生产为主，经济作物种类繁多。2003年全省农作物总播面积13627.4万亩，其中粮食作物面积9131.7万亩，占67.0%；经济作物面积2061.1万亩，占15.1%；其他作物面积2434.1万亩，占17.9%。盆地内复种指数高，素有精耕细作的传统，已基本形成了小春（夏收作物）、大春（秋收作物）、晚秋作物一年三季种植的耕作制度。2003年全省耕地复种指数已达232.7%。粮食作物中水稻、小麦、玉米、红苕四大作物占有突出地位。2003年水稻面积占粮食总面积的31.7%，产量占粮食总产量的47.1%；小麦面积占21.1%，产量占15.3%；玉米面积占18.1%，产量占18.0%；红苕面积占12.8%，产量占10.7%。经济作物有棉花、油料、甘蔗、水果、茶叶、烟叶、麻类、药材等，种类繁多。

主要农副产品在全国占有重要地位。2003年，四川农林牧渔业总产值1784.5亿元（当年价），占全国的6.0%，占西部12省、市、区的25.1%，居全国第六位。四川是我国西部最可靠的粮食和副食品基地，种植业中粮、油、棉、麻、蔗、桑、茶、果、药、烟等具有相当的优势。粮食产量占全国的7.4%，占西部的25.4%，列全国第三；油料产量占全国的7.7%，占西部的31.1%，列全国第五；蔬菜面积占全国的5.6%，居第八位。四川还是我国的一个畜牧业大省，肉猪出栏头数居全国第一，猪牛羊肉类总产量占全国的9.2%，居全国第二。长期以来，四川农业为全国经济建设作出了巨大贡献，不仅以占全国4.2%的耕地，养活占全国6.6%的人口，常年调出稻谷 130 万 t，同时，杂交稻育种科研优势列全国前茅，杂交水稻制种面积占全国第一位，每年调出杂交水稻种子 5 万 t，占全国省际调剂量的 60%，调出食用植物油 10 万～15 万 t、蔬菜 120 万 t、水果 30 万 t、猪肉 180 万 t、酒类 30 万～40 万 t，以及蚕丝、中药材等农产品及加工品，支援其他省、市、区的经济建设。

## 16.2.2 重灾县资源开发潜力

2008 年 5 月 12 日，汶川县发生了 8.0 级强烈地震，地震灾害对当地农业破坏巨大，其中破坏最惨重的是水利，损失最大的是畜牧业，影响时间最长的是林业，给四川省农业生产带来严重影响。据统计，汶川特大地震灾害使四川省农业生产和农业系统遭受的直接经济损失高达 70.85 亿元。其中农业生产直接经济损失 18 亿元，农作物受灾面积 98 万亩，成灾面积 56 万亩，绝收 25 万亩，其中粮食作物受灾面积 27 万亩，经济作物受灾 71 万亩（含油菜 14 万亩）。灾区有 4 万亩水稻制种基地因缺水不能按时插栽。因此，地震灾害发生后，在抗震救灾的工作中尽快恢复与发展灾区的农业生产尤为重要。汶川、北川、青川、茂县等几个重灾县情况概述如下。

### 1. 汶川县

汶川县辖属四川省阿坝藏族羌族自治州，地处四川盆地西北部边缘，因汶水而得名，是中国四个羌族聚居县之一。东西宽 84km，南北长 105km，县域面积 8820km²，森林覆盖率达 48%。东邻彭州市、都江堰市，南接崇州县、大邑县，西界宝兴县与小金县，西北至东北分别与理县、茂县相连。全县人口 110118 人（2000 年），主要民族为汉、羌、藏和回族。岷江纵贯县境西部地区，长达 88km，主要有杂谷脑、鱼子溪、草坡等河流，流域面积 1429km²。全县水能资源丰富，理论蕴藏量达 348 万 kW，可开发量 170 万 kW，现已开发 100 万 kW，开发潜力巨大。汶川县地质构造复杂，地层发育完整，岩浆岩分布广，矿产资源丰富，旅游资源更是别具一格，境内有卧龙自然保护区，为大熊猫的研究和主要繁殖地，还有四姑娘山、三江生态旅游风景区等自然景观以及禹、羌文化和三国文化遗址等人文景观资源。

汶川县境内山体宏浑高大，相对高差悬殊，光照、降水条件随海拔增高而变化，动植物资源富足。2002 年汶川县农业总产值达 16543 万元，粮食总产量达 16426t，农民人均纯收入 1678 元。随着农业产业结构调整力度加大，建立了 1500 亩生态农业科技示范园基地和 500 亩两个无农药污染 IPM 示范园区，注册和启用了"西羌牌"、"岷江牌"两个商标和五个蔬菜水果绿色标志，被国家绿色食品中心列为无公害蔬菜、水果干果生产建设基地。

### 2. 北川羌族自治县

北川羌族自治县辖属四川省绵阳市，位于四川盆地西北部。全县共有 44343 户、161107 人。东接江油市，南邻安县，西靠茂县，北抵松潘县、平武县，县域面积 2867.83km²。山地占面积的 98.8%，仅县境东南一隅属丘陵，占面积的 1.2%。最高点插旗山海拔 4769m，最低点香水渡海拔 540m，相对高差 4229m。地势西北高、东南低，由西北向东南平均每千米海拔递降 46m。森林面积 134660.22hm²，森林覆盖率 46.93%，活立木蓄积量 2124.4 万 m³。县境年均降水量 28.76 亿 m³，年均地表径流量 23.26 亿 m³，地下水资源 5.6 亿 m³，容水径流量 18.08 亿 m³，减去重复水流量，年均水资源总量为 25.96 亿 m³。水能资源理论蕴藏量 49 万 kW，可开发量 34.86 万 kW；已开发 4.12 万 kW，仅占可开发量的 12%。河流落差大，但丰、枯季节明显，调节性能差。北川县不仅有丰富的自然资源，也有独具特色的旅游资源：以全球同纬度地区生态环境保存最完整的小寨子沟、千佛山、片口自然保护区为代表的自然生态旅游开发区；以禹里为中心，方圆数千米的大禹故里风景名胜区，集自然景观与人文景观为一体；以猿王洞险山自然风景区为代表的川西北最大溶洞群。此外，还有明代所建的古城堡遗址永平堡，以及浓郁羌族文化旅游资源。

北川气候温和，四季分明，雨量充沛，年平均气温 15.6℃，年平均无霜期在 125～128 天，年平均日照 931.1～1111.5h。全县 4303776.4 亩土地中，农耕地占 7.7%，园地占 1.3%，林地占 80.0%，牧草地占 1.7%，居民点及工矿用地占 1.1%，交通用地占 0.6%，水域占 2.5%，未利用土地占 5.1%。农耕地中坡度 25°以下占 31.7%；25°以上耕地占 68.3%。土壤质地以砾石土为主，次为壤土、黏土；酸碱度适中，有机质含量较高，适合多种作物生长。粮食作物有 9 科 4 属 34 种。野生植物 1000 种余，其中已知的树木有 83 科 176 属 327 种，牧草 61 科 174 属 243 种，药用植物 549 种。全县农耕地 30 万亩余，其中 25°以上坡耕地占 68%。农作物以玉米、马铃薯、油菜为主，粮食常年总产量为 6 万 t 左右。牧业以生猪、山羊、牛为主，年产值占农业总产值的 45% 以上。林地面积占幅员的 80%，20 世纪 70 年代以来大力发展的茶、药、桑、果等多经济基地已达 20 万亩余，成为农民增收的重要途径之一；随着退耕还林（草）工程的全面实施，北川为建设长江上游生态屏障作出了积极的贡献。

北川县紧邻汶川，地震灾害造成全县房屋严重倒塌，16 万人无家可归。全县农作物受灾面积 12.65 万亩，沼气池 7400 口，直接经济损失 3.74 亿元。农业局机关办公楼、农业培训中心、职工宿食 9800m² 全部倒塌，所有办公设施及职工个人财产全部损失。全县 20 个乡镇农技站无一完好，估计损失 1.8 亿元。

(1) 2008 年北川县小春播种面积 15.91 万亩，因山体滑坡损毁 1.5 万亩，已抢收 6.63 万亩。其中小麦播种 1.2 万亩，损毁 0.18 万亩，已抢收 0.7 万亩，尚有 0.32 万亩未收，主要是高山季节滞后未收；马铃薯播种面积 7.8 万亩，损毁 0.45 万亩，已收 0.9 万亩；蔬菜播种面积 2.4 万亩，损毁 0.6 万亩，已收 1 万亩；豌、胡豆播种面积 0.78 万亩，损毁 0.15 万亩，已抢收 0.5 万亩；油菜播种面积 3.73 万亩，损毁 0.12 万亩，已抢收 3.2 万亩，尚有 0.41 万亩未收。

(2) 2008 年北川县大春主要作物播种面积 18.75 万亩，损失 6.25 万亩，已安排补种 5.2 万亩。其中玉米播种 12.4 万亩，损失 3.3 万亩，已安排补种 2.8 万亩，蔬菜播种面积 3.5 万亩，损失 2.4 万亩，补种 3 万亩。

(3) 各类经济作物损失 4.9 万亩。其中茶园实有采摘面积 5.6 万亩，损失 2.4 万亩，药材实有面积 10.9 万亩，损失 2.1 万亩；水果面积 0.6 万亩，损失 0.1 万亩，蚕桑面积 3.7 万亩，损失 0.3 万亩。

### 3. 青川县

青川县隶属四川省广元市，因"其水清美"而得名，地处四川盆地北部边缘，白龙江下游，川、甘、陕三省结合部，为中西部交接地带。周围与陕西省宁强县、甘肃省文县、陇南市武都区，四川省江油市、平武县，广元市市中区、朝天区、剑阁县等八县（区）相邻。全县幅员 3271km²，总人口 25 万人。境内地势西高东低，坡度大于 25°的占总面积的 73.8%，最高海拔 3837m，最低海拔 491m。春寒秋凉，夏短冬长，属亚热带湿润季风气候，随地貌呈立体变化。年平均气温 13.7℃，最热月为 7 月，平均气温 23.6℃，最冷月为 1 月，平均气温 2.5℃。年平均雨量 1021.7mm，年均日照 1337.6h，日照率 30%，无霜期 243 天。四季分明，雨量充沛，气候宜人，资源丰富，开发潜力巨大。

青川是四川省林业基地县，全县林业用地面积 330 万亩，占幅员的 67.3%，森林覆盖率 42.3%，活立木蓄积量 1200 万 m³。在林业用地中，有林地面积为 141983.0hm²，疏林地面积为 941.6hm²，灌木林地面积为 52767.8hm²，未成林造林地面积为 4719.8hm²，苗圃地面积为 6.3hm²。现有木本植物 4000 种余，其中包括珙桐、冷杉、银杏、樟树等珍贵树种。境内占地 73 万亩的唐家河国家级自然保护区。境内河流属长江上游的嘉陵江水系，白龙江和青竹江横贯县境，小河、溪沟境内遍布，19 条溪河流域面积达 50km²，全县总蓄水量 157 亿 m³，水能蕴藏量 100 多万 kW，可供开发的有 25.97 万 kW，已开发的仅 0.46 万 kW，占可开发总量的 1.77%。

青川县农业可耕地面积 37.96 万亩，荒山面积 50 多万亩。全县人均占有土地 19.83 亩、耕地 1.75 亩、林地 17.46 亩、牧地 1.47 亩。粮食总产量 11 万 t/年，油菜 2478t/年，农民人均纯收入 1435 元/年。盛产核桃、油桐、板栗等干果和刺梨、猕猴桃等水果，全县有核桃 3000 万株，投产 1500 万株，年产核桃 2000t；以茶叶为主的绿色食品业，以"名、优"制胜，茶园

19000 亩，年产茶 150t，有"箭竹牌七佛贡茶"、"白龙玉竹"、"黄山碧剑"、"白龙玉竹"、"白龙雪芽"名优茶品；被国家定为"黑木耳质标"的青川木耳、"天然高级保鲜品"的香菇、"真菌之花"的竹荪、"山菜之王"的蕨菜等绿色食品享誉国内外，是全国森林蔬菜八强县和干菜食用菌基地县，年产木耳 300t、香菇 700t；全县盛产天麻、杜仲、黄柏、厚柏、乌药等名贵中药材，年产干天麻 100t，是四川省中药材基地县；以银鱼、武昌鱼、花白鲢等为主的名优水产养殖业，年产水产品 500t；青川蚕茧质量上乘、产品出口免检，到 2003 年全县栽桑总量达 8000 万株，养蚕 8 万张，实现产茧 4 万担。

### 4. 茂县

茂县位于阿坝藏族羌族自治州东南部，地处青藏高原向川西平原过渡地带，四周与北川县、安县、绵竹市、什邡市、彭县、汶川县、理县、松潘县 8 县市相邻。南北宽 94.8km，东西长 116.5km，幅员 3885.6km²，人口 90956 人，羌族占 88.92%。境内高山林立，河流深切。地表为西北高、东南低，地貌以高山峡谷地带为主。县境山峰多在海拔 4000m 左右，相对高度在 1500~2500m，西部最高峰万年雪峰海拔 5230m，只在东部土门地区，山势、谷坡较为低缓，相对高度一般在 800m 左右，土门河下游谷底，海拔仅 890m，是县内最低点。境内地质构造复杂，地处龙门山地震带，是全国地震活跃地区之一。岷江自北向南纵贯全境。黑水河、赤不苏河、松坪河分别在大小两河口和叠溪镇汇入岷江。土门河从西向东纵贯土门全区，汇入涪江水系。境内江河纵横，水流湍急，水能蕴藏量 127.5 万 kW，可开发量 39.8 万 kW，具有极大的潜能。

气候具有干燥多风、冬冷夏凉、昼夜温差大、地区差异大的特点。县城年均气温 11.2℃，7 月平均温度 20.9℃，最低气温 -11.6℃，最高气温 32℃。平均日照数 1557.1h，年降水量 490.7mm，平均蒸发量 1375.7mm，无霜期 215.8 天。河谷与高山气温悬殊，春天高山冰雪未融，河谷已是百花盛开。

野生动植物种类繁多，主要草本植物有 189 种，优质树种有冷杉、云杉、桦树等及珍稀树种岷江柏、银杏、红豆杉、合欢等 56 个，中药材植物类 184 科、574 种，分布总面积 50 多万亩，其中以虫草、天麻、当归、党参、黄芪、贝母等较著名。春季盛产樱桃，夏季盛产苹果、桃、李、梅、核桃等，还有禾香、羌活、大黄等野菌、云豆、野菜。茂县苹果、花椒、核桃驰名海内外。

# 16.3　规划结果

根据以上分类方法及地震灾区灾前和灾后的情况，本节对地震灾区的安县、北川县、都江堰市、江油市、茂县、绵竹市、彭州市、平武县、青川县、什邡市、汶川县 11 个县市的 252 个乡镇进行了分区（图 16-1，表 16-1），结果如下：

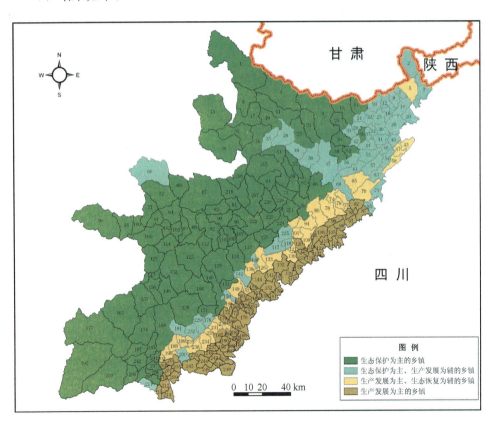

图 16-1　地震灾区生态与生产恢复分区图

（1）以生态恢复为主的乡镇：92 个；

（2）以生态恢复为主、生产恢复为辅的乡镇：52 个；

（3）以生产恢复为主、生态恢复为辅的乡镇：32 个；

（4）以生产恢复为主的乡镇：76 个。

表 16-1 地震灾区各乡生态与生产恢复分区

| 县名 | 乡名 | 功能 |
| --- | --- | --- |
| 安县 | 千佛镇 | 生态恢复为主 |
| 安县 | 永安镇 | 生态恢复为主、生产恢复为辅 |
| 安县 | 高川 | 生态恢复为主 |
| 安县 | 桑枣镇 | 生产恢复为主、生态恢复为辅 |
| 安县 | 安昌镇 | 生产恢复为主、生态恢复为辅 |
| 安县 | 黄土镇 | 生产恢复为主 |
| 安县 | 晓坝镇 | 生态恢复为主、生产恢复为辅 |
| 安县 | 沸水镇 | 生产恢复为主、生态恢复为辅 |
| 安县 | 花镇 | 生产恢复为主 |
| 安县 | 乐兴镇 | 生产恢复为主 |
| 安县 | 睢水镇 | 生态恢复为主、生产恢复为辅 |
| 安县 | 秀水镇 | 生产恢复为主 |
| 安县 | 兴仁 | 生产恢复为主 |
| 安县 | 界牌镇 | 生产恢复为主 |
| 安县 | 塔水镇 | 生产恢复为主 |
| 安县 | 迎新 | 生产恢复为主 |
| 安县 | 清泉镇 | 生产恢复为主 |
| 安县 | 河清镇 | 生产恢复为主 |
| 安县 | 永河镇 | 生产恢复为主 |
| 安县 | 宝林镇 | 生产恢复为主 |
| 北川县 | 片口羌族乡 | 生态恢复为主 |
| 北川县 | 青片羌族藏族乡 | 生态恢复为主 |
| 北川县 | 开坪羌族藏族乡 | 生态恢复为主 |
| 北川县 | 小坝羌族藏族乡 | 生态恢复为主 |
| 北川县 | 贯岭羌族乡 | 生态恢复为主 |
| 北川县 | 都坝羌族乡 | 生态恢复为主 |
| 北川县 | 白坭羌族乡 | 生态恢复为主 |
| 北川县 | 桂溪 | 生态恢复为主 |
| 北川县 | 桃龙羌族藏族乡 | 生态恢复为主 |
| 北川县 | 陈家坝羌族乡 | 生态恢复为主 |

| 县名 | 乡名 | 功能 |
|---|---|---|
| 北川县 | 白什羌族藏族乡 | 生态恢复为主 |
| 北川县 | 禹里羌族乡 | 生态恢复为主 |
| 北川县 | 漩坪羌族乡 | 生态恢复为主 |
| 北川县 | 曲山镇 | 生态恢复为主 |
| 北川县 | 马槽羌族乡 | 生态恢复为主 |
| 北川县 | 坝底羌族藏族乡 | 生态恢复为主 |
| 北川县 | 通口镇 | 生态恢复为主、生产恢复为辅 |
| 北川县 | 墩上羌族乡 | 生态恢复为主 |
| 北川县 | 擂鼓镇 | 生态恢复为主 |
| 北川县 | 香泉 | 生态恢复为主、生产恢复为辅 |
| 都江堰市 | 虹口 | 生态恢复为主 |
| 都江堰市 | 龙池镇 | 生态恢复为主 |
| 都江堰市 | 向峨 | 生产恢复为主、生态恢复为辅 |
| 都江堰市 | 蒲阳镇 | 生产恢复为主、生态恢复为辅 |
| 都江堰市 | 紫坪铺镇 | 生态恢复为主 |
| 都江堰市 | 胥家镇 | 生产恢复为主 |
| 都江堰市 | 灌口镇 | 生产恢复为主、生态恢复为辅 |
| 都江堰市 | 幸福镇 | 生产恢复为主 |
| 都江堰市 | 玉堂镇 | 生态恢复为主 |
| 都江堰市 | 天马镇 | 生产恢复为主 |
| 都江堰市 | 聚源镇 | 生产恢复为主 |
| 都江堰市 | 青城山镇 | 生态恢复为主 |
| 都江堰市 | 中兴镇 | 生态恢复为主 |
| 都江堰市 | 崇义镇 | 生产恢复为主 |
| 都江堰市 | 翠月湖镇 | 生产恢复为主 |
| 都江堰市 | 大观镇 | 生态恢复为主、生产恢复为辅 |
| 都江堰市 | 石羊镇 | 生产恢复为主 |
| 都江堰市 | 安龙镇 | 生产恢复为主 |
| 都江堰市 | 柳街镇 | 生产恢复为主 |
| 江油市 | 敬元 | 生态恢复为主、生产恢复为辅 |
| 江油市 | 枫顺 | 生态恢复为主、生产恢复为辅 |
| 江油市 | 雁门镇 | 生态恢复为主、生产恢复为辅 |
| 江油市 | 六合 | 生态恢复为主、生产恢复为辅 |
| 江油市 | 石元 | 生态恢复为主、生产恢复为辅 |
| 江油市 | 马角镇 | 生产恢复为主、生态恢复为辅 |
| 江油市 | 文胜 | 生态恢复为主、生产恢复为辅 |
| 江油市 | 二郎庙镇 | 生产恢复为主、生态恢复为辅 |

续表

| 县名 | 乡名 | 功能 |
|---|---|---|
| 江油市 | 云集 | 生态恢复为主、生产恢复为辅 |
| 江油市 | 新春 | 生产恢复为主、生态恢复为辅 |
| 江油市 | 重华镇 | 生产恢复为主、生态恢复为辅 |
| 江油市 | 永胜镇 | 生产恢复为主、生态恢复为辅 |
| 江油市 | 铜星 | 生产恢复为主、生态恢复为辅 |
| 江油市 | 武都镇 | 生产恢复为主、生态恢复为辅 |
| 江油市 | 厚坝镇 | 生产恢复为主 |
| 江油市 | 重兴 | 生态恢复为主、生产恢复为辅 |
| 江油市 | 河口镇 | 生产恢复为主 |
| 江油市 | 小溪坝镇 | 生产恢复为主 |
| 江油市 | 大康镇 | 生产恢复为主、生态恢复为辅 |
| 江油市 | 东安 | 生产恢复为主 |
| 江油市 | 新兴 | 生产恢复为主 |
| 江油市 | 双河镇 | 生产恢复为主 |
| 江油市 | 含增镇 | 生产恢复为主、生态恢复为辅 |
| 江油市 | 新安镇 | 生产恢复为主 |
| 江油市 | 三合镇 | 生产恢复为主 |
| 江油市 | 太平镇 | 生产恢复为主、生态恢复为辅 |
| 江油市 | 战旗镇 | 生产恢复为主 |
| 江油市 | 中坝镇 | 生产恢复为主 |
| 江油市 | 贯山 | 生产恢复为主 |
| 江油市 | 义新兴 | 生产恢复为主 |
| 江油市 | 彰明镇 | 生产恢复为主 |
| 江油市 | 西屏 | 生产恢复为主 |
| 江油市 | 香水 | 生产恢复为主、生态恢复为辅 |
| 江油市 | 大堰 | 生产恢复为主 |
| 江油市 | 东兴 | 生态恢复为主 |
| 江油市 | 青莲镇 | 生产恢复为主 |
| 江油市 | 八一 | 生产恢复为主、生态恢复为辅 |
| 江油市 | 九岭镇 | 生产恢复为主 |
| 江油市 | 龙凤镇 | 生产恢复为主 |
| 江油市 | 方水 | 生产恢复为主 |
| 茂县 | 松坪沟 | 生态恢复为主、生产恢复为辅 |
| 茂县 | 太平 | 生态恢复为主 |
| 茂县 | 叠溪镇 | 生态恢复为主 |
| 茂县 | 洼底 | 生态恢复为主 |
| 茂县 | 石大关 | 生态恢复为主 |

续表

| 县名 | 乡名 | 功能 |
|------|------|------|
| 茂县 | 维城 | 生态恢复为主 |
| 茂县 | 永和 | 生态恢复为主 |
| 茂县 | 白溪 | 生态恢复为主 |
| 茂县 | 富顺 | 生态恢复为主 |
| 茂县 | 沟口 | 生态恢复为主 |
| 茂县 | 雅都 | 生态恢复为主 |
| 茂县 | 曲谷 | 生态恢复为主 |
| 茂县 | 回龙 | 生态恢复为主 |
| 茂县 | 飞虹 | 生态恢复为主 |
| 茂县 | 三龙 | 生态恢复为主 |
| 茂县 | 东兴 | 生态恢复为主 |
| 茂县 | 土门 | 生态恢复为主 |
| 茂县 | 光明 | 生态恢复为主 |
| 茂县 | 黑虎 | 生态恢复为主 |
| 茂县 | 凤仪镇 | 生态恢复为主 |
| 茂县 | 南新镇 | 生态恢复为主 |
| 绵竹市 | 清平 | 生态恢复为主 |
| 绵竹市 | 金花镇 | 生态恢复为主 |
| 绵竹市 | 汉旺场 | 生产恢复为主、生态恢复为辅 |
| 绵竹市 | 天池 | 生态恢复为主 |
| 绵竹市 | 拱星镇 | 生产恢复为主、生态恢复为辅 |
| 绵竹市 | 九龙镇 | 生态恢复为主、生产恢复为辅 |
| 绵竹市 | 兴隆镇 | 生产恢复为主 |
| 绵竹市 | 绵远镇 | 生产恢复为主 |
| 绵竹市 | 富新场 | 生产恢复为主 |
| 绵竹市 | 东北镇 | 生产恢复为主 |
| 绵竹市 | 遵道镇 | 生产恢复为主、生态恢复为辅 |
| 绵竹市 | 什地镇 | 生产恢复为主 |
| 绵竹市 | 西南镇 | 生产恢复为主 |
| 绵竹市 | 剑南镇 | 生产恢复为主 |
| 绵竹市 | 土门镇 | 生产恢复为主 |
| 绵竹市 | 板桥镇 | 生产恢复为主 |
| 绵竹市 | 齐天镇 | 生产恢复为主 |
| 绵竹市 | 孝德场 | 生产恢复为主 |
| 绵竹市 | 广济镇 | 生产恢复为主 |
| 绵竹市 | 玉泉镇 | 生产恢复为主 |
| 绵竹市 | 新市场 | 生产恢复为主 |

续表

| 县名 | 乡名 | 功能 |
|---|---|---|
| 彭州市 | 龙门山镇 | 生态恢复为主 |
| 彭州市 | 白鹿镇 | 生态恢复为主、生产恢复为辅 |
| 彭州市 | 小鱼洞镇 | 生态恢复为主、生产恢复为辅 |
| 彭州市 | 通济镇 | 生态恢复为主、生产恢复为辅 |
| 彭州市 | 红岩镇 | 生产恢复为主、生态恢复为辅 |
| 彭州市 | 葛仙山镇 | 生产恢复为主、生态恢复为辅 |
| 彭州市 | 磁峰镇 | 生产恢复为主、生态恢复为辅 |
| 彭州市 | 新兴镇 | 生产恢复为主、生态恢复为辅 |
| 彭州市 | 丹景山镇 | 生产恢复为主、生态恢复为辅 |
| 彭州市 | 敖平镇 | 生产恢复为主 |
| 彭州市 | 桂花镇 | 生态恢复为主、生产恢复为辅 |
| 彭州市 | 三界镇 | 生产恢复为主 |
| 彭州市 | 隆丰镇 | 生产恢复为主 |
| 彭州市 | 军乐镇 | 生产恢复为主 |
| 彭州市 | 升平镇 | 生产恢复为主 |
| 彭州市 | 天彭镇 | 生产恢复为主 |
| 彭州市 | 丽春镇 | 生产恢复为主 |
| 彭州市 | 九尺镇 | 生产恢复为主 |
| 彭州市 | 濛阳镇 | 生产恢复为主 |
| 彭州市 | 致和镇 | 生产恢复为主 |
| 平武县 | 白马藏族乡 | 生态恢复为主 |
| 平武县 | 木座藏族乡 | 生态恢复为主 |
| 平武县 | 黄羊关藏族乡 | 生态恢复为主 |
| 平武县 | 木皮藏族乡 | 生态恢复为主 |
| 平武县 | 虎牙藏族乡 | 生态恢复为主 |
| 平武县 | 水晶镇 | 生态恢复为主 |
| 平武县 | 阔达藏族乡 | 生态恢复为主 |
| 平武县 | 高村 | 生态恢复为主 |
| 平武县 | 古城镇 | 生态恢复为主 |
| 平武县 | 龙安镇 | 生态恢复为主、生产恢复为辅 |
| 平武县 | 土城藏族乡 | 生态恢复为主 |
| 平武县 | 大桥镇 | 生态恢复为主 |
| 平武县 | 旧堡羌族乡 | 生态恢复为主、生产恢复为辅 |
| 平武县 | 泗耳藏族乡 | 生态恢复为主 |
| 平武县 | 南坝镇 | 生态恢复为主、生产恢复为辅 |
| 平武县 | 水观 | 生态恢复为主 |
| 平武县 | 水田羌族乡 | 生态恢复为主、生产恢复为辅 |

| 县名 | 乡名 | 功能 |
|------|------|------|
| 平武县 | 坝子 | 生态恢复为主、生产恢复为辅 |
| 平武县 | 徐塘羌族乡 | 生态恢复为主 |
| 平武县 | 平南羌族乡 | 生态恢复为主 |
| 平武县 | 大印镇 | 生态恢复为主 |
| 平武县 | 豆叩镇 | 生态恢复为主 |
| 平武县 | 平通镇 | 生态恢复为主 |
| 平武县 | 锁江羌族乡 | 生态恢复为主 |
| 平武县 | 响岩镇 | 生态恢复为主 |
| 青川县 | 姚渡镇 | 生态恢复为主、生产恢复为辅 |
| 青川县 | 营盘 | 生态恢复为主、生产恢复为辅 |
| 青川县 | 沙洲镇 | 生产恢复为主、生态恢复为辅 |
| 青川县 | 木鱼镇 | 生态恢复为主、生产恢复为辅 |
| 青川县 | 板桥 | 生态恢复为主、生产恢复为辅 |
| 青川县 | 青溪镇 | 生态恢复为主 |
| 青川县 | 桥庄镇 | 生态恢复为主、生产恢复为辅 |
| 青川县 | 孔溪 | 生态恢复为主、生产恢复为辅 |
| 青川县 | 蒿溪回族乡 | 生态恢复为主 |
| 青川县 | 三锅 | 生态恢复为主 |
| 青川县 | 骑马 | 生态恢复为主、生产恢复为辅 |
| 青川县 | 洞水 | 生态恢复为主、生产恢复为辅 |
| 青川县 | 瓦砾 | 生态恢复为主、生产恢复为辅 |
| 青川县 | 观音店 | 生态恢复为主、生产恢复为辅 |
| 青川县 | 大坝 | 生态恢复为主、生产恢复为辅 |
| 青川县 | 黄坪 | 生态恢复为主、生产恢复为辅 |
| 青川县 | 乐安寺 | 生态恢复为主、生产恢复为辅 |
| 青川县 | 桥楼 | 生态恢复为主 |
| 青川县 | 茶坝 | 生态恢复为主、生产恢复为辅 |
| 青川县 | 前进 | 生态恢复为主、生产恢复为辅 |
| 青川县 | 大院回族乡 | 生态恢复为主、生产恢复为辅 |
| 青川县 | 茅坝 | 生态恢复为主、生产恢复为辅 |
| 青川县 | 曲河 | 生态恢复为主、生产恢复为辅 |
| 青川县 | 红光 | 生态恢复为主 |
| 青川县 | 关庄镇 | 生态恢复为主、生产恢复为辅 |
| 青川县 | 房石镇 | 生态恢复为主 |
| 青川县 | 楼子 | 生态恢复为主、生产恢复为辅 |
| 青川县 | 凉水镇 | 生态恢复为主、生产恢复为辅 |
| 青川县 | 石坝 | 生态恢复为主、生产恢复为辅 |

续表

| 县名 | 乡名 | 功能 |
|---|---|---|
| 青川县 | 白家 | 生产恢复为主、生态恢复为辅 |
| 青川县 | 苏河 | 生态恢复为主、生产恢复为辅 |
| 青川县 | 七佛 | 生态恢复为主、生产恢复为辅 |
| 青川县 | 建峰 | 生产恢复为主、生态恢复为辅 |
| 青川县 | 马公 | 生态恢复为主 |
| 青川县 | 马鹿 | 生态恢复为主、生产恢复为辅 |
| 青川县 | 竹园镇 | 生产恢复为主、生态恢复为辅 |
| 青川县 | 金子山 | 生产恢复为主、生态恢复为辅 |
| 什邡市 | 红白镇 | 生态恢复为主 |
| 什邡市 | 蓥华镇 | 生态恢复为主 |
| 什邡市 | 八角镇 | 生态恢复为主、生产恢复为辅 |
| 什邡市 | 洛水镇 | 生产恢复为主、生态恢复为辅 |
| 什邡市 | 湔氐镇 | 生产恢复为主、生态恢复为辅 |
| 什邡市 | 双盛镇 | 生产恢复为主 |
| 什邡市 | 两路口镇 | 生产恢复为主 |
| 什邡市 | 师古镇 | 生产恢复为主 |
| 什邡市 | 禾丰镇 | 生产恢复为主 |
| 什邡市 | 南泉镇 | 生产恢复为主 |
| 什邡市 | 皂角街道 | 生产恢复为主 |
| 什邡市 | 元石镇 | 生产恢复为主 |
| 什邡市 | 回澜镇 | 生产恢复为主 |
| 什邡市 | 方亭街道 | 生产恢复为主 |
| 什邡市 | 隐丰镇 | 生产恢复为主 |
| 什邡市 | 马井镇 | 生产恢复为主 |
| 汶川县 | 龙溪乡 | 生态恢复为主 |
| 汶川县 | 克枯乡 | 生态恢复为主 |
| 汶川县 | 雁门乡 | 生态恢复为主 |
| 汶川县 | 汶川县 | 生态恢复为主 |
| 汶川县 | 和平 | 生态恢复为主 |
| 汶川县 | 草坡乡 | 生态恢复为主 |
| 汶川县 | 银杏乡 | 生态恢复为主 |
| 汶川县 | 耿达乡 | 生态恢复为主 |
| 汶川县 | 卧龙镇 | 生态恢复为主 |
| 汶川县 | 映秀镇 | 生态恢复为主 |
| 汶川县 | 漩口镇 | 生态恢复为主 |
| 汶川县 | 水磨镇 | 生态恢复为主 |

# 16.4　对策建议

**1. 灾区西部的乡镇应以大熊猫等珍稀野生动植物栖息地保护和自然保护区恢复为主**

此次地震及其次生地质灾害导致生态系统的严重破坏。根据生态系统受损面积、受损比例和受损程度，地震生态破坏的重灾区有 12 个县市，包括汶川县、绵竹市、安县、彭州市、都江堰市、什邡市、茂县、平武县、北川县、青川县、江油市，占评估区面积的 47.2%。汶川地震灾区的西部山区是我国大熊猫等珍稀野生动物的主要栖息地和自然保护区分布最为集中的区域，涉及四川、陕西、甘肃三省的 30 个大熊猫分布县，包括人工圈养种群在内的 1400 多只大熊猫、面积达 2850 万亩的大熊猫栖息地受到严重影响。灾区有 49 处自然保护区，其中国家级自然保护区 13 处（卧龙、佛坪、白水江等 3 处属于中央直属）。重点解决大熊猫保护区栖息地恢复，重建大熊猫人工种群恢复基础设施，恢复大熊猫保护科研能力（国家林业局，2008）。

**2. 实施地震灾区各乡镇的森林生态恢复重建工程**

恢复地震灾区的森林资源，对于维护三峡水库安全，确保长江安澜和我国生态安全十分重要。地震灾害造成的林地毁损、山体裸露，既大大降低了水源涵养功能，破坏了森林生态和大熊猫等珍稀野生动物的栖息环境，也给长江流域的经济发展和生态安全埋下了严重隐患。应在开展震后灾区生态环境影响评价和森林植被损毁调查评估基础上，会同四川、甘肃、陕西省人民政府抓紧编制以森林生态恢复为重点的生态修复专项规划，明确生态修复的对象和内容、目标和任务、政策和措施，并适时组织实施。

同时，要采取有力措施，严防森林火灾、森林病虫害等次生灾害。从相关研究可以看出，此次地震导致了灾区植被的光合能力明显下降。大量的损毁树木形成可燃物的堆积，森林火险隐患骤增，大量的防火瞭望塔、中继台、防火专业队营房、防火物资储备库、防火道路等损毁严重。为确保森林防火不出现大的问题，必须尽快修复防火交通、通讯基础设施。同时，加大森林防火工作力度，严防森林火灾等次生灾害发生。

### 3. 妥善解决受灾林区职工、失地农民群众生产生活条件

国有林场、森工企业、自然保护区等地处边远山区，生产生活设施多数尚未在地方政府建设序列得到统筹。建议对其管理机构所在地在地质和生态评估的基础上统筹纳入当地城镇建设规划统一考虑；对林业基层单位职工毁损住房，享受当地统一政策；对卧龙自然保护区等极少数丧失生存条件的农户，纳入计划实行生态移民。对于因灾失去土地的农民，要考虑其恢复农业生产的愿望和积极性。

# 第17章 极重灾区恢复重建转移安置人口数量分析[*]

地震极重灾区是今后恢复重建的重点，对这一区域人口转移安置进行评估，将为地震灾后恢复重建规划编制提供依据。

## 17.1 评估目的、依据和数据来源

### 17.1.1 目　　的

从生存保障、防灾减灾和生态安全的角度，对汶川地震极重灾区需要转移安置的农村人口数量进行评估测算，为灾区农村的恢复重建提供依据。

### 17.1.2 依　　据

(1)"国家汶川地震灾后重建规划工作方案"提出资源环境承载能力评价任务，根据对水土资源、生态重要性、生态系统重要性、自然灾害危险性、环境容量、经济发展水平等的综合评价，确定可承载的人口总规模，提出适宜人口居住和城乡居民点建设的范围以及产业发展导向。防灾减灾和生态修复规划任务要求提出防治地震、地质、洪涝等灾后的预防和应对方案。

(2)国务院"汶川地震灾后恢复重建条例"提出有关部门应当组织开展地

* 执笔人：北京师范大学的刘连友、史培军、杨明川、王瑛、唐艳、吕艳丽、徐宏、陈波、黄庆旭；中国科学院地理科学与资源研究所张镜锂、王兆锋、刘林山、丁明军、聂勇、冉圣宏；中国科学院生态环境研究中心的董仁才、欧阳志云。

震灾害调查评估工作，为编制地震灾后恢复重建规划提供依据。具体内容包括：农用地毁损程度和数量、需要安置人口的数量、需要整理和复垦的农用地、生态损害、资源环境承载力以及地质灾害、地震次生灾害和隐患等情况。

（3）国家减灾委员会-科技部抗震救灾专家组和国家汶川地震专家委员会灾害评估组完成的"汶川地震灾害范围评估报告"，提出了地震灾害范围评估的原则、依据与综合灾情指数，系统考虑受灾地区综合的灾情状况，确定了评估指标和划分标准，将灾害范围划分为极重灾区、严重灾区、重灾区、轻灾区和影响区 5 种类型。

（4）国家减灾委员会-科技部抗震救灾专家组和国家汶川地震专家委员会灾害评估组完成的"汶川地震灾害损失评估报告"，通过汇总灾害损失报表、宏观经济分析和脆弱性和易损性模型模拟等手段，进行了地震灾害各类损失的评估。

## 17.1.3　数据来源

（1）中国地震局提供的汶川 8.0 级地震烈度分布图；

（2）国土资源部、民政部、水利部等相关专业部门提供的地震引发崩塌、滑坡、泥石流、堰塞湖及其他次生灾害分布图；

（3）各级民政部门提供的受灾地区人员伤亡、房屋倒塌和受损、转移安置人员数量等分县统计数据；

（4）统计部门汇总提供的 2007 年底人口和社会经济数据；

（5）对受灾地区遥感监测分析、研判获得的耕地毁损以及植被破坏的空间分布数据；

（6）专业人员、工作组人员在灾区进行实地调查与核查所获得的灾情资料。

## 17.2　评估原则

（1）生存保障原则：耕地是农村居民最基本的生存条件，通过估算因地震次生灾害损毁的耕地面积，测算出因失地可能转产或转移安置农业人口数量。

（2）防灾减灾原则：自然灾害风险防范是区域社会经济可持续发展的前提，通过对地震灾区自然灾害危险性评估，分析测算不同地区防范自然灾害的风险移民数量。

（3）生态安全原则：为恢复重建地震灾区严重受损的生态系统结构，维护人类生产、生活和健康所需要的各种生态服务功能，并依据水土保持法和退耕还林条例，通过估算大于 25°坡耕地退耕还林的面积，分析测算出需要转产或转移安置的生态移民数量。

# 17.3　退耕还林与生态移民

汶川地震极重灾区是长江水源涵养和生物多样性保护的国家重要生态功能区，不仅为长江上游提供了丰富的水资源，还具有重要的水土保持功能。地震及其次生地质灾害导致生态系统的严重破坏与大面积毁损，削弱了生态系统的服务功能，直接威胁灾区人民群众的生产、生活和长江水利工程，对灾区经济社会的发展产生深远的影响。

党中央、国务院高度重视灾区恢复重建工作，明确提出要全面贯彻落实科学发展观，坚持以人为本、科学重建的方针。要根据地质、地理条件和资源环境承载能力，以及生态功能保护的要求，科学确定总体布局，重塑灾区主体功能，促进人与自然和谐相处。《汶川地震灾后恢复重建条例》中，明确指出应当遵循经济社会发展与生态环境资源保护相结合的原则，调查评估生态损害以及资源环境承载能力，实施防灾减灾和生态修复规划。

## 17.3.1　退耕还林概况与坡耕地现状

### 1. 退耕还林概况

1998 年长江洪水之后，党中央、国务院把"封山植树、退耕还林"作为灾后重建的主要措施之一。1999 年 9 月，朱镕基总理视察西南、西北 6 省

（区），提出"退耕还林、封山绿化、以粮代赈、个体承包"的政策措施。1999 年 10 月 20 日，四川省率先在 120 个县启动了 300 万亩退耕还林试点工程。1999～2001 年试点阶段，四川省共完成退耕还林 483.4 万亩，荒山造林 301 万亩。2002 年实施完成退耕还林 330 万亩，荒山造林 330 万亩。到 2003 年，退耕还林计划任务 2144.4 万亩，其中：退耕还林 1163.4 万亩，荒山造林 981 万亩。2004 年起，四川省林业厅在全省 176 个退耕还林工程县（市、区）中，选取 12 个监测县（市、区）36 个监测乡（镇）、72 个监测村 373 户监测农户作为全省退耕还林工程经济和社会效益监测样本进行连续监测。至 2005 年底，监测县累计减少 25°以上陡坡耕地面积 115.4 万亩，林地面积占土地总面积比重增加到 53.4%。2006 年 12 个监测县累计减少 25°陡坡耕地 117.7 万亩，与 2006 年监测结果相比，减幅 2%。截至 2006 年，四川省共完成退耕还林任务 1336.4 万亩。"5·12"汶川特大地震损毁退耕还林地 23.91 万亩，使退耕还林工程的造林成活率和保存率大幅度下降。

据四川省水文监测，实施退耕还林等工程以后，2004 年与 1998 年相比，长江一级支流年输沙量大幅度下降，其中岷江夹江站减少 38.6%，嘉陵江亭子口站减少 94%，涪江射洪站减少 95.6%。据四川省生态定位监测，通过实施退耕还林工程，全省年均滞留泥沙 0.53 亿 t、增加蓄水 6.84 亿 t，累计减少土壤有机质损失量 3646 万 t、氮磷钾损失量 2083 万 t，年均提供的生态服务价值达 134.5 亿元。

**2. 坡耕地现状与分布**

地震极重灾区处于平原与山区的交界地带，各县市的坡耕地面积比例差别很大，极重灾区西部的坡耕地所占比重较大，其中北川县 76% 以上的耕地分布在高坡度区（坡度大于 15°，下同），平武、汶川和青川也有 60% 以上的耕地坡度在 15°以上，坡度大于 25°的陡坡耕地，分布面积较大（表 17-1、图 17-1）。

表 17-1　汶川地震极重灾区各县市各坡度上耕地面积比例　（单位:%）

| 县市 | 0°~3° | 3°~7° | 7°~15° | 15°~25° | 25°~35° | >35° | 总计 | 25°以上总计 |
|---|---|---|---|---|---|---|---|---|
| 汶川县 | 20.04 | 0.00 | 5.53 | 28.34 | 27.80 | 18.29 | 100 | 46.09 |
| 北川县 | 21.01 | 0.04 | 2.93 | 28.10 | 31.51 | 16.41 | 100 | 47.92 |
| 平武县 | 27.11 | 0.14 | 3.82 | 29.42 | 27.09 | 12.43 | 100 | 39.52 |
| 青川县 | 32.47 | 0.04 | 3.07 | 28.38 | 26.32 | 9.73 | 100 | 36.05 |
| 绵竹县 | 95.37 | 0.48 | 1.04 | 1.90 | 0.95 | 0.26 | 100 | 1.21 |
| 江油市 | 72.01 | 6.50 | 9.47 | 6.83 | 3.67 | 1.51 | 100 | 5.18 |
| 安　县 | 89.41 | 2.92 | 2.32 | 2.74 | 1.98 | 0.65 | 100 | 2.63 |
| 都江堰市 | 86.35 | 1.26 | 3.68 | 5.85 | 2.27 | 0.59 | 100 | 2.86 |
| 彭州市 | 90.69 | 1.49 | 2.82 | 3.78 | 1.09 | 0.13 | 100 | 1.22 |
| 什邡县 | 97.02 | 0.19 | 0.48 | 1.53 | 0.58 | 0.22 | 100 | 0.8 |

注：据中国科学院地理科学与资源研究所数据中心提供的 2005 年土地利用数据整理。

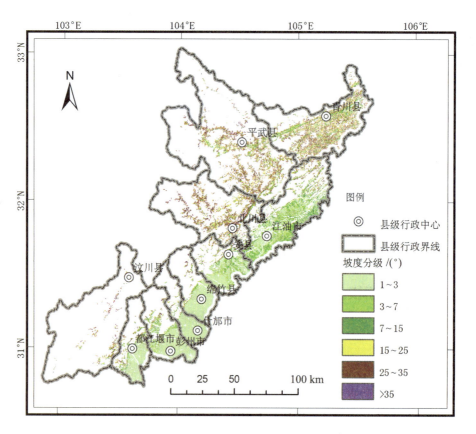

图 17-1　汶川地震极重灾区各县市耕地坡度分布图

　　坡耕地在四川省的农业生产中占有重要的地位和比重。从四川省极重灾区的土地利用结构上看，耕地、林地和草地是其主要的土地利用类型，这三种土地利用类型占极重灾区总面积的 97% 以上。但由于地处山区，其耕地比例不高，仅占极重灾区总面积的 25.4%，且 30% 的耕地分布在坡度大于 15°的高坡度区，易摧毁，恢复难度大。

## 17.3.2　生态移民数量测算依据与方法

### 1. 依据

　　陡坡耕地退耕还林（草）是减少水土流失、改善生态环境的关键措施。陡坡地开垦，对植被和地表破坏最大，造成的水土流失最严重，导致中下游江河和湖库淤积抬高，加重了长江、黄河中下游地区的水患。《中华人民共和国水土保持法》中明确规定，禁止在 25°以上陡坡地开垦种植农作物。

　　2000 年 9 月国务院下发了《国务院关于进一步做好退耕还林还草试点工作的若干意见》（国发 [2000] 24 号）。在试点工作的基础上，2002 年 4 月国务院下发了《国务院关于进一步完善退耕还林政策措施的若干意见》（国发 [2002] 10 号），进一步明确了退耕还林的范围，凡是水土流失严重和粮食产量低而不稳的坡耕地和沙化耕地，应按国家批准的规划实施退耕还林。

　　2003 年 1 月 20 日施行的《退耕还林条例》（国发 [2002] 367 号）规定，将水土流失严重的，沙化、盐碱化、石漠化严重的，生态地位重要、粮食产量低而不稳的耕地纳入退耕还林规划，而江河源头及其两侧、湖库周围的陡坡耕地以及水土流失和风沙危害严重等生态重要区域的耕地，应当在退耕还林规划中优先安排。2005 年《关于进一步做好基本农田保护有关工作的意见》（国发 [2005] 196 号）中明确规定，现有基本农田中坡度在 25°以上以及严重沙化或水土流失严重的耕地，按照国家批准的退耕还林规划需要退耕的，可在土地利用总体规划修编统筹调整。

　　2007 年 8 月 9 日，国务院正式印发《国务院关于完善退耕还林政策的通知》（国发 [2007] 25 号，以下简称《通知》），按照《通知》要求，各省、自治区、直辖市人民政府负责制定巩固退耕还林成果专项规划，重点包括退耕还林地区基本口粮田建设规划、农村能源建设规划、生态移民规划、农户接续产业发展规划。2008 年 6 月 8 日国务院颁布的《汶川地震灾后恢复重建条例》（国发 [2008] 526 号）指出，以经济社会发展与生态环境资源保护相结合，开展地震灾害调查评估工作，为编制地震灾后防灾减灾和生态恢复等重建规划提供依据。

**2. 测算方法**

生态移民是指为了保护某个地区特殊的生态或让某个地区的生态得到修复而进行的移民，也指因自然环境恶劣，不具备就地扶贫的条件而将当地人民整体迁出的移民。实施生态移民，加强坡耕地的生态恢复，促进退耕还林还草、天然林保护工程的继续实施，可以减少人类对自然生态系统的干扰，是减少水土流失，改善生态环境，减轻人口和经济社会对生态的压力，预防生态破坏的关键措施。

本评估以极重灾区各乡镇耕地总面积、各乡镇不同坡度耕地的面积为基础，并结合实地考察和灾情报告，估算极重灾区各乡镇坡度大于 25°坡耕地的面积；根据极重灾区各乡镇需要还林的坡耕地面积，测算生态移民的数量：

$$Q_i = \frac{S_i}{C_i} \times P_f \tag{17-1}$$

式中，$Q_i$ 为各乡镇的生态移民数量；$S_i$ 为各乡镇大于 25°坡耕地面积；$C_i$ 为各乡镇耕地总面积；$P_f$ 为各乡镇的农业人口总数。

## 17.3.3　评　估　结　果

根据各乡镇耕地、坡耕地和农业人口数据，利用式（17-1）计算了极重灾区不同乡镇退耕还林需要转产或转移安置的人口数量（附表 1）。从生态恢复、环境保护与可持续发展的角度考虑，若"按国家政策"将地震重灾区坡度大于 25°的耕地全部退耕，则在三种预案下，样区内发生耕地损毁的 55 个乡镇耕地减少量分别为 67983hm²、70309hm² 和 74959hm²，相应的需转产或迁出人口分别为 219710 人、229365 人、248676 人。Ⅸ度以上地震烈度所涉及的 148 个乡镇中，在三种情景下应分别转产或转移 431440 人、441095 人、460056 人（表 17-2）。

**表 17-2　地震极重灾区耕地损毁与转迁人口评估表**

| 情景 | 范围 | 项目 | 5 月 16 日 | 预案 1 (6 月 15 日) | 预案 2 (雨季后) | 预案 3 (雨季和暴雨后) |
|---|---|---|---|---|---|---|
| 25°以上耕地全部退耕 | 55 个乡镇 | 耕地减少/hm² | 66821 | 67984 | 70309 | 74905 |
| | | 转迁人口/人 | 214882 | 219710 | 229365 | 248326 |
| | 93 个乡镇 | 耕地减少/hm² | 80548 | 80548 | 80548 | 80548 |
| | | 转迁人口/人 | 211730 | 211730 | 211730 | 211730 |
| | 148 个乡镇合计 | 耕地减少/hm² | 147369 | 148532 | 150857 | 155453 |
| | | 转迁人口/人 | 426612 | 431440 | 441095 | 460056 |

注：55 个乡镇指样本区内发生耕地损毁的 55 个乡镇；148 个乡镇指地震烈度在Ⅸ度以上的 148 个乡镇。

## 17.4　自然灾害危险性评价与风险移民

根据灾害资料，主要是历史地震灾害、断裂带、破裂带分布，历史滑坡/崩塌灾害，汶川地震引发的滑坡/崩塌灾害等信息，分析汶川极重灾区各乡镇的综合自然灾害危险度，为震区恢复重建提供依据。

### 17.4.1　数据来源

(1) 中国地震局地震灾害数据：《中国历史强震目录（公元前 23 世纪～公元 1911 年)(Ms≥4.0)》(1995)；《中国近代地震目录（1912～1990 年，Ms≥4.7)》(1999)；《中国地震年鉴》(1992～2006)(2007)。

(2) 断裂带、破裂带分布数据：中国地震局提供。

(3) 滑坡、崩塌、泥石流等次生灾害数据：国土资源部提供，包括房屋灾害点、崩塌、滑坡、泥石流和堰塞湖等（图 17-2）。

(4) 乡镇界限及底图（1∶25 万）：国家基础地理信息中心提供。

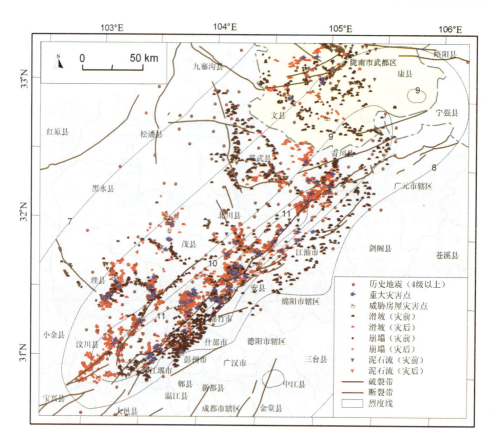

图 17-2　自然灾害分布点位

（5）乡镇人口数据：国家减灾中心汇总、提供。

（6）坡度（1∶5 万 DEM 栅格数据）：国家基础地理信息中心提供。

## 17.4.2　危险性评估依据与方法

依据灾害危险度评估原则，系统考虑受灾地区综合自然灾害状况，构建自然灾害危险度，作为各乡镇自然灾害危险性评估的参数。

### 1. 危险度 DI

自然灾害危险度 DI 根据地震灾害、断裂带/破裂带、滑坡/崩塌/泥石流/堰塞湖等次生灾害三类指标计算生成，具体如下：

（1）地震灾害点位数：历史以来 4 级以上地震（包括本次汶川地震及余震）震中位于该乡镇行政界限内的次数；

（2）断裂带/破裂带长度：穿过各乡镇的断裂带/破裂带长度之和；

（3）地质次生灾害：危害房屋点、重大灾害点、震后崩塌、震后滑坡、震后泥石流、震前崩塌、震前滑坡、震前泥石流、堰塞湖数等次生灾害位于该乡镇行政界限内的点数。

自然灾害危险度（DI）的计算公式为

$$DI = \sum (f_k \times D_k) \tag{17-2}$$

式中，$D_k$ 为归一化的单项指标：$D_k = [D_k - \min(D_k)]/[\max(D_k) - \min(D_k)]$；$f_k$ 为上述 3 项指标的权重。

经过综合分析，选取地震权重为 0.35、断裂带/破裂带长度权重为 0.35、崩塌等次生灾害权重为 0.3，最终得到自然灾害危险度 DI，根据数据 DI 的直方图分布，采用断点分级法，将各乡镇划分为极高、高、中、低（[0.27～0.68)、[0.14～0.27)、[0.075～0.14)、[0～0.075)）四个等级，计算结果见图 17-3。

### 2. 危险度 DII

除考虑地震灾害、断裂带/破裂带、滑坡/崩塌/泥石流/堰塞湖等次生灾害指标外，25°以上坡度地区是滑坡/崩塌/泥石流/堰塞湖等地质灾害形成的必要条件，因此将受灾地区大于等于 25°坡度面积百分比也作为一项指标，构建自然灾害危险度 DII。

自然灾害危险度 DII 根据计算生成，具体如下：

（1）地震灾害点位数：同上；

（2）断裂带/破裂带长度：同上；

（3）地质次生灾害：同上；

（4）大于等于 25°坡度面积百分比：乡镇行政区内大于等于 25°坡度土地面积占全区土地总面积的百分比。

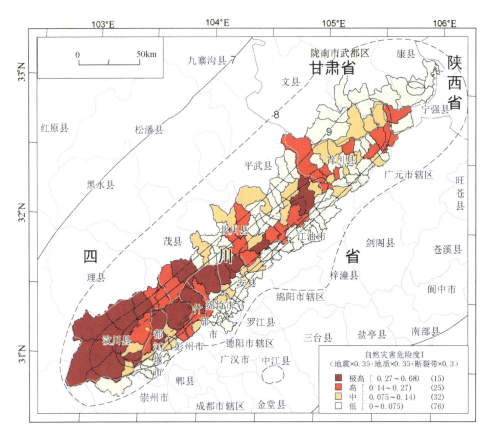

图 17-3　烈度Ⅸ度以上震区自然灾害危险度 DI 分布

自然灾害危险度（DII）的计算公式为

$$DII = \sum (f_k \times D_k) \tag{17-3}$$

式中，$D_k$ 为归一化的单项指标：$D_k = [D_k - \min(D_k)]/[\max(D_k) - \min(D_k)]$；$f_k$ 为上述 4 项指标的权重。

经过综合分析，选取地震权重为 0.4，断裂带/破裂带长度权重为 0.2，崩塌等次生灾害权重为 0.2，大于等于 25°坡度面积百分比权重为 0.2。最终得到自然灾害危险度 DII，根据数据 DII 的直方图分布，采用断点分级法，将乡镇划分为极高、高、中、低（[0.4～0.77)、[0.26～0.4)、[0.19～0.26)、[0～0.19)）四个等级，计算结果见图 17-4。

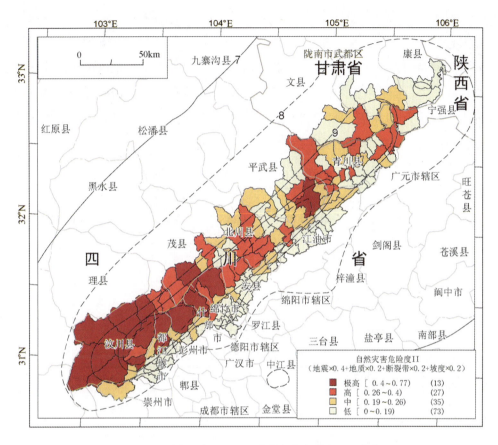

图 17-4　烈度Ⅸ度以上震区自然灾害危险度 DII 分布

## 17.4.3　结　　果

根据自然灾害危险度 DI，危险度极高的乡镇有 15 个，危险度高的乡镇有 25 个，危险度中的乡镇有 32 个，危险度低的乡镇有 76 个。根据危险度 DII，危险度极高的乡镇有 13 个，危险度高的有 27 个，危险度中的有 35 个，危险度低的有 73 个。

将每个危险度级别乡镇的户籍人口总数进行加和，得到每级危险度的户籍人口数。由于自然灾害危险度 DI 和 DII 依据的指标和权重系数不同，各乡镇危险度的计算结果略有不同，各危险度级别的户籍人口数也有差异。

根据危险度极高地区人员大部异地转移安置，危险度高地区人员异地转移安置为主、就地安置为辅，危险度中、低地区人员就地转移安置为主、异地安置为辅的原则，按照 90%、70%、10%、5% 的比例分别异地转移危险度极高、高、中、低的乡镇人员，最后汇总后得到Ⅸ度以上灾区需要异地转移安置的人口数约为 39.7 万～42.7 万人，详细人口数见表 17-3～表 17-6。重灾区各乡镇自然灾害、综合自然灾害危险度、异地安置人口详细情况见附表 2。

**表 17-3　重灾区不同危险度区需异地转移安置的人口　（单位：人）**

| 危险度 | 户籍人口总数 | | 异地转移安置人口总数 | | |
| --- | --- | --- | --- | --- | --- |
| | 危险度 Ⅰ | 危险度 Ⅱ | 比例 | 危险度 Ⅰ | 危险度 Ⅱ |
| 极高 | 162157 | 127676 | 90% | 145941 | 114908 |
| 高 | 259924 | 265766 | 70% | 181947 | 186036 |
| 中 | 367746 | 260173 | 10% | 36775 | 26017 |
| 低 | 1256573 | 1392785 | 5% | 62829 | 69639 |
| 总计 | 2046400 | | 总计 | 427492（20.9%） | 396600（19.4%） |

**表 17-4　四川省不同危险度区需异地转移安置的人口　（单位：人）**

| 危险度 | 户籍人口总数 | | 异地转移安置人口总数 | | |
| --- | --- | --- | --- | --- | --- |
| | 危险度 Ⅰ | 危险度 Ⅱ | 比例 | 危险度 Ⅰ | 危险度 Ⅱ |
| 极高 | 162157 | 127676 | 90% | 145941 | 114908 |
| 高 | 252273 | 241918 | 70% | 176591 | 169343 |
| 中 | 339518 | 237742 | 10% | 33952 | 23774 |
| 低 | 1179202 | 1325814 | 5% | 58960 | 66291 |
| 总计 | 1933150 | | 总计 | 415444（21.5%） | 374316（19.4%） |

**表 17-5　陕西省不同危险度区需异地转移安置的人口　（单位：人）**

| 危险度 | 户籍人口总数 | | 异地转移安置人口总数 | | |
| --- | --- | --- | --- | --- | --- |
| | 危险度 Ⅰ | 危险度 Ⅱ | 比例 | 危险度 Ⅰ | 危险度 Ⅱ |
| 极高 | 0 | 0 | 90% | 0 | 0 |
| 高 | 7651 | 7651 | 70% | 5356 | 5356 |
| 中 | 0 | 0 | 10% | 0 | 0 |
| 低 | 10073 | 10073 | 5% | 504 | 504 |
| 总计 | 17724 | | 总计 | 5859（33.1%） | 5859（33.1%） |

**表 17-6　甘肃省不同危险度区需异地转移安置的人口　　（单位：人）**

| 危险度 | 户籍人口总数 | | 异地转移安置人口总数 | | |
| --- | --- | --- | --- | --- | --- |
| | 危险度 I | 危险度 II | 比例 | 危险度 I | 危险度 II |
| 极高 | 0 | 0 | 90% | 0 | 0 |
| 高 | 0 | 16197 | 70% | 0 | 11338 |
| 中 | 28228 | 22431 | 10% | 2823 | 2243 |
| 低 | 67298 | 56898 | 5% | 3365 | 2845 |
| 总计 | 95526 | | 总计 | 6188 (6.5%) | 16426 (17.2%) |

# 17.5　农田损毁与失地移民

鉴于暂时难以全面获取当前的遥感影像和详细的地面信息，本节依据余震释放的能量和发生的降雨强度，结合对 5 月 16 日影像的判读和分析结果，推断目前极重灾区的耕地损毁率，进一步推测耕地在雨季到来后的可能损毁率，进而评估出因失去耕地而需要转产或转移的农业人口数量（附表 3）。

预案 1：震后现实（6 月 15 日）耕地可能损毁情况。截至 2008 年 6 月 15 日，震区历经了 12242 次余震；其中 5 月 16 日至 6 月 15 日，发生 7810 次余震，仅大于 4 级的余震所释放的能量相当于 5 月 16 日前余震所释放的能量；加上期间有 22 天降水；新增多次多点的滑坡泥石流，不同坡度耕地损毁按 5 月 16 日对应损毁率的 2 倍估算，则有耕地损毁的 55 个乡镇在样区范围内约有 5781hm² （损毁率为 4.09%，下同）；需转产或迁出人口为 21024 人（表 17-7）。

**表 17-7　地震极重灾区耕地损毁与转迁人口评估表**

| 情景 | 范围 | 项目 | 5 月 16 日情况 | 预案 1（6 月 15 日情况） | 预案 2（雨季后情况） | 预案 3（雨季和暴雨后情况） |
| --- | --- | --- | --- | --- | --- | --- |
| 耕地损毁 | 55 个乡镇 | 耕地损毁/hm² | 2891 | 5781 | 11562 | 23125 |
| | | 转迁人口/人 | 10512 | 21024 | 42048 | 84097 |

预案 2：雨季后耕地可能损毁情况。雨季到来，导致大量次生地质灾害，对坡耕地造成进一步的损毁，各坡度耕地损毁按 5 月 16 日对应损毁率的 4 倍估算，则有耕地损毁的 55 个乡镇在样区范围内约有 11562hm² （损毁率为 8.18%）；需转产或迁出人口为 42048 人。

预案 3：雨季和暴雨后，导致更严重次生地质灾害，将加重坡耕地的损毁程度，各坡度耕地损毁按 5 月 16 日对应损毁率的 8 倍估算，则有耕地损毁的 55 个乡镇在样区范围内约有 23125hm² （损毁率为 16.36%）；需转产或迁出人口为 84097 人。

上述分析计算时，主要依据 5 月 16 日前因地震形成的滑坡、泥石流和崩塌等导致的耕地损毁，结合环境特点和自然属性进行评价分析，没有系统地考虑洪水、堰塞湖等其他次生灾害和恢复重建中的人工措施的作用。另外，在分析其他 93 个乡镇时，由于数据缺少，没有分析 25°以下坡度区耕地是否存在损毁，且坡度在 15°~25°的耕地占 93 个乡镇耕地面积的 19.64%，这部分耕地也极易被损毁，因此需迁出的人口应在计算结果之上。

# 17.6 主 要 结 论

（1）地震烈度在Ⅸ度以上的极重灾区涉及四川、甘肃、陕西三省 14 个县市的 148 个乡镇，面积达 2.08 万 km²，其中耕地 38.26 万 hm²；14 个县市总人口为 204.24 万人，农业人口占 75.51%；人均耕地面积为 3.72 亩，60% 以上的耕地分布在坡度大于 15°的高坡度区。如果将坡度在 25°以上的耕地全部退耕，则Ⅸ度以上地震烈度区所涉及的 148 个乡镇，在三种情景下需转产或迁移人口分别为 43.14、44.11 和 46.01 万人。

（2）按照 90%、70%、10%、5% 的比例分别异地转移危险度极高、高、中、低的乡镇人员，最后汇总后得到Ⅸ度以上灾区需要异地转移安置的灾害风险移民人数为 39.7 万~42.7 万人。根据危险度极高地区人员大部异地转移安置；危险度高地区人员异地转移安置为主、就地安置为辅；危险度中、低地区人员就地转移安置为主、异地安置为辅的原则，极重灾区可能在乡镇、县界以外异地安置的人口为 30.09 万～32.79 万人，在乡镇、村界内就近、就地安置的人口数量为 9.56 万～9.96 万人。

（3）截至 2008 年 5 月 16 日，地震造成样区 98 个乡镇中 55 个乡镇 2890.56hm² 耕地被损毁，损毁率达 2.04%。样区范围内 98 个乡镇耕地平均损毁率为 1.32%，其中最严重的汶川县映秀镇和北川县陈家坝羌族乡，耕地损毁率分别达到 19.86% 和 13.67%。灾区耕地损毁主要集中在高坡度区，耕地损毁随坡度的增加而加剧。近 4/5 的耕地损毁发生在坡度大于 15°的地区；15°～25°、25°～35° 和大于 35°三个坡度级别的耕地损毁率分别为 1.86%、2.04%、3.28%。样区内发生耕地损毁的 55 个乡镇，目前约 8.67 万亩耕地被损毁，需转产或迁移 2.10 万人；雨季后，样区内可能有约 8.18% 的耕地（约 17.34 万亩）被损毁，需转产或迁移 4.20 万人；加之雨季和遭遇暴雨等的影响，样区内可能将有 15.60% 耕地（约 33.09 万亩）被损毁，需转产或迁移 8.41 万人。

（4）通过估算极重灾区大于 25°坡耕地退耕还林的面积，测算的转产或转移安置人口数量为 43.14 万～46.01 万；通过对地震灾区自然灾害危险性评估，分析测算不同地区防范自然灾害的风险移民数量为 39.7 万～42.7 万；通过估算因地震次生灾害损毁的耕地面积，测算出因失地可能转产或转移安置农业人口数量为 2.10 万～8.41 万。

# 第18章　灾区恢复重建空间布局研究*

灾区恢复重建要根据地质地理条件、资源环境承载力和生态环境保护的要求，科学确定总体布局，即灾区重建的土地利用布局要同时考虑居民点和人口布局、产业布局和生态环境布局等。

## 18.1　灾区土地利用规划总体思路

本次汶川地震各类土地都受到不同程度的破坏，其中凸现的土地利用问题包括：农用地，特别是耕地的损毁；交通用地损毁；城镇与工矿用地的损毁。水资源总体上虽然没有多大的损失，但供水能力的恢复不可能在短期完成。因此，必须关注部分恢复供水的人口承载力。在恢复重建阶段，在摸清资源环境承载力的基础上，应该进行有效土地利用规划。

"阶段+产业"的土地利用规划思路：目前土地利用规划应该分阶段进行，并与产业结构调整紧密相结合。土地利用规划必须围绕恢复重建展开，在详细调查各类土地利用类型损毁程度的基础上，首先应该分阶段进行重点恢复重建。近期应该优先进行的是：交通用地和城镇用地的布局。在此过程中，要严格控制农用地的流失，因为城镇倒塌房屋的建设，很可能占用大量的农用地，特别是耕地。另一项重要任务是，结合农业生产结构的调整对农用地进行规划布局。中期进行的土地利用布局应该是根据企业的损毁程度和恢复的难易程度进行土地利用规划布局，第三产业（如旅游业）、部分工矿业的规划应成为这一阶段的重点。紧接着进行工业的规划布局。远期的土地

　　* 执笔人：中国科学院的葛全胜、杨林生、张镱锂、吴绍洪、王绍强、王英杰、邓祥征、庄大方、郑景云、欧阳志云、席建超、徐新良、郑红星、刘荣高、戴尔阜、吴文祥、董仁才、马克明、王中根。

利用规划任务是根据灾区在整个区域的定位，再定位灾区的发展远景，调整土地利用的总体布局。

# 18.2　以自然-社会经济为基础的四川省重灾区人口宜居空间评估

## 18.2.1　人口宜居评价指标体系

以四川省受灾严重的 36 个县，选择水热、地形地貌、地质灾害、水文水资源、交通人口以及居民点/土地利用六组指标，并通过综合分析，将城镇/农村居民点空间布局的适宜性划分为：适宜、较适宜、较不适宜、不适宜 4 大类（表 18-1）。

**表 18-1　人居适宜性评价指标体系适宜性分级及其量化数值**

| 指标组 | 评价因子及权重 | 适宜（4） | 较适宜（3） | 较不适宜（2） | 不适宜（1） |
|---|---|---|---|---|---|
| 地形地貌 | 高程（0.45） | 低于 800m | 801～2000m | 2001～4000m | 4000m 以上 |
| | 坡度（0.55） | 0° | 1°～3° | 4°～10° | 11°～15° |
| 水热 | 0℃积温（0.33） | ＞1000 | 500～1000 | 200～500 | ＜200 |
| | 湿润度（0.67） | ＞20 | 10～20 | 1～10 | ＜0 |
| 水文水资源 | 河网密度指数（0.33） | ＞100 | 100 | 11～99 | 1～10 |
| | 产水模数（0.67） | ＞45 | 16～45 | 3～15 | 1～2 |
| 地质灾害 | 地质灾害（1） | | | 断层 1～5km 的辐射范围 | 滑坡泥石流发生区断层 1km 辐射范围 |
| 交通人口 | 铁路（0.1） | ＞20 | 10～20 | 1～10 | 0 |
| | 公路（0.3） | ＞60 | 30～60 | 10～30 | ＜10 |
| | 人口（0.6） | ＞100 | 10～100 | 1～10 | 0 |
| 居民点 | 居民地（1） | 居民地 | 居民地周围 1km 的辐射范围 | 居民地周围 1～5km 的辐射范围 | 居民地 5km 辐射范围以外地区 |
| 土地利用 | 土地利用（1） | 建设用地 | 耕地 | 林地草地 | 水域 |

根据地理环境因子对宜居模式设计的主导作用，宜居模式可分为以下三种：①以自然条件为基础的宜居模式；②以社会经济发展为基础的宜居模式；③以自然、社会综合开发利用为基础的宜居模式。各宜居模式影响因素指标的权重设置见表 18-2。

表 18-2　宜居模式影响因素指标的影响权重

| 宜居模式 | 各组影响因子及权重 | | |
|---|---|---|---|
| 以自然条件为基础的宜居模式 | 地形地貌<br>0.5 | 水热条件<br>0.2 | 水文水资源<br>0.3 |
| 以社会经济发展<br>为基础的宜居模式 | 交通人口<br>0.2 | 居民点<br>0.5 | 土地利用<br>0.3 |
| 以自然、社会综合开发利用<br>为基础的宜居模式 | 自然条件<br>0.6 | 社会经济条件<br>0.4 | |

## 18.2.2　以自然条件为基础的宜居模式

以自然条件为基础的宜居模式以追求居住与自然环境的和谐统一为基础，充分考虑了地形地貌、水热条件和水文水资源条件对城镇/农村居民点布局综合影响。从评价结果看，适宜区主要分布在东南部的局部地区，面积较小，仅为 0.1 万 km²；较适宜区集中于灾区东南部的大部地区，面积为 1.6 万 km²，占四川汶川地震灾区总面积的 16.06%；而较不适宜区和不适宜区分布于灾区的广大西部地区，面积为 8.37 万 km²，占四川汶川地震灾区总面积的 82.92%（图 18-1）。

## 18.2.3　以社会经济发展为基础的宜居模式

以社会条件为基础的宜居模式以追求现有社会经济基础为依托和未来社会经济的快速发展为根本。从评价结果看，适宜区面积仅为 224km²，集中分布于成都市，这里交通发达，人口密集，经济基础雄厚，易于城镇/农村居民点布局。从评价社会条件对城镇/农村居民点布局影响的结果看，四川

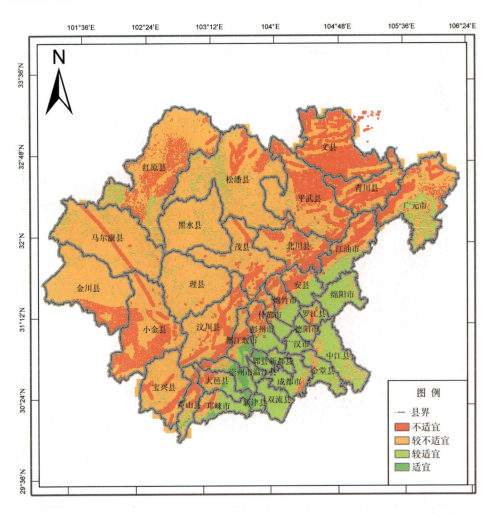

图 18-1  自然条件对宜居适宜性的综合影响

汶川地震灾区的广大西部地区，由于深入山区，交通落后，人口稀少，为不适宜区和较不适宜区，面积分别为 6.5 万 km² 和 2.98 万 km²，共占四川汶川地震灾区总面积的 93.94%（图 18-2）。

## 18.2.4  以自然、社会综合开发利用为基础的宜居模式

以自然和社会条件综合开发利用为基础的宜居模式以追求自然和社会的

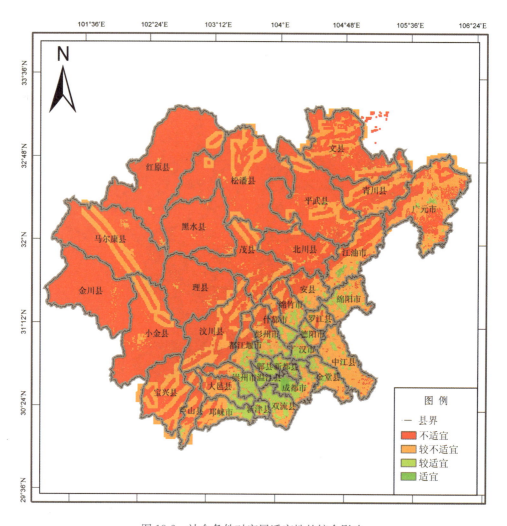

图 18-2　社会条件对宜居适宜性的综合影响

和谐统一为基础，在谋求社会经济发展的同时兼顾了自然生态环境的限制因素，是社会可持续发展的依托。从评价结果看，受自然和社会条件的严格限制，四川汶川地震灾区较适宜城镇/农村居民点布局的区域面积为 0.6 万 km²，占四川汶川地震灾区总面积的 6.17%；而不适宜区广泛分布，面积为 6.46 万 km²，占四川汶川地震灾区总面积的 64.17%（图 18-3）。

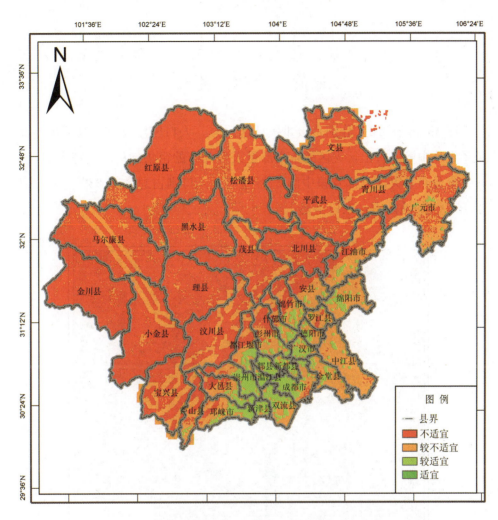

图 18-3　自然与社会条件对宜居适宜性的综合影响

# 18.3　基于地震、地质和地形的极重灾区人口宜居空间布局研究

　　为进一步探讨地质、地理环境对居民点和人口空间分布和灾后居民点恢复重建的布局的影响，我们以极重灾县为例，重点探讨了地震、地质和地形对极重灾区人口宜居模式及空间布局的影响。

## 18.3.1　极重灾区人口和居民点分布与地震、地质和地形的关系

图 18-4～图 18-6 分别是极重灾区居民点、人口密度及其与高程的空间关系，从中可以看出，灾区的东南部是人口分布的密集地区，高程在 500～1000m 分布了灾区全部乡镇中的 81％左右，人口则占总数的 93％左右；高于 1500m 的地区中，人口不足 1％。

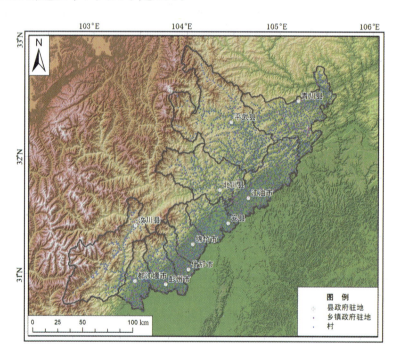

图 18-4　极重灾县乡村居民地分布图

根据 DEM 计算得到坡度与居民点关系见图 18-7。从图上可以看出，该地区总体上说坡度较大，15°以下平地及缓坡地带比较少。坡度小于 2°的平地主要集中在灾区范围东南部分，高程在 1000m 以下，该类地区是灾区适宜人类居住的主要地区。

图 18-8 为极重灾区乡镇距断裂带关系图，从空间位置上看，断裂带沿

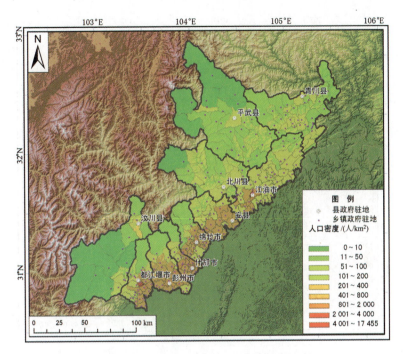

图 18-5　极重灾县乡镇人口密度分布

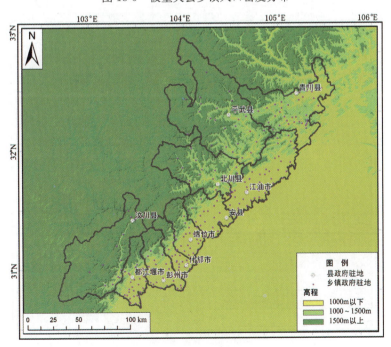

图 18-6　极重灾县高程分布

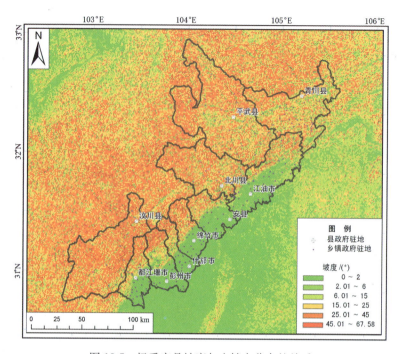

图 18-7　极重灾县坡度与乡镇点分布的关系

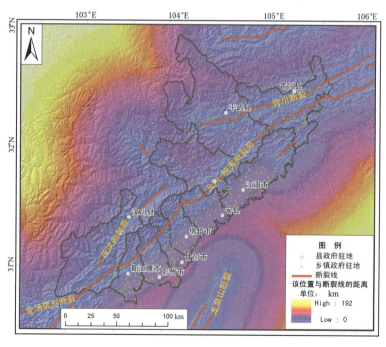

图 18-8　极重灾区断裂带距离分布图

线正上方的乡镇个数较少，但仍然有部分乡镇在断裂带的垂直上方。根据前面分析的结果，灾区东南的平坦地带，比较适宜于人类居住，但该类地区距离北川-映秀断裂带的距离较近，且该地区形状与断裂带走向相一致，受影响较大。虽然目前还无法用具体数据说明距离对地震损失的影响，但灾区95％左右的乡镇及人口分布在距离断裂带 35km 范围内，有 50％的人口分布在距离断裂带 20km 以内的事实却足以引起我们的重视。

　　图 18-9 为极重灾县余震分布图（截至 2008 年 6 月 18 日），可以看出，极重灾区范围内 66％左右的乡镇距离某次余震震中在 15km 范围以内，接近80％的乡镇的人口距离某次余震震中小于 20km，而且有 16％左右的人口距离某次余震震中在 5km 范围内。

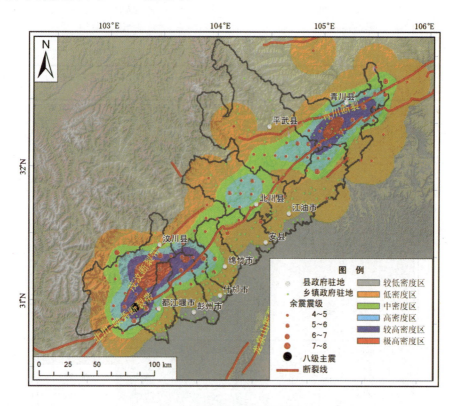

图 18-9　极重灾县余震密度

## 18.3.2　基于地震、地质和地形的极重灾区
## 人口宜居空间布局

基于以上的分析结果，我们采取以下指标（表 18-3，对重灾区乡镇居民点进行宜居评价，结果表明，重灾区有 102 个乡镇宜居地区，有 64 个乡镇属于不宜居地区（图 18-10），居民点的空间布局应尽量避免不宜居的地区。

表 18-3　极重灾区乡镇宜居评价指标

| 宜居指标 | 不宜居指标 |
| --- | --- |
| 坡度＜25° | 断裂带距离＜15km |
| 断裂带距离＞10km | 余震距离＜15km |
| 余震距离＞10km | 余震密度中级以上 |
| 余震密度中级以下 | |
| 高程＜1000m | |

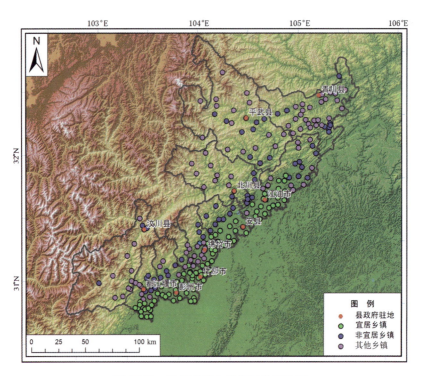

图 18-10　极重灾县乡镇宜居性评价图

# 18.4　生态环境保护的恢复重建布局

　　根据灾区生态保护的需求，将灾区分为适宜建设区、限制建设区和禁止建设区（图 18-11）。其中自然保护区和生物多样性保护极重要区应当明确为禁止建设区，重要水源涵养区和重要土壤保持区应当作为限制建设区。在适宜建设区，也要以资源和生态环境承载力评估为基础，确定合理的重建规模、重建方式和产业发展方向与布局。

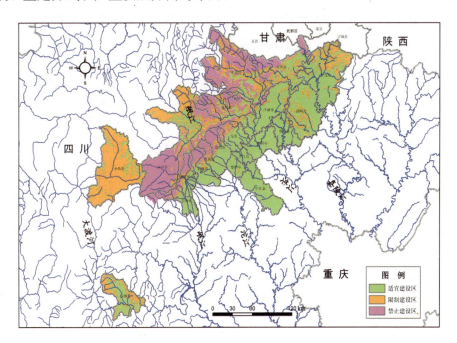

图 18-11　恢复重建生态适宜性分区

# 18.5　产业空间布局方案

　　恢复重建规划期分为近三年（2008～2010 年）和后五年（2011～2015年）。近三年以恢复重建为主，后五年以发展提高为主。产业布局的总体空间结构：两带三区，两带为成德绵产业集中发展带和龙门山生态保育带；三区即成德绵平原产业集聚区、龙门山生态保育区和岷江上游干旱河谷特色产业区。

　　在恢复重建阶段产业发展主要目标是全面恢复生产，提升经济发展活力。①产业发展重点为：优先恢复和发展农业、商贸物流业、农副产品加工和建材业等与人民生活及灾区重建紧密相关的行业；积极恢复和发展旅游业、加工制造业、高新技术产业和劳动密集型行业等优势产业；坚决淘汰高污染、高能耗的小矿山、小化工厂和无序开发的小水电站。②产业布局调整导则为：鼓励分散的受损企业向工业发展区集中，进行异地重建；关闭沿江沿路分散布局、受损严重的小矿山、小化工厂和小水电站，恢复大型水电站，整合建设综合化学工业园区；恢复重建都江堰、青城山等安全性高的旅游景区，分阶段逐步恢复旅游。

　　发展提升阶段产业的主要目标为推进产业多元化，建设成德绵产业发展高地，提升产业竞争力。①产业发展重点与方向：重点发展装备制造业和高新技术产业，建设我国西部重大装备制造业名城（德阳市）和高科技名城（绵阳市）；②优化调整化学工业和水电业的结构与布局，建设综合化工基地和能源开发基地；③优先发展旅游业，打造自然生态和历史文化的旅游精品；积极推进农业产业化。

# 附　　录

## 附表 1　基于大于 25°坡耕地全部退耕的乡镇的失地农业人口评估表

（单位：人）

| 县市名称 | 乡镇名称 | 转迁人口 | | | 县市名称 | 乡镇名称 | 转迁人口 | | |
|---|---|---|---|---|---|---|---|---|---|
| | | 预案 1 | 预案 2 | 预案 3 | | | 预案 1 | 预案 2 | 预案 3 |
| 安县 | 安昌镇 | 2000 | 2000 | 2000 | 都江堰市 | 青城山镇 | 211 | 211 | 211 |
| | 沸水镇 | 802 | 802 | 802 | | 向峨 | 1766 | 1766 | 1766 |
| | 高川乡 | 2226 | 2370 | 2658 | | 幸福镇 | 0 | 0 | 0 |
| | 河清镇 | 1 | 1 | 1 | | 胥家镇 | 14 | 14 | 14 |
| | 千佛镇 | 4474 | 4696 | 5142 | | 玉堂镇 | 2796 | 2796 | 2796 |
| | 桑枣镇 | 2972 | 3293 | 3936 | | 中兴镇 | 1485 | 1485 | 1485 |
| | 睢水镇 | 7154 | 7438 | 8006 | | 紫坪铺镇 | 1678 | 1825 | 2118 |
| | 晓坝镇 | 2091 | 2327 | 2800 | 广元市 | 市中区 | 6679 | 6679 | 6679 |
| | 秀水镇 | 19 | 19 | 19 | 江油市 | 大康镇 | 1698 | 1943 | 2434 |
| | 迎新乡 | 0 | 0 | 0 | | 枫顺 | 1356 | 1356 | 1356 |
| | 永安镇 | 6729 | 6732 | 6737 | | 含增镇 | 1774 | 2002 | 2459 |
| 北川县 | 坝底羌族藏族乡 | 4130 | 4136 | 4148 | | 敬元 | 4001 | 4001 | 4001 |
| | 白坭羌族乡 | 2114 | 2115 | 2117 | | 六合 | 1725 | 1734 | 1751 |
| | 陈家坝羌族乡 | 8090 | 9091 | 11094 | | 马角镇 | 5833 | 5870 | 5944 |
| | 都坝羌族乡 | 1113 | 1113 | 1113 | | 文胜 | 3080 | 3087 | 3099 |
| | 墩上羌族乡 | 1250 | 1277 | 1330 | | 武都镇 | 3901 | 5979 | 10136 |
| | 贯岭羌族乡 | 1927 | 1935 | 1951 | | 新春 | 65 | 65 | 65 |
| | 桂溪乡 | 6264 | 6724 | 7644 | | 永胜镇 | 1103 | 1412 | 2028 |
| | 开坪羌族藏族乡 | 2215 | 2224 | 2242 | | 重华镇 | 638 | 642 | 649 |
| | 擂鼓镇 | 8820 | 9182 | 9905 | 康县 | 两河镇 | 3016 | 3016 | 3016 |
| | 马槽羌族乡 | 1784 | 1784 | 1784 | | 铜钱 | 2759 | 2759 | 2759 |
| | 曲山镇 | 8192 | 8732 | 9811 | | 阳坝镇 | 6723 | 6723 | 6723 |
| | 桃龙羌族藏族乡 | 2105 | 2105 | 2105 | 茂县 | 东兴 | 2649 | 2651 | 2657 |
| | 通口镇 | 3244 | 3248 | 3256 | | 凤仪镇 | 7698 | 7917 | 8355 |
| | 香泉乡 | 1512 | 1512 | 1512 | | 富顺 | 2689 | 2689 | 2689 |
| | 小坝羌族藏族乡 | 6334 | 6353 | 6391 | | 光明 | 2452 | 2452 | 2452 |
| | 漩坪羌族乡 | 4466 | 4505 | 4583 | | 南新镇 | 2865 | 2910 | 3001 |
| | 禹里羌族乡 | 6646 | 6695 | 6792 | | 土门 | 2147 | 2150 | 2156 |
| 崇州市 | 苟家（鸡冠山） | 2131 | 2131 | 2131 | 绵竹市 | 板桥镇 | 0 | 0 | 0 |
| 都江堰市 | 灌口镇 | 618 | 618 | 618 | | 东北镇 | 0 | 0 | 0 |
| | 虹口乡 | 1828 | 1828 | 1828 | | 富新场 | 0 | 0 | 0 |
| | 龙池镇 | 1540 | 1561 | 1604 | | 拱星镇 | 74 | 74 | 74 |
| | 蒲阳镇 | 1340 | 1340 | 1340 | | 汉旺场 | 1216 | 1216 | 1216 |

续表

| 县市名称 | 乡镇名称 | 转迁人口 | | | 县市名称 | 乡镇名称 | 转迁人口 | | |
|---|---|---|---|---|---|---|---|---|---|
| | | 预案 1 | 预案 2 | 预案 3 | | | 预案 1 | 预案 2 | 预案 3 |
| 绵竹市 | 剑南镇 | 0 | 0 | 0 | 青川县 | 关庄镇 | 3035 | 3035 | 3035 |
| | 金花镇 | 2792 | 2792 | 2792 | | 观音店 | 2898 | 2898 | 2898 |
| | 九龙镇 | 798 | 798 | 798 | | 蒿溪回族乡 | 0 | 0 | 0 |
| | 绵远镇 | 0 | 0 | 0 | | 红光乡 | 3330 | 3330 | 3330 |
| | 清平乡 | 3377 | 3377 | 3377 | | 黄坪乡 | 3123 | 3123 | 3123 |
| | 天池乡 | 961 | 961 | 961 | | 孔溪乡 | 3479 | 3479 | 3479 |
| | 土门镇 | 318 | 318 | 318 | | 乐安寺 | 2481 | 2481 | 2481 |
| | 西南镇 | 0 | 0 | 0 | | 凉水镇 | 3678 | 3678 | 3678 |
| | 孝德场 | 0 | 0 | 0 | | 楼子乡 | 1245 | 1245 | 1245 |
| | 兴隆镇 | 0 | 0 | 0 | | 马公乡 | 1268 | 1275 | 1288 |
| | 遵道镇 | 763 | 763 | 763 | | 茅坝乡 | 2619 | 2619 | 2619 |
| 宁强县 | 广坪镇 | 3707 | 3707 | 3707 | | 木鱼镇 | 2541 | 2541 | 2541 |
| | 青木川镇 | 3228 | 3228 | 3228 | | 七佛乡 | 1481 | 1481 | 1481 |
| 彭州市 | 白鹿镇 | 4185 | 4185 | 4185 | | 骑马乡 | 3903 | 3903 | 3903 |
| | 磁峰镇 | 2295 | 2295 | 2295 | | 前进乡 | 2615 | 2615 | 2615 |
| | 龙门山镇 | 4553 | 4553 | 4553 | | 桥楼乡 | 2528 | 2528 | 2528 |
| | 通济镇 | 5553 | 5553 | 5553 | | 桥庄镇 | 3562 | 3562 | 3562 |
| | 小鱼洞镇 | 2426 | 2426 | 2426 | | 青溪镇 | 5426 | 5431 | 5441 |
| 平武县 | 坝子乡 | 3608 | 3626 | 3660 | | 曲河乡 | 3040 | 3049 | 3067 |
| | 大印镇 | 4033 | 4033 | 4033 | | 三锅乡 | 3626 | 3626 | 3626 |
| | 豆叩镇 | 4877 | 4882 | 4891 | | 沙洲镇 | 4190 | 4190 | 4190 |
| | 高村乡 | 2631 | 2631 | 2631 | | 石坝乡 | 2946 | 2978 | 3042 |
| | 古城镇 | 6390 | 6390 | 6390 | | 苏河乡 | 2801 | 2801 | 2801 |
| | 南坝镇 | 9545 | 10124 | 11282 | | 瓦砾乡 | 1947 | 1947 | 1947 |
| | 平南羌族乡 | 1379 | 1379 | 1379 | | 姚渡镇 | 2314 | 2314 | 2314 |
| | 平通镇 | 5340 | 5572 | 6036 | | 营盘乡 | 3037 | 3037 | 3037 |
| | 水观乡 | 2272 | 2284 | 2309 | 什邡市 | 八角镇 | 2211 | 2211 | 2211 |
| | 水田羌族乡 | 1853 | 1853 | 1853 | | 红白镇 | 2647 | 2647 | 2647 |
| | 锁江羌族乡 | 3139 | 3139 | 3139 | | 蓥华镇 | 4412 | 4412 | 4412 |
| | 响岩镇 | 4782 | 5081 | 5679 | 文县 | 碧口镇 | 6365 | 6365 | 6365 |
| 青川县 | 板桥乡 | 3204 | 3204 | 3204 | | 范坝乡 | 8000 | 8004 | 8011 |
| | 茶坝乡 | 3517 | 3517 | 3517 | | 玉垒乡 | 4071 | 4110 | 4188 |
| | 大坝乡 | 1785 | 1785 | 1785 | | 中庙乡 | 6289 | 6289 | 6289 |

续表

| 县市名称 | 乡镇名称 | 转迁人口 | | | 县市名称 | 乡镇名称 | 转迁人口 | | |
|---|---|---|---|---|---|---|---|---|---|
| | | 预案 1 | 预案 2 | 预案 3 | | | 预案 1 | 预案 2 | 预案 3 |
| 文县 | 大院回族乡 | 3493 | 3493 | 3493 | 汶川县 | 草坡乡 | 2989 | 3001 | 3026 |
| | 房石镇 | 3915 | 3917 | 3921 | | 耿达乡 | 1605 | 1609 | 1618 |
| | 绵簏镇 | 4842 | 4842 | 4842 | | 银杏乡 | 2004 | 2162 | 2384 |
| | 三江乡 | 1485 | 1485 | 1485 | | 映秀镇 | 2729 | 3036 | 3461 |
| | 水磨镇 | 3418 | 3551 | 3818 | 武都县 | 枫相乡 | 0 | 0 | 0 |
| | 威州镇 | 4470 | 4509 | 4588 | | 三仓乡 | 10005 | 10054 | 10153 |
| | 卧龙镇 | 1020 | 1020 | 1020 | | 裕河乡 | 3099 | 3099 | 3099 |
| | 漩口镇 | 4172 | 4733 | 5790 | 汇总 | | 431439 | 441095 | 460056 |
| | 雁门乡 | 1558 | 1619 | 1740 | | | | | |

注：没有计算的 14 个以高坡度农田为主的乡镇：北川县马槽羌族乡、桃龙羌族藏族乡，崇州市苟家乡，康县铜钱乡，绵竹市清平乡，平武县平南羌族乡，青川县茶坝、大院回族乡、观音店、红光，文县碧口镇，汶川县绵簏镇，武都县枫相、裕河。

基于截至 5 月 16 日遥感影像和地面信息的基础数据分析得出。对每一个预案而言，以上数据应偏小。因为在遥感研究样区内仅包括了 148 个乡镇的 98 个，还有 14 个以高坡度农田为主（坡度＞25°农田占 60％以上）的乡镇没有分析数据，其耕地面积占 148 个乡镇总耕地面积的 9.14％。

**附表 2　重灾区各乡镇自然灾害归一化数、综合自然灾害危险度、异地安置人口表**

四川省

| 县市名 | 镇名 | 地震灾害归一化数 | 地质灾害归一化数 | 断裂带归一化数 | 坡度归一化数 | 危险度 I | 危险度 II | 2007年户籍人口/人 | 异地安置人口I/人 | 异地安置人口II/人 |
|---|---|---|---|---|---|---|---|---|---|---|
| 什邡市 | 红白镇 | 0.6429 | 0.8214 | 0.4984 | 0.9271 | 0.662 | 0.707 | 6712 | 6041 | 6041 |
| 汶川县 | 草坡乡 | 1.0000 | 0.4898 | 0.3919 | 0.9330 | 0.639 | 0.763 | 4202 | 3782 | 3782 |
| 彭州市 | 龙门山镇 | 0.5000 | 0.3265 | 1.0000 | 0.9337 | 0.589 | 0.652 | 10657 | 9591 | 9591 |
| 都江堰 | 虹口乡 | 0.8571 | 0.1327 | 0.7580 | 0.9315 | 0.574 | 0.707 | 6321 | 5689 | 5689 |
| 汶川县 | 卧龙镇 | 0.1429 | 1.0000 | 0.4277 | 0.8901 | 0.528 | 0.521 | 2802 | 2522 | 2522 |
| 汶川县 | 耿达乡 | 0.3571 | 0.8367 | 0.0304 | 0.9380 | 0.427 | 0.504 | 2727 | 2454 | 2454 |
| 绵竹市 | 清平乡 | 0.1429 | 0.3980 | 0.7313 | 0.9503 | 0.409 | 0.473 | 5814 | 5233 | 5233 |
| 汶川县 | 三江乡 | 0.4286 | 0.3418 | 0.4385 | 0.8836 | 0.401 | 0.504 | 3945 | 3551 | 3551 |
| 平武县 | 南坝镇 | 0.2857 | 0.4439 | 0.4203 | 0.7034 | 0.381 | 0.428 | 20288 | 18259 | 18259 |
| 汶川县 | 绵虒镇 | 0.5000 | 0.1020 | 0.4074 | 0.9997 | 0.333 | 0.502 | 8581 | 7723 | 7723 |
| 安县 | 高川乡 | 0.1429 | 0.2857 | 0.5760 | 0.8470 | 0.323 | 0.399 | 6229 | 5606 | 4360 |
| 北川县 | 曲山镇 | 0.0714 | 0.3061 | 0.6080 | 0.7945 | 0.315 | 0.370 | 22191 | 19972 | 15534 |
| 汶川县 | 漩口镇 | 0.5714 | 0.0459 | 0.3074 | 0.7269 | 0.308 | 0.445 | 16902 | 15212 | 15212 |
| 安县 | 茶坪乡 | 0.1429 | 0.4439 | 0.3332 | 0.8096 | 0.305 | 0.374 | 8860 | 7974 | 6202 |
| 茂县 | 凤仪镇 | 0.3571 | 0.0510 | 0.4412 | 0.8283 | 0.275 | 0.407 | 35926 | 32333 | 32333 |
| 汶川县 | 银杏乡 | 0.5714 | 0.0816 | 0.0000 | 0.9999 | 0.229 | 0.445 | 2799 | 1959 | 2519 |
| 北川县 | 擂鼓镇 | 0.0714 | 0.0306 | 0.6307 | 0.7584 | 0.225 | 0.313 | 18220 | 12754 | 12754 |
| 青川县 | 青溪镇 | 0.0000 | 0.3878 | 0.2809 | 0.8667 | 0.220 | 0.307 | 14761 | 10333 | 10333 |
| 汶川县 | 威州镇 | 0.1429 | 0.2959 | 0.2159 | 0.9043 | 0.218 | 0.340 | 31645 | 22152 | 22152 |
| 北川县 | 禹里羌族乡 | 0.2857 | 0.2908 | 0.0000 | 0.7762 | 0.202 | 0.328 | 14354 | 10048 | 10048 |
| 绵竹市 | 金花镇 | 0.0714 | 0.1531 | 0.3711 | 0.8751 | 0.190 | 0.308 | 6348 | 4444 | 4444 |
| 青川县 | 骑马乡 | 0.5000 | 0.0153 | 0.0189 | 0.6883 | 0.186 | 0.345 | 8381 | 5867 | 5867 |

续表

| 县市名 | 镇名 | 地震灾害 归一化数 | 地质次生灾害 归一化数 | 断裂带 归一化数 | 坡度 归一化数 | 危险度 I | 危险度 II | 2007年户籍 人口/人 | 异地安置 人口I/人 | 异地安置 人口II/人 |
|---|---|---|---|---|---|---|---|---|---|---|
| 彭州市 | 通济镇 | 0.0000 | 0.1837 | 0.3978 | 0.3002 | 0.184 | 0.176 | 27651 | 19356 | 1383 |
| 青川县 | 马公乡 | 0.2857 | 0.1224 | 0.1111 | 0.8141 | 0.176 | 0.324 | 1936 | 1355 | 1355 |
| 北川县 | 桂溪乡 | 0.1429 | 0.0918 | 0.3009 | 0.7180 | 0.172 | 0.279 | 11775 | 8243 | 8243 |
| 青川县 | 桥庄镇 | 0.2857 | 0.0102 | 0.2199 | 0.6795 | 0.170 | 0.296 | 7108 | 4976 | 4976 |
| 青川县 | 沙洲镇 | 0.2143 | 0.0510 | 0.2301 | 0.6276 | 0.162 | 0.267 | 11802 | 8261 | 8261 |
| 青川县 | 房石镇 | 0.0714 | 0.1786 | 0.2459 | 0.7519 | 0.161 | 0.264 | 7564 | 5295 | 5295 |
| 什邡市 | 蓥华镇 | 0.1429 | 0.1684 | 0.1687 | 0.5550 | 0.160 | 0.236 | 14582 | 10207 | 1458 |
| 平武县 | 响岩镇 | 0.0000 | 0.1020 | 0.3989 | 0.7710 | 0.155 | 0.254 | 11125 | 7788 | 1113 |
| 青川县 | 曲河乡 | 0.2857 | 0.1122 | 0.0442 | 0.7639 | 0.153 | 0.298 | 5542 | 3879 | 3879 |
| 彭州市 | 白鹿镇 | 0.0714 | 0.1020 | 0.3003 | 0.5509 | 0.151 | 0.219 | 9859 | 6901 | 986 |
| 汉川县 | 雁门乡 | 0.1429 | 0.1531 | 0.1491 | 0.9072 | 0.148 | 0.299 | 6631 | 4642 | 4642 |
| 都江堰 | 龙池镇 | 0.0000 | 0.1020 | 0.3720 | 0.7956 | 0.147 | 0.254 | 3657 | 2560 | 366 |
| 北川县 | 开坪羌族藏族乡 | 0.2143 | 0.2041 | 0.0000 | 0.8877 | 0.146 | 0.304 | 3645 | 2552 | 2552 |
| 茂县 | 南新镇 | 0.1429 | 0.0510 | 0.2546 | 0.7904 | 0.144 | 0.276 | 7839 | 5487 | 5487 |
| 青川县 | 营盘乡 | 0.2143 | 0.0663 | 0.1508 | 0.6912 | 0.143 | 0.267 | 6774 | 4742 | 4742 |
| 北川县 | 红光乡 | 0.2857 | 0.0204 | 0.1147 | 0.8093 | 0.142 | 0.303 | 5405 | 3784 | 3784 |
| 北川县 | 陈家坝羌族乡 | 0.0000 | 0.1837 | 0.2560 | 0.8240 | 0.141 | 0.253 | 12870 | 9009 | 1287 |
| 安县 | 桑枣镇 | 0.0000 | 0.1071 | 0.3314 | 0.3946 | 0.137 | 0.167 | 34059 | 3406 | 1703 |
| 彭州市 | 小鱼洞镇 | 0.1429 | 0.0510 | 0.2248 | 0.5841 | 0.135 | 0.229 | 13040 | 1304 | 1304 |
| 平武县 | 坝子乡 | 0.3571 | 0.0255 | 0.0000 | 0.6782 | 0.134 | 0.284 | 8509 | 851 | 5956 |
| 绵竹市 | 汉旺场 | 0.0714 | 0.1224 | 0.2153 | 0.4248 | 0.132 | 0.181 | 58326 | 5833 | 2916 |
| 什邡市 | 八角镇 | 0.0000 | 0.0867 | 0.3177 | 0.5253 | 0.126 | 0.186 | 10395 | 1040 | 520 |
| 北川县 | 漩坪羌族乡 | 0.2143 | 0.1429 | 0.0000 | 0.7738 | 0.125 | 0.269 | 9306 | 931 | 6514 |
| 青川县 | 茅坝乡 | 0.2857 | 0.0204 | 0.0510 | 0.7011 | 0.122 | 0.269 | 4574 | 457 | 3202 |

续表

| 县市名 | 镇名 | 地震灾害 归一化数 | 地质次生灾害 归一化数 | 断裂带 归一化数 | 坡度 归一化数 | 危险度 I | 危险度 II | 2007年户籍 人口/人 | 异地安置 人口I/人 | 异地安置 人口II/人 |
|---|---|---|---|---|---|---|---|---|---|---|
| 彭州市 | 磁峰镇 | 0.0000 | 0.1020 | 0.2852 | 0.3411 | 0.121 | 0.146 | 15509 | 1551 | 775 |
| 平武县 | 水观乡 | 0.0714 | 0.2602 | 0.0149 | 0.7353 | 0.121 | 0.231 | 4051 | 405 | 405 |
| 都江堰 | 向峨乡 | 0.0000 | 0.0357 | 0.3372 | 0.3274 | 0.114 | 0.140 | 15547 | 1555 | 777 |
| 安县 | 睢水镇 | 0.0714 | 0.1173 | 0.1464 | 0.5905 | 0.110 | 0.199 | 19721 | 1972 | 1972 |
| 青川县 | 石坝乡 | 0.0000 | 0.1684 | 0.1461 | 0.8000 | 0.103 | 0.223 | 4645 | 465 | 465 |
| 安县 | 永安镇 | 0.0714 | 0.1531 | 0.0619 | 0.6564 | 0.097 | 0.203 | 21787 | 2179 | 2179 |
| 都江堰 | 紫坪铺镇 | 0.1429 | 0.1173 | 0.0192 | 0.5110 | 0.097 | 0.187 | 10960 | 1096 | 548 |
| 北川县 | 小坝羌族藏族乡 | 0.0000 | 0.0969 | 0.2028 | 0.8450 | 0.095 | 0.229 | 10851 | 1085 | 1085 |
| 青川县 | 三锅乡 | 0.0714 | 0.0204 | 0.2062 | 0.8223 | 0.094 | 0.238 | 8250 | 825 | 825 |
| 汶川县 | 水磨镇 | 0.1429 | 0.0714 | 0.0619 | 0.6123 | 0.094 | 0.206 | 10694 | 1069 | 1069 |
| 青川县 | 瓦砾乡 | 0.2143 | 0.0102 | 0.0482 | 0.7499 | 0.093 | 0.247 | 3615 | 362 | 362 |
| 青川县 | 乐安寺 | 0.2143 | 0.0510 | 0.0000 | 0.7214 | 0.093 | 0.240 | 4953 | 495 | 495 |
| 茂县 | 富顺乡 | 0.2143 | 0.0102 | 0.0372 | 0.8714 | 0.090 | 0.269 | 6050 | 605 | 4235 |
| 青川县 | 观音店 | 0.0714 | 0.0102 | 0.1908 | 0.8294 | 0.086 | 0.235 | 4561 | 456 | 456 |
| 汶川县 | 映秀镇 | 0.1429 | 0.0051 | 0.0933 | 0.9833 | 0.080 | 0.273 | 6469 | 647 | 4528 |
| 绵竹市 | 九龙镇 | 0.1429 | 0.0153 | 0.0800 | 0.5389 | 0.079 | 0.184 | 11219 | 1122 | 561 |
| 青川县 | 姚渡镇 | 0.0000 | 0.0204 | 0.2406 | 0.8070 | 0.079 | 0.214 | 6325 | 633 | 633 |
| 江油市 | 敬元乡 | 0.2143 | 0.0102 | 0.0000 | 0.7820 | 0.079 | 0.244 | 7745 | 775 | 775 |
| 平武县 | 大印镇 | 0.2143 | 0.0102 | 0.0000 | 0.8153 | 0.079 | 0.251 | 7115 | 712 | 712 |
| 北川县 | 墩上羌族乡 | 0.0714 | 0.1531 | 0.0000 | 0.7782 | 0.076 | 0.215 | 2023 | 202 | 202 |
| 平武县 | 平通镇 | 0.0000 | 0.0153 | 0.2346 | 0.7914 | 0.075 | 0.208 | 9430 | 943 | 943 |
| 青川县 | 蒿溪回族乡 | 0.0000 | 0.0153 | 0.2322 | 0.8221 | 0.075 | 0.214 | 3974 | 397 | 397 |
| 青川县 | 黄坪乡 | 0.2143 | 0.0000 | 0.0000 | 0.7583 | 0.075 | 0.237 | 5815 | 582 | 582 |
| 安县 | 沸水镇 | 0.0000 | 0.0459 | 0.1930 | 0.4789 | 0.074 | 0.144 | 14147 | 707 | 707 |

续表

| 县市名 | 镇名 | 地震灾害归一化数 | 地质次生灾害归一化数 | 断裂带归一化数 | 坡度归一化数 | 危险度I | 危险度II | 2007年户籍人口/人 | 异地安置人口I/人 | 异地安置人口II/人 |
|---|---|---|---|---|---|---|---|---|---|---|
| 都江堰 | 蒲阳镇 | 0.0000 | 0.0969 | 0.1303 | 0.1601 | 0.073 | 0.077 | 39790 | 1990 | 1990 |
| 江油市 | 枫顺乡 | 0.1429 | 0.0612 | 0.0000 | 0.7607 | 0.071 | 0.222 | 2552 | 128 | 255 |
| 崇州市 | 苟家（鸡冠山乡） | 0.1429 | 0.0000 | 0.0598 | 0.8095 | 0.068 | 0.231 | 3643 | 182 | 364 |
| 都江堰 | 玉堂镇 | 0.0000 | 0.0510 | 0.1655 | 0.4598 | 0.067 | 0.135 | 15948 | 797 | 797 |
| 青川县 | 桥楼乡 | 0.0000 | 0.0255 | 0.1838 | 0.6834 | 0.064 | 0.179 | 23032 | 1152 | 1152 |
| 绵竹市 | 遵道镇 | 0.0000 | 0.0306 | 0.1755 | 0.1940 | 0.063 | 0.080 | 21577 | 1079 | 1079 |
| 绵竹市 | 天池乡 | 0.0000 | 0.1786 | 0.0000 | 0.8671 | 0.063 | 0.209 | 2927 | 146 | 293 |
| 都江堰 | 青城山镇 | 0.0000 | 0.0765 | 0.1112 | 0.5199 | 0.060 | 0.142 | 26061 | 1303 | 1303 |
| 江油市 | 六合乡 | 0.1429 | 0.0255 | 0.0000 | 0.8044 | 0.059 | 0.223 | 4525 | 226 | 453 |
| 茂县 | 光明乡 | 0.0000 | 0.0051 | 0.1880 | 0.7891 | 0.058 | 0.196 | 6411 | 321 | 641 |
| 江油市 | 马角镇 | 0.1429 | 0.0204 | 0.0000 | 0.6177 | 0.057 | 0.185 | 18361 | 918 | 918 |
| 青川县 | 凉水乡 | 0.0000 | 0.0153 | 0.1709 | 0.7116 | 0.057 | 0.180 | 8164 | 408 | 408 |
| 北川县 | 白坭羌族乡 | 0.1429 | 0.0153 | 0.0000 | 0.7706 | 0.055 | 0.214 | 4700 | 235 | 470 |
| 北川县 | 通口镇 | 0.1429 | 0.0153 | 0.0000 | 0.7314 | 0.055 | 0.206 | 7533 | 377 | 753 |
| 江油市 | 含增镇 | 0.0000 | 0.0561 | 0.1189 | 0.4472 | 0.055 | 0.124 | 10028 | 501 | 501 |
| 安县 | 安昌镇 | 0.0000 | 0.0357 | 0.1406 | 0.1409 | 0.055 | 0.063 | 47608 | 2380 | 2380 |
| 青川县 | 板桥乡 | 0.0000 | 0.0000 | 0.1585 | 0.6778 | 0.048 | 0.167 | 7249 | 362 | 362 |
| 青川县 | 茶坝乡 | 0.0000 | 0.0153 | 0.1342 | 0.7934 | 0.046 | 0.189 | 6078 | 304 | 304 |
| 平武县 | 古城镇 | 0.0000 | 0.1122 | 0.0187 | 0.8057 | 0.045 | 0.187 | 14219 | 711 | 711 |
| 江油市 | 文胜乡 | 0.0714 | 0.0255 | 0.0349 | 0.6317 | 0.044 | 0.167 | 11514 | 576 | 576 |
| 青川县 | 孔溪乡 | 0.0000 | 0.0000 | 0.1460 | 0.6936 | 0.044 | 0.168 | 7026 | 351 | 351 |
| 安县 | 晓坝镇 | 0.0000 | 0.0765 | 0.0543 | 0.6409 | 0.043 | 0.154 | 9313 | 466 | 466 |
| 平武县 | 水田羌族乡 | 0.0714 | 0.0459 | 0.0000 | 0.7592 | 0.041 | 0.190 | 3810 | 191 | 191 |
| 北川县 | 马槽羌族乡 | 0.0714 | 0.0408 | 0.0000 | 0.9418 | 0.039 | 0.225 | 2502 | 125 | 250 |

续表

| 县市名 | 镇名 | 地震灾害 归一化数 | 地质次生灾害 归一化数 | 断裂带 归一化数 | 坡度 归一化数 | 危险度 I | 危险度 II | 2007年户籍 人口/人 | 异地安置 人口 I/人 | 异地安置 人口 II/人 |
|---|---|---|---|---|---|---|---|---|---|---|
| 青川县 | 关庄镇 | 0.0000 | 0.0357 | 0.0786 | 0.7566 | 0.036 | 0.174 | 5890 | 295 | 295 |
| 广元市 | 金洞乡 | 0.0000 | 0.0153 | 0.1011 | 0.7722 | 0.036 | 0.178 | 12050 | 603 | 603 |
| 北川县 | 香泉乡 | 0.0000 | 0.0102 | 0.1010 | 0.5562 | 0.034 | 0.133 | 7864 | 393 | 393 |
| 江油市 | 重华镇 | 0.0000 | 0.0204 | 0.0880 | 0.2782 | 0.034 | 0.077 | 17189 | 859 | 859 |
| 北川县 | 都坝羌族乡 | 0.0714 | 0.0204 | 0.0000 | 0.7017 | 0.032 | 0.173 | 2771 | 139 | 139 |
| 青川县 | 木鱼镇 | 0.0000 | 0.0000 | 0.1044 | 0.6795 | 0.031 | 0.157 | 7044 | 352 | 352 |
| 江油市 | 大康镇 | 0.0000 | 0.0765 | 0.0126 | 0.3609 | 0.031 | 0.090 | 21699 | 1085 | 1085 |
| 绵竹市 | 绵远镇 | 0.0000 | 0.0000 | 0.0994 | 0.0000 | 0.030 | 0.020 | 14366 | 718 | 718 |
| 绵竹市 | 东北镇 | 0.0000 | 0.0765 | 0.0921 | 0.0000 | 0.028 | 0.018 | 23205 | 1160 | 1160 |
| 青川县 | 前进乡 | 0.0000 | 0.0051 | 0.0000 | 0.7667 | 0.027 | 0.169 | 5069 | 253 | 253 |
| 平武县 | 锁江羌族乡 | 0.0714 | 0.0765 | 0.0000 | 0.7874 | 0.027 | 0.187 | 6617 | 331 | 331 |
| 江油市 | 武都镇 | 0.0000 | 0.0765 | 0.0000 | 0.3230 | 0.027 | 0.080 | 58138 | 2907 | 2907 |
| 绵竹市 | 土门镇 | 0.0714 | 0.0051 | 0.0000 | 0.0307 | 0.027 | 0.036 | 26700 | 1335 | 1335 |
| 绵竹市 | 拱星镇 | 0.0000 | 0.0051 | 0.0814 | 0.0713 | 0.026 | 0.032 | 19801 | 990 | 990 |
| 绵竹市 | 富新场镇 | 0.0000 | 0.0000 | 0.0843 | 0.0000 | 0.025 | 0.017 | 35453 | 1773 | 1773 |
| 平武县 | 平南羌族乡 | 0.0714 | 0.0000 | 0.0000 | 0.8358 | 0.025 | 0.196 | 2261 | 113 | 226 |
| 都江堰 | 中兴镇 | 0.0000 | 0.0153 | 0.0583 | 0.3110 | 0.023 | 0.077 | 25767 | 1288 | 1288 |
| 绵竹市 | 兴隆镇 | 0.0000 | 0.0000 | 0.0733 | 0.0000 | 0.022 | 0.015 | 18897 | 945 | 945 |
| 安县 | 河清镇 | 0.0000 | 0.0051 | 0.0629 | 0.0000 | 0.021 | 0.014 | 19722 | 986 | 986 |
| 青川县 | 七佛乡 | 0.0000 | 0.0510 | 0.0000 | 0.7590 | 0.018 | 0.162 | 3159 | 158 | 158 |
| 北川县 | 坝底羌族藏族乡 | 0.0000 | 0.0510 | 0.0000 | 0.8467 | 0.018 | 0.180 | 7257 | 363 | 363 |
| 北川县 | 贯岭羌族乡 | 0.0000 | 0.0357 | 0.0000 | 0.8152 | 0.013 | 0.170 | 3586 | 179 | 179 |
| 江油市 | 永胜镇 | 0.0000 | 0.0306 | 0.0000 | 0.3155 | 0.011 | 0.069 | 29521 | 1476 | 1476 |
| 都江堰 | 灌口镇 | 0.0000 | 0.0306 | 0.0000 | 0.2494 | 0.011 | 0.056 | 81878 | 4094 | 4094 |

续表

| 县市名 | 镇名 | 地震灾害 归一化数 | 地质次生灾害 归一化数 | 断裂带 归一化数 | 坡度 归一化数 | 危险度 I | 危险度 II | 2007年户籍 人口/人 | 异地安置 人口 I/人 | 异地安置 人口 II/人 |
|---|---|---|---|---|---|---|---|---|---|---|
| 青川县 | 苏河乡 | 0.0000 | 0.0051 | 0.0142 | 0.7287 | 0.006 | 0.150 | 5052 | 253 | 253 |
| 青川县 | 楼子乡 | 0.0000 | 0.0153 | 0.0000 | 0.8157 | 0.005 | 0.166 | 2451 | 123 | 123 |
| 江油市 | 新春乡 | 0.0000 | 0.0153 | 0.0000 | 0.3893 | 0.005 | 0.081 | 15776 | 789 | 789 |
| 茂县 | 东兴乡 | 0.0000 | 0.0153 | 0.0000 | 0.8099 | 0.005 | 0.165 | 4827 | 241 | 241 |
| 平武县 | 高村乡 | 0.0000 | 0.0102 | 0.0051 | 0.8264 | 0.005 | 0.168 | 6133 | 307 | 307 |
| 平武县 | 豆叩镇 | 0.0000 | 0.0102 | 0.0000 | 0.8413 | 0.004 | 0.170 | 8830 | 442 | 442 |
| 北川县 | 桃龙羌族藏族乡 | 0.0000 | 0.0102 | 0.0000 | 0.8534 | 0.004 | 0.173 | 3437 | 172 | 172 |
| 青川县 | 大院回族乡 | 0.0000 | 0.0000 | 0.0087 | 0.7733 | 0.003 | 0.156 | 5975 | 299 | 299 |
| 茂县 | 土门乡 | 0.0000 | 0.0051 | 0.0000 | 0.8612 | 0.002 | 0.173 | 4309 | 215 | 215 |
| 安县 | 秀水镇 | 0.0000 | 0.0051 | 0.0000 | 0.0024 | 0.002 | 0.002 | 63433 | 3172 | 3172 |
| 都江堰 | 胥家镇 | 0.0000 | 0.0051 | 0.0000 | 0.0011 | 0.002 | 0.001 | 38157 | 1908 | 1908 |
| 青川县 | 大坝乡 | 0.0000 | 0.0000 | 0.0000 | 0.7312 | 0.000 | 0.146 | 3374 | 169 | 169 |
| 安县 | 迎新乡 | 0.0000 | 0.0000 | 0.0000 | 0.0000 | 0.000 | 0.000 | 13593 | 680 | 680 |
| 绵竹市 | 西南镇 | 0.0000 | 0.0000 | 0.0000 | 0.0000 | 0.000 | 0.000 | 18452 | 923 | 923 |
| 绵竹市 | 剑南镇 | 0.0000 | 0.0000 | 0.0000 | 0.0000 | 0.000 | 0.000 | 51438 | 2572 | 2572 |
| 绵竹市 | 板桥镇 | 0.0000 | 0.0000 | 0.0000 | 0.0000 | 0.000 | 0.000 | 16714 | 836 | 836 |
| 绵竹市 | 孝德镇 | 0.0000 | 0.0000 | 0.0000 | 0.0000 | 0.000 | 0.000 | 61660 | 3083 | 3083 |
| 都江堰 | 幸福镇 | 0.0000 | 0.0000 | 0.0000 | 0.0000 | 0.000 | 0.000 | 80969 | 4048 | 4048 |

陕西省

| 县区名 | 镇名 | 地震灾害 归一化数 | 地质次生灾害 归一化数 | 断裂带 归一化数 | 坡度 归一化数 | 综合危险度 I | 综合危险度 II | 2007 年户籍人口/人 | 异地安置人口 I/人 | 异地安置人口 II/人 |
|---|---|---|---|---|---|---|---|---|---|---|
| 宁强县 | 青木川镇 | 0.1429 | 0.0000 | 0.4600 | 0.7615 | 0.188 | 0.301 | 7651 | 5356 | 5356 |
| 宁强县 | 广坪镇 | 0.0000 | 0.0051 | 0.0000 | 0.7250 | 0.002 | 0.146 | 10073 | 504 | 504 |

甘肃省

| 县区名 | 镇名 | 地震灾害 归一化数 | 地质次生灾害 归一化数 | 断裂带 归一化数 | 坡度 归一化数 | 综合危险度 I | 综合危险度 II | 2007 年户籍人口/人 | 异地安置人口 I/人 | 异地安置人口 II/人 |
|---|---|---|---|---|---|---|---|---|---|---|
| 文县 | 碧口镇 | 0.0714 | 0.0663 | 0.1957 | 0.9703 | 0.107 | 0.275 | 16197 | 1620 | 11338 |
| 文县 | 中庙乡 | 0.0000 | 0.0561 | 0.1979 | 0.7442 | 0.079 | 0.200 | 12031 | 1203 | 1203 |
| 文县 | 玉垒乡 | 0.0714 | 0.0714 | 0.0000 0 | 0.8013 | 0.050 | 0.203 | 5583 | 279 | 558 |
| 文县 | 范坝乡 | 0.0000 | 0.0612 | 0.0000 | 0.6616 | 0.021 | 0.145 | 11522 | 576 | 576 |
| 武都区 | 三仓乡 | 0.0000 | 0.0255 | 0.0000 | 0.8355 | 0.009 | 0.172 | 13182 | 659 | 659 |
| 武都区 | 枫相乡 | 0.0000 | 0.0255 | 0.0000 | 0.8772 | 0.009 | 0.181 | 9077 | 454 | 454 |
| 武都区 | 裕河乡 | 0.0000 | 0.0102 | 0.0000 | 0.9792 | 0.004 | 0.198 | 4817 | 241 | 482 |
| 康县 | 两河镇 | 0.0000 | 0.0000 | 0.0000 | 0.7550 | 0.000 | 0.151 | 5479 | 274 | 274 |
| 康县 | 铜钱乡 | 0.0000 | 0.0000 | 0.0000 | 0.7876 | 0.000 | 0.158 | 4575 | 229 | 229 |
| 康县 | 阳坝镇 | 0.0000 | 0.0000 | 0.0000 | 0.9283 | 0.000 | 0.186 | 13063 | 653 | 653 |

附表3　汶川地震Ⅸ度烈度区发生农田损毁的55个乡镇失地人口评估

（单位：人）

| 县市名称 | 乡镇名称 | 预案1 转迁人口 | 预案2 转迁人口 | 预案3 转迁人口 |
|---|---|---|---|---|
| 安县 | 高川乡 | 239 | 477 | 954 |
| | 千佛镇 | 551 | 1102 | 2204 |
| | 桑枣镇 | 728 | 1457 | 2913 |
| | 睢水镇 | 320 | 639 | 1278 |
| | 晓坝镇 | 236 | 473 | 946 |
| | 永安镇 | 19 | 38 | 76 |
| 北川县 | 坝底羌族藏族乡 | 29 | 58 | 117 |
| | 白坭羌族乡 | 2 | 4 | 8 |
| | 陈家坝羌族乡 | 3333 | 6667 | 11094 |
| | 墩上羌族乡 | 104 | 207 | 414 |
| | 贯岭羌族乡 | 49 | 99 | 197 |
| | 桂溪乡 | 1303 | 2607 | 5213 |
| | 开坪羌族藏族乡 | 69 | 139 | 278 |
| | 擂鼓镇 | 821 | 1643 | 3286 |
| | 曲山镇 | 2329 | 4658 | 9023 |
| | 通口镇 | 21 | 42 | 84 |
| | 小坝羌族藏族乡 | 48 | 95 | 190 |
| | 漩坪羌族乡 | 128 | 256 | 513 |
| | 禹里羌族乡 | 169 | 337 | 675 |
| 都江堰市 | 龙池镇 | 51 | 103 | 206 |
| | 紫坪铺镇 | 198 | 396 | 791 |
| 江油市 | 大康镇 | 300 | 599 | 1199 |
| | 含增镇 | 298 | 596 | 1191 |
| | 六合乡 | 13 | 26 | 53 |
| | 马角镇 | 55 | 111 | 221 |
| | 文胜乡 | 17 | 34 | 68 |
| | 武都镇 | 2365 | 4730 | 9460 |
| | 永胜镇 | 338 | 677 | 1353 |
| | 重华镇 | 3 | 7 | 14 |
| 茂县 | 东兴乡 | 7 | 14 | 27 |
| | 凤仪镇 | 316 | 632 | 1264 |
| | 南新镇 | 69 | 137 | 274 |
| | 土门乡 | 7 | 14 | 28 |

续表

| 县市名称 | 乡镇名称 | 预案 1 | 预案 2 | 预案 3 |
|---|---|---|---|---|
| | | 转迁人口 | 转迁人口 | 转迁人口 |
| 平武县 | 坝子乡 | 32 | 65 | 129 |
| | 豆叩镇 | 17 | 35 | 70 |
| | 南坝镇 | 1146 | 2293 | 4586 |
| | 平通镇 | 758 | 1516 | 3033 |
| | 水观乡 | 54 | 109 | 217 |
| | 响岩镇 | 710 | 1420 | 2839 |
| 青川县 | 房石镇 | 24 | 47 | 94 |
| | 马公乡 | 35 | 70 | 140 |
| | 青溪镇 | 12 | 25 | 50 |
| | 曲河乡 | 16 | 33 | 65 |
| | 石坝乡 | 95 | 190 | 380 |
| 文县 | 范坝乡 | 28 | 56 | 113 |
| | 玉垒乡 | 230 | 459 | 919 |
| 汶川县 | 草坡乡 | 116 | 231 | 462 |
| | 耿达乡 | 39 | 78 | 157 |
| | 水磨镇 | 304 | 608 | 1216 |
| | 威州镇 | 66 | 132 | 264 |
| | 漩口镇 | 948 | 1896 | 3725 |
| | 雁门乡 | 61 | 121 | 242 |
| | 银杏乡 | 295 | 590 | 1086 |
| | 映秀镇 | 1427 | 2854 | 3461 |
| 武都县 | 三仓乡 | 74 | 148 | 295 |
| 汇总 | | 21024 | 42048 | 79157 |

注：基于截至 5 月 16 日遥感影像和地面信息的基础数据分析得出。对每一个预案而言，以上数据应偏小。因为在遥感研究样区内仅包括了 148 个乡镇的 98 个，还有 14 个以高坡度农田为主（坡度＞25°农田占 60％以上）的乡镇没有耕地损毁分析数据，其耕地面积占 148 个乡镇总耕地面积的 9.14％。